纺织服装高等教育"十三五"部委级规划教材

织物性能检测

ZHIWU XINGNENG JIANCE

马顺彬　张炜栋　主编

陆艳　副主编

东华大学出版社
·上海·

内 容 提 要

　　本书从培养现代纺织技术专业创新型复合型检测人才的实际需要出发，紧紧围绕现代纺织检测操作的相关知识和技能要求，从初步认识织物的力学性能到织物的外观保持性、生态安全性、舒适性、纤维含量分析和风格，详细、全面地介绍表征织物质量的性能指标及其测试原理、测试方法和测试结果处理等知识。本书的特点是突出织物检测岗位和工作任务或项目所需要的知识与技能要求，深入浅出，知识容量大，可操作性强，有利于培养检测人员的学习能力，提高他们分析问题和解决问题的能力。

　　本书适用于高等院校纺织、服装、家纺等相关专业的学生，也可作为纺织企业检测人员的培训教材和参考资料。

图书在版编目(CIP)数据

织物性能检测/马顺彬,张炜栋主编.—上海:东华大学出版
社,2018.6
ISBN 978-7-5669-1353-1

Ⅰ.①织…　Ⅱ.①马…　②张…　Ⅲ.①织物性能-性能检
测　Ⅳ.①TS101.92

中国版本图书馆 CIP 数据核字(2017)第 323610 号

责任编辑： 张　静
封面设计： 魏依东

出　　　　版：东华大学出版社(上海市延安西路 1882 号,200051)
出版社网址：dhupress.dhu.edu.cn
天猫旗舰店：dhdx.tmall.com
营 销 中 心：021-62193056　62373056　62379558
印　　　　刷：上海龙腾印务有限公司
开　　　　本：787 mm×1 092 mm　1/16
印　　　　张：14.75
字　　　　数：368 千字
版　　　　次：2018 年 6 月第 1 版
印　　　　次：2018 年 6 月第 1 次印刷
书　　　　号：ISBN 978-7-5669-1353-1
定　　　　价：49.00 元

前　言

　　产品质量是企业生存和发展的根本。《中华人民共和国产品质量法》规定，国家鼓励推行科学的质量管理方法，采用先进的科学技术，鼓励企业产品质量达到并且超过行业标准、国家标准和国际标准。织物性能包括力学性质、外观保持性、生态安全性、舒适性等多个方面。按标准检测织物性能，是从业人员必须熟悉和掌握的技能。

　　随着社会的发展和纺织科学技术的进步，人们对织物的性能和档次的要求越来越高，在要求纺织品耐用、舒适的同时，对外观光洁、无疵点的要求也越来越高。很多时候，织物的美观性和档次很好，但是由于成分或织造工艺存在问题，导致织物的其他性能达不到标准的要求，使得企业经济效益受损。为此，各类检测设备不断涌现，机电一体化技术日益成熟，各类专业的检测公司不断成立，企业对织物性能进行检测也更加方便、快捷。

　　本书根据标准较系统地阐明了织物的质量指标、测试原理、测试方法、测试结果处理等。内容涉及有关织物的基本知识，以及力学性质、外观保持性、生态安全性、舒适性、纤维含量分析、织物风格等指标的检测方法、试验步骤，并总结了影响织物相关性能的因素。本书图文并茂，试验步骤清晰，有利于从业人员尽快熟悉和掌握相关检测技能。

　　本书项目一、项目二、项目六、项目七由马顺彬副教授编写，项目三由陆艳讲师编写，项目四第一至四节、第六节、第八至十五节由张炜栋副教授编写，项目四第五节、第七节及项目五第五节由蔡永东教授编写，项目五第一至四节由黄旭副教授编写。本书在编写过程中得到了江苏工程职业技术学院教务处和纺染工程学院、江苏华业纺织有限公司，以及浙江耀川纺织科技有限公司的大力支持，在此表示衷心感谢。

　　由于织物性能检测技术发展迅速，各类标准不断涌现和更新，编者水平有限，本书中难免存在不当之处，敬请读者批评、指正。

编　者

2018 年 2 月

目　　录

项目一

织物概述

由纺织纤维或纱线制成的柔软而有一定力学性质和厚度的制品称为织物。织物通常可分为机织物、针织物、编结物和非织造布四类，另外还有复合织物等。最基本的机织物是由互相垂直的一组经纱和一组纬纱，在织机上按一定规律交织而形成的织物，有时也可简称为织物。现代的多轴向加工，如三相织造、立体织造等，已打破这一定义的限制。针织物是由至少一组纱线系统形成线圈，且彼此相互串套而形成的织物。线圈是针织物的基本结构单元，也是该类织物有别于其他织物的标志。随着现代多轴垫纱或填纱，甚至多轴铺层技术的出现，针织可能已变为一种绑定方式，其制品亦称为针织物。非织造布是指由纤维、纱线或长丝，用机械、化学或物理的方法使之黏结或结合而形成的薄片状或毡状的结构物，但不包含机织、针织、簇绒及传统的毡制和纸制产品。非织造布的主要特征是纤维直接成网、固着成形的片状材料。编结物一般是由两组或以上的条状物，相互错位、卡位交织在一起而形成的编织物，如席类、筐类等竹、藤织物，其典型特征已为机织物采纳。由一根或多根纱线相互穿套、扭辫、打结的编结则被针织采用。目前，机织物和针织物是使用最广、产量最高的织物。编结物的装饰性较好。非织造布除用作服装辅料外，也应用在装饰与产业上，如墙布、地毯、土工布等。

第一节 机 织 物

一、机织物的分类

织机可分为有梭织机、剑杆织机(图 1-1)、喷气织机(图 1-2)、喷水织机(图 1-3)和片梭织机(图 1-4)等。剑杆织机的引纬方法是用往复移动的剑状杆作为引纬器叉入或夹持纬纱，将机器外侧固定筒子上的纬纱引入梭口。喷气织机的引纬方法是用压缩气流作为引纬介质，将纬纱带过梭口。喷水织机和喷气织机一样，同属于喷射织机，区别仅在于喷水织机是利用水流作为引纬介质，通过水流对纬纱产生的摩擦牵引力，将固定在筒子上的纬纱引入梭口。片梭织机的引纬方法是用片状夹纱器将固定筒子上的纬纱引入梭口，这个片状夹纱器称为片梭。

机织物按原料不同可分为纯纺织物、混纺织物、交织物、混交织物、交并织物、混并织物、混并交织物及包芯、包覆、包缠纱织物。纯纺织物是经纬纱用同种纯纺纱线织成的织物，如纯棉平布、纯棉府绸、纯毛华达呢、纯毛哔叽及各种纯化纤织物。混纺织物是经纬纱用同种混纺纱线织成的织物，如用同种 70/30 涤棉纱作经纬纱织成的涤棉织物，用同种 65/35 毛涤棉纱作经

图1-1　剑杆织机

图1-2　喷气织机

图1-3　喷水织机

图1-4　片梭织机

纬纱织成的毛涤织物。交织物是经纬纱分别用不同纤维纱线织成的织物,如:经纱用棉纱线,纬纱用黏胶长丝或真丝织成的线绨。此外,棉织物中嵌入几根金银丝作点缀,也可算作一种交织形式,如图1-5所示。经纬纱同时为混纺纱或其中之一为混纺纱,但混纺所用原料,经纱与纬纱中至少有一种不同,这样的经纬纱织制而成的织物称为混交织物,如:经纱为棉纱,纬纱为涤棉纱;经纱为涤棉纱,纬纱为涤麻纱;经纱为涤棉纱,纬纱为合纤或其他长丝;经纱为毛涤纱,纬纱为麻涤纱;等等。由单一原料成分各自纺成纱线,然后与不同种类的无限长的纤维并合后织制而成的织物称为交并织物,如:涤纶长丝与纯棉纱并合作为经纬纱织制而成的织物;麻纱与毛纱并合作为经纬纱织制而成的织物;蚕丝与毛纱并合作为经纬纱织制而成的织物;等等。交并织物有时又称为合捻织物。由两种或以上原料混合纺成纱线,与其他不同原料的混纺纱或无限长的纤维并合,同时作为经纬纱织制而成的织物称为混并织物,如:涤棉纱与麻纱并合,同时作为经纬纱织制而成的织物;毛麻混纺纱与涤纶丝并合,同时作为经纬纱织制而成的织物;涤棉纱与毛纱并合,同时作为经纬纱织制而成的织物;涤棉纱与毛涤纱并合,同时作为经纬纱织制而成的织物;等等。经纱

图1-5　纯棉与金银丝交织物

和纬纱分别由不同原料纺纱,再与其他不同原料的纱线或无限长的纤维并合织制而成的织物,或经纬纱中至少有一种是由不同原料纺纱或并合的纱,当然经纱与纬纱的混并纱成分可完全不同,这种类型的经纬纱组合织成的织物称为混并交织物,如:涤棉混纺纱与麻纱并合作经纱,毛涤纱与麻纱并合作纬纱;涤棉混纺纱与涤纶丝并合作经纱,毛麻混纺纱与蚕丝并合作纬纱;等等。经纬纱采用包芯纱、包覆纱或包缠纱织制而成的织物分别称为包芯、包覆、包缠纱织物。包芯纱一般用一种纱线或无限长的纤维包旋在另一种纱线或无限长的纤维的外面,包旋纱在芯纱周围以螺旋线的形式对芯纱进行包裹;用另一种纤维均匀分布在一种纱线外面,将纱线覆盖形成的一种新纱线,称为包覆纱;用一种纤维包裹在另一种纤维的外层而形成的纱线,称为包缠纱。

机织物按纤维长度和线密度不同可分为棉型织物、中长纤维织物、毛型织物和长丝织物。棉型织物是用棉型纱线织成的织物,如涤棉布、涤黏布等。中长纤维织物是用中长纤维纱线织成的织物,如涤黏中长纤维织物、涤腈中长纤维织物等。毛型织物是用毛型纱线织成的织物,如黏胶人造毛织物、毛黏织物等。长丝织物是用长丝织成的织物,如黏胶人造丝织物、涤纶丝织物等。

棉织物按纺纱工艺不同可分为精梳织物、粗(普)梳织物和废纺织物,它们分别是用精梳棉纱、粗(普)梳棉纱和废纺棉纱织成的织物。毛织物按纺纱工艺不同可分为精梳毛织物和粗梳毛织物,精梳毛织物是用精梳毛纱线织成的毛织物,粗梳毛织物是用粗梳毛纱线织成的毛织物。精梳毛织物的风格是身骨紧密,富有弹性,不易变形,呢面光洁匀净,纹路清晰,纱条条干均匀,无雨丝痕,坚牢耐穿,一般宜制作夏令服装和春秋季服装。精梳毛织物的典型品种有哔叽、啥味呢、华达呢、凡立丁、派力司、花呢、女式呢、直贡呢、马裤呢、巧克丁、驼丝锦等。粗纺毛织物的花色比较粗犷、明朗且丰富多彩,手感柔软、蓬松、丰厚,保暖性好,大都用于制作冬季或春秋季服装。粗纺毛织物的典型品种有麦尔登、海军呢、女式呢、制服呢、大衣呢、法兰绒、粗纺花呢等。

机织物按纱线结构和外形不同可分为纱织物、半线织物和线织物。纱织物是经纬纱都用单纱织成的织物。半线织物一般是经纱用股线,纬纱用单纱织成的织物。全线织物是经纬纱都用股线织成的织物。按纱线结构和外形不同,机织物还可分为普通纱线织物、变形纱线织物和其他纱线织物。

机织物按织前纱线漂染加工不同可分为本白坯布和色织布。本白坯布是用未经漂白、染色的纱线织成的织物。色织布是用不同颜色的经纬纱织成的织物,如图 1-6 所示。

图 1-6　色织物

图 1-7　色布

机织物按织物漂、染、整加工方法不同可分为漂布、色布和印花布。漂布是经漂白加工的织物。色布是经染色加工的织物,如图1-7所示。印花布是经印花加工的织物,如图1-8所示。

机织物按最终用途不同可分为服用织物、装饰用织物和产业用织物。服用织物是指用于制作外衣、鞋帽等的织物。装饰用织物是指用于床上用品、毛巾、窗帘、家具布、地毯等的织物,如图1-9和图1-10所示。产业用织物是指用于帘子布、过滤布、土工布、降落伞等的织物,如图1-11所示。

图1-8 印花布

图1-9 床上用品

图1-10 大提花桌布

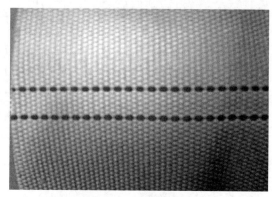

图1-11 消防水龙带

二、机织物的几何和结构因素

(一) 长度和幅宽

机织物长度是指沿织物纵向起始端至终端的距离,单位为米(m),国际贸易中亦使用码(yd)表示,1 yd=0.914 4 m。

织物全幅宽是指与织物长度方向垂直的织物最靠外的两边之间的距离。织物有效幅宽是指除去布边、标志、针孔或其他非同类区域后的织物宽度。根据有关双方协议,织物有效幅宽的定义会因最终用途和规格而不同。幅宽单位为厘米(cm),国际贸易中亦使用英寸(in)表示,1 in=2.54 cm。

1. 常规测量

在普通大气中进行,用码布机(图1-12)折叠织物,在距离织物头尾端至少1 m的位置,先用钢尺测量折幅长度和幅宽。织物公称段长不超过 120 m 的,均匀量取 10 处的折幅长度;织物公称段长超过 120 m 的,均匀量取 15 处的折幅长度。测量幅宽至少 5 处,精确至 0.01 m。再求出折幅长度的平均值(精确至 0.01 m),数整段织物的折数,并测量剩余的不足 1 折的实际长度(精确至 0.01 m)。

计算整段织物长度:

$$织物段长(m) = \frac{平均折幅长度 \times 折数 + 不足 1 折的实际长度}{100}$$

计算幅宽平均值,精确至 0.01 m。

非折叠形式的织物长度与幅宽在检验机上由自动计长装置(图 1-13)和钢尺测量。

图 1-12　码布机

图 1-13　自动计长装置

毛织物和丝织物的单位面积质量通常以每平方米织物在公定回潮率时的质量表示,并将织物偏离(主要为偏轻)产品品种规格规定质量的最大允许公差(％)作为品等评定的指标之一。棉织物和麻织物的单位面积质量多用每平方米织物的去边干燥质量或退浆干燥质量表示,它虽未列入棉、麻织物的品等评定指标,但一直是考核棉、麻织物内在质量的重要参考指标。

2. 标准测定

在 GB/T 6529—2008 规定的标准大气中进行,为确保织物松弛,无论是全幅织物、对折织物还是管状织物,试样均应于无张力条件下放置,如图 1-14 和图 1-15 所示。为确保织物达到松弛状态,可预先沿着织物长度方向标记两点,连续地每隔 24 h 测量一次长度,如果测得的长度差异小于最后一次测量长度的 0.25％,则认为织物已充分松弛。

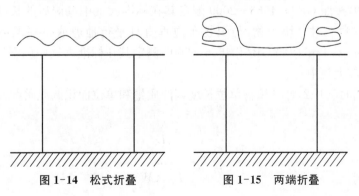

图 1-14　松式折叠　　　　　图 1-15　两端折叠

（1）织物长度的测定。对短于 1 m 的织物，应使用钢尺，平行于织物纵向边缘进行测定，精确至 0.001 m，在织物幅宽方向的不同位置，重复测定 3 次。对长于 1 m 的织物，在织物边缘处，利用测定桌上的刻度，每隔 1 m 作一个标记，连续标记整段织物，并用钢尺测定最终剩余的不足 1 m 的长度。织物总长度是各段织物长度的和。如果有必要，可在织物上重新作标记，重复测定 3 次。

（2）织物幅宽的测定。织物全幅宽为织物最外侧两边间的垂直距离。对折织物幅宽为对折线至双层外端垂直距离的 2 倍。

如果织物双层外端不齐，应从对折线测量到与其距离最短的一端，并在报告中注明。当管状织物是规则的且边缘平齐，其幅宽是两端间的垂直距离。在织物长度方向均匀分布测定次数，见表 1-1。

表 1-1 在织物长度方向均匀分布测定次数

织物长度（m）	测定次数	备注
≤5	5	—
≤20	10	—
>20	≥10	间距为 2 m

如果织物幅宽不是测定从一边到另一边的全幅宽，有关双方应协商定义有效幅宽，并在报告中注明。

（3）计算结果与表达。织物长度用测试值的平均值表示（精确至 0.01 m）。如果需要，计算其变异系数（精确至 1%）和 95% 置信区间（精确至 0.01 m），或者给出单个测试数据（精确至 0.01 m）。

织物幅宽用测试值的平均值表示（精确至 0.01 m）。如果需要，计算其变异系数（精确至 1%）和 95% 置信区间（精确至 0.01 m）。

（二）单位长度质量和单位面积质量

如果织物布边的单位长度（面积）质量与布身的单位长度（面积）质量有明显差异，在测定单位长度（面积）质量时，应使用去除布边的织物，并且应根据去除布边的织物质量、长度和幅宽进行计算。

1. 能在标准大气中调湿的整段和一块织物的单位长度质量和单位面积质量的测定

对整段织物，按照 GB/T 4666—2009 测定其在标准大气中调湿后的长度和幅宽，然后称重（在标准大气中）。对一块织物，与织物布边垂直且平行地剪取整幅织物，织物长度至少 0.5 m，一般宜为 3~4 m，按照 GB/T 4666—2009 测定其在标准大气中调湿后的长度和幅宽，然后称重（在标准大气中）。

按式（1-1）和式（1-2）计算织物单位长度调湿质量和单位面积调湿质量：

$$m_{ul} = \frac{m_c}{L_c} \tag{1-1}$$

$$m_{ua} = \frac{m_c}{L_c \times W_c} \tag{1-2}$$

式中：m_{ul} ——整段或一块织物的单位长度调湿质量，g/m；

　　　m_{ua} ——整段或一块织物的单位面积调湿质量，g/m²；

　　　m_c ——整段或一块织物的调湿质量，g；

　　　L_c ——整段或一块织物的调湿长度，m；

　　　W_c ——整段或一块织物的调湿幅宽，m。

计算结果修约到个位数。

2. 不能在标准大气中调湿的整段织物的单位长度质量和单位面积质量的测定

按照 GB/T 4666—2009，测定整段织物在普通大气中松弛后的长度、幅宽和质量；再从整段织物的中段剪取长度至少 1 m，一般宜为 3～4 m 的整幅织物（一块织物），在普通大气中测定其长度、幅宽和质量。普通大气中整段织物和一块织物的长度、幅宽、质量的测定要同时进行，将测试结果可能受到大气温度和湿度突然变化而产生的影响降到最低。然后再按照 GB/T 4666—2009 测定一块织物在标准大气中调湿后的长度、幅宽和质量。

按式(1-3)计算整段织物的调湿质量：

$$m_c = m_T \times \frac{m_{sc}}{m_s} \qquad (1\text{-}3)$$

式中：m_c ——整段织物的调湿质量，g；

　　　m_T ——整段织物的实际质量，g；

　　　m_{sc} ——一块织物的调湿质量，g；

　　　m_s ——一块织物的实际质量，g。

使用式(1-3)计算得到 m_c，再按式(1-1)或式(1-2)计算织物单位长度调湿质量或单位面积调湿质量，并修约到个位数。

3. 小织物的单位面积调湿质量的测定

从织物的非边且无褶皱部分剪取有代表性的织物 5 块（或按其他规定），每块尺寸约 15 cm×15 cm。若大花型中含有单位面积质量明显不同的局部区域，要选用包含此花型完全组织整数倍的织物。

按照 GB/T 6529—2008 进行预调湿，然后将织物无张力地放在标准大气中调湿至少 24 h，使之达到平衡。将每块织物依次排列在工作台上。在适当的位置上使用切割器切割 10 cm×10 cm 的方形织物或面积为 100 cm² 的圆形织物（图 1-16），也可剪取包含大花型完全组织整数倍的矩形织物，并测定织物的长度和宽度。在整个称重过程中，织物中的纱线不能损失，精确至 0.001 g。

图 1-16　天平和圆形织物裁剪器

由织物调湿后的质量按式(1-4)计算小织物的单位面积调湿质量：

$$m_{ua} = \frac{m}{S} \tag{1-4}$$

式中：m_{ua}——小织物单位面积调湿质量，g/m^2；

    m——小织物调湿质量，g；

    S——小织物面积，m^2。

计算结果修约到个位数。

4. 小织物的单位面积干燥质量和公定质量的测定

将每块织物依次排列在工作台上，在适当的位置上使用切割器切割 10 cm×10 cm 的方形织物或面积为 100 cm² 的圆形织物，也可剪取包含大花型完全组织整数倍的矩形织物，并测定织物的长度和宽度。

由织物干燥后的质量按式(1-5)计算小织物的单位面积干燥质量：

$$m_{dua} = \frac{\sum (m - m_0)}{\sum S} \tag{1-5}$$

式中：m_{dua}——小织物的单位面积干燥质量，g/m^2；

    m——小织物连同称量容器的干燥质量，g；

    m_0——空称量容器的干燥质量，g；

    S——小织物面积，m^2。

计算结果修约到个位数。

由小织物的单位面积干燥质量，按式(1-6)计算小织物的单位面积公定质量：

$$m_{rua} = m_{dua}\left[A_1(1+R_1) + A_2(1+R_2) + \cdots + A_n(1+R_n)\right] \tag{1-6}$$

式中：m_{rua}——小织物的单位面积公定质量，g/m^2；

    m_{dua}——小织物的单位面积干燥质量，g/m^2；

    A_1，A_2，$\cdots$，A_n——小织物中各组分纤维按净干质量计算的质量分数，%；

    R_1，R_2，$\cdots$，R_n——小织物中各组分纤维按净干质量结合公定回潮率计算的质量分数，%；

计算结果修约到个位数。

（三）厚度

对纺织品施加规定压力的两块参考板间的垂直距离称为厚度，用 t 表示，单位为毫米（mm）。织物厚度有表观厚度、加压厚度、空间厚度和实体厚度，如图 1-17 所示。织物表观厚度 T_s，即织物在一定微压力下的厚度，包括毛羽厚度，又称初始厚度 T_0；织物加压厚度 T_1，即织物在一定压力下的厚度，排除了毛羽厚度，位于织物的空间厚度和实体厚度之间，压力过大时甚至小于实体厚度，简称厚度；织物的空间厚度 T_c，即织物在无压力状态下由纱线屈曲形成的厚度，纱线被看成无毛羽的刚体，是织物结构相支撑(持)面(点)间的距离，又称结构厚度；织物实体厚度 T_r，是指织物在压扁状态下仅由经纬纱直径形成的厚度，经纬纱被看成无毛羽的刚体，简称等支持面厚度 T_e。上述四个厚度的大小顺序为 $T_0 \geqslant T_c \geqslant T_1 \geqslant T_r$。

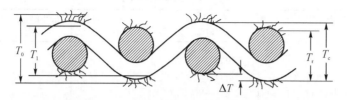

图 1-17　织物厚度定义与表达示意

蓬松类纺织品是指当纺织品所受压力从 0.1 kPa 增加至 0.5 kPa 时,其厚度变化(压缩率)≥20％的纺织品,如人造毛皮、长毛绒、丝绒、非织造絮片等。

毛绒类纺织品是指表面有一层致密短绒(毛)的纺织品,如起绒、拉毛、割绒、植绒、磨毛织物等。

疏软类纺织品是指结构疏松柔软的织物,如毛圈、松结构、毛针织品等。

织物厚度主要与纱线线密度、织物组织和织物中纱线屈曲程度及生产加工时的张力等因素有关。假定纱线为圆柱体,且无变形,当经纬纱直径 d_T、d_W 相等时,在最简单的平纹织物中,织物厚度可在 $2 \sim 3d_T(d_W)$ 范围内变化。纱线在织物中的屈曲程度越大,织物越厚。生产中,张力增大时,纱线屈曲程度变小,从而影响织物厚度。此外,试验时所用的压力和作用时间也会影响试验结果。由于织物具有可压缩性,所以随着压力和作用时间增加,织物厚度逐渐减小,并趋近于一定值。织物厚度对织物服用性能的影响很大。织物的坚牢度、保暖性、透气性、防风性、刚度和悬垂性等,在很大程度上都与织物厚度有关。

织物厚度的测量,试验前样品或试样应在松弛状态下,在规定大气中调湿,棉、毛、丝、麻等样品调湿16 h以上,合成纤维样品至少平衡2 h,公定回潮率为零的样品可直接测定。

根据试样类别选择测试仪类型(图 1-18、图 1-19),并按表 1-2 选取压脚面积等参数。对于表面呈凹凸不平花纹结构的样品,压脚直径应不小于花纹循环长度,如需要,可选用较小压脚分别测定并报告凹凸部位的厚度。首先,清洁压脚和参考板,检查压脚轴的运动灵活性,按表 1-2 设定压脚压力。然后,驱使压脚压在参考板上,并将厚度计调至零。接着,提升压脚,将试样无张力和无变形地置于参考板上,使压脚轻轻放在试样上并保持恒定压力。最后,按表 1-2 的规定加压至一定时间后读取厚度指示值,并计算厚度的算术平均值。

图 1-18　织物厚度仪

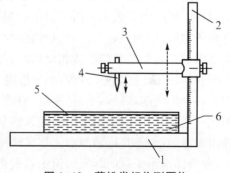

图 1-19　蓬松类织物测厚仪

1—水平基板　2—垂直刻度尺　3—水平测量臂
4—可调垂直探针　5—测量板　6—织物

表 1-2　主要技术参数

样品类别	压脚面积 （mm²）	加压压力 （kPa）	加压时间 （s）	最小测定数量 （次）	说明
普通类	2 000±20（推荐） 100±1 10 000±100 （推荐面积不适宜时，从另外两种面积中选用）	普通织物：1±0.01 非织造布：0.5±0.01 土工布：2±0.01 20±0.1 200±1	普通织物：30±5 常规：10±2 （非织造布按常规）	普通织物：5 非织造布及土工布：10	土工布在 2 kPa 时为常规厚度，其他压力下的厚度按需要测定
毛绒类 疏软类		0.1±0.001			
蓬松类	20 000±100 40 000±200	0.02±0.000 5			厚度超过 20 mm 的样品，也可使用图 1-19 所示仪器

备注：① 不属毛绒类、疏软类、蓬松类的样品，均归入普通类。

　　　② 经有关各方同意，可选用其他参数。例如，根据需要，非织造布或土工布的压脚面积可选用 2 500 mm²，并在试验报告中注明；另选加压时间时，其选定时间延长 20% 后，厚度应无明显变化。

织物按厚度不同可分为薄型、中厚型和厚型三类。各类棉、毛、丝织物的厚度见表 1-3。

表 1-3　各类棉、毛、丝织物的厚度　　　　　　　（单位：mm）

织物类型	棉织物	毛织物		丝织物
		精梳毛织物	粗梳毛织物	
薄型	<0.25	<0.40	<1.10	<0.14
中厚型	0.25～0.40	0.40～0.60	1.10～1.60	0.14～0.28
厚型	>0.40	>0.60	>1.60	>0.28

（四）　组织

织物内经纱和纬纱相互交错或彼此浮沉的规律，称为织物组织。当织物组织变化时，织物的外观及其性能也有所改变。经纬纱交叉处称为组织点。当经纱浮在纬纱之上时，称为经组织点或经浮点；当纬纱浮在经纱之上时，称为纬组织点或纬浮点。

经组织点和纬组织点的排列规律在织物中达到重复时的最小单元，称为一个组织循环或一个完全组织。构成一个组织循环的经纱根数，称为经纱循环数或完全经纱数，用 R_j 表示；构成一个组织循环的纬纱根数，称为纬纱循环数或完全纬纱数，用 R_w 表示。

织物组织可以用组织图表示。对于简单的织物组织，大多用方格表示法。用来描绘织物组织的带有格子的纸，称为意匠纸。其纵行表示经纱，经纱次序为从左至右；横行表示纬纱，纬纱次序为自下而上。每根经纱与纬纱相交的小方格表示组织点。小方格内绘有符号者表示经组织点，常用的符号有■、⊠、⊙、□等；小方格内不绘符号者表示纬组织点。

原组织是各种组织的基础，它包括平纹、斜纹和缎纹三种，通常又称为三原组织。

原组织在一个组织循环内，每根经纱或纬纱只有一个经组织点，其余都是纬组织点；或者只有一个纬组织点，其余都是经组织点。如果经组织点数占优势，称为经面组织；如果纬组织点数占优势，称为纬面组织；如果经、纬组织点数相等，则称为同面组织。

在研究织物组织的构成和特点时，常用组织点飞数来表示织物组织中相应组织点的位置关系，它是织物组织的一个重要参数。组织点飞数以符号 S 表示。组织点飞数，除特别说明外,都是通过观察同一系统相邻两根纱线上相应经(纬)组织点间相距的组织点数来进行计算的。沿经纱方向计算相邻两根经纱上相应两个经组织点间相距的组织点数是经向飞数,以 S_j 表示;沿纬纱方向计算相邻两根纬纱上相应纬组织点间相距的组织点数是纬向飞数,以 S_w 表示。

组织点飞数除大小不同和其数值是常数或变数外,还与起数的方向有关。图 1-20 所示为任意一个组织点 B 对组织点 A 的飞数起数方向。理论上,可将飞数看作一个向量。对于经纱方向,飞数以向上数为正,记作"$+S_j$";向下数为负,记作"$-S_j$"。对于纬纱方向,飞数以向右数为正,记作"$+S_w$";向左数为负,记作"$-S_w$"。

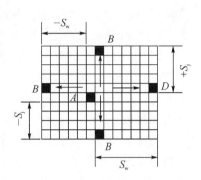

图 1-20 飞数方向图解

1. 平纹组织

平纹组织是最简单的组织,其组织参数:$R_j=R_w=2$,$S_j=S_w=\pm1$。平纹组织在一个组织循环内有两个经组织点和两个纬组织点,无正反面区别,属同面组织,如图 1-21(a)所示。平纹组织中,由于经纱和纬纱之间每次开口都进行交错,纱线屈曲次数多,经纬纱交织也最紧密。所以,在同等条件下,平纹组织织物手感较硬,质地坚牢。平纹组织在织物中的应用也很广泛,如棉织物中的细布、平布、粗布、府绸、帆布等,毛织物中的凡立丁、派立司、法兰绒、花呢等,丝织物中的乔其纱、双绉、电力纺等,麻织物中的夏布、麻布,以及化纤织物中的黏纤平布、涤棉细纺等。

(a) 平纹   (b) 经面斜纹   (c) 纬面缎纹

图 1-21 组织图

2. 斜纹组织

斜纹组织的织物表面呈现由连续的经组织点或纬组织点构成的倾斜线,其在织物表面形成一条条斜向纹路。斜纹组织的组织参数:$R_j=R_w\geqslant3$,$S_j=S_w=\pm1$,如图 1-21(b)所示。斜纹组织的循环纱线数较平纹组织大,而且一个完全组织中每根经纱或纬纱只有一个交织点,因此在其他条件相同的情况下,斜纹织物的坚牢度不如平纹织物,但手感比较柔软。斜纹组织的经纬纱交织次数比平纹组织少,在纱线线密度相同的情况下,经纬纱不交叉的地方,纱线容易靠拢,因此,斜纹织物的纱线致密性较平纹织物大。在经纬纱线密度和经纬密度相同的条件下,斜纹织物的耐磨性、坚牢度不及平纹织物。但是,若加大经纬密度,可提高斜纹织物的坚牢度。

采用斜纹组织的织物较多。棉织物中的斜纹布为 $\frac{2}{1}$↖,单面纱卡其为 $\frac{3}{1}$↖,单面线卡其为 $\frac{3}{1}$↗;毛织物中的单面华达呢为 $\frac{3}{1}$↗ 或 $\frac{2}{1}$↗;丝织物中的美丽绸为 $\frac{3}{1}$↗。

斜纹织物表面的斜纹倾斜角度随经纱与纬纱密度的比值而变化,当经纬纱线密度和经纬密度相同时,右斜纹倾斜角为 45°;当经纬纱线密度相同时,提高经密,则右斜纹倾斜角大于 45°。

经纬纱捻向与斜纹组织搭配,可改善织物表面效应。为使斜纹织物的纹路清晰,可采用斜纹方向与构成织物支持面纱线的捻向相垂直的配置。例如,经面右斜纹的经纱宜采用 S 捻,经面左斜纹的经纱宜采用 Z 捻;纬面右斜纹的纬纱宜采用 Z 捻,纬面左斜纹的纬纱宜采用 S 捻。这样,斜线纹路较清晰;反之,则斜线纹路模糊。

3. 缎纹组织

缎纹组织是原组织中最复杂的一种。其特点在于每根经纱或纬纱在织物中形成一些单独的、互不连续的经或纬组织点,这些单独的组织点分布均匀并为其两旁的另一系统纱线的浮长所遮盖,在织物表面呈现经(或纬)浮长线,因此布面平滑匀整,富有光泽,质地柔软。缎纹组织的组织参数:$R \geqslant 5$(6 除外),$1 < S < R-1$ 且 R 与 S 互为质数,如图 1-21(c)所示。

缎纹组织由于交织点相距较远,单独组织点为两侧浮长线所覆盖,浮长线长而且多,因此织物正反面有明显差别。正面看不出交织点,平滑匀整。织物的质地柔软,富有光泽,悬垂性较好,但耐磨性不良,易擦伤起毛。缎纹组织的循环纱线数越大,织物表面的纱线浮长越长,光泽越好,手感越柔软,但坚牢度越差。

缎纹组织除用于衣料外,还常用于被面、装饰品等。缎纹组织的棉织物有直贡缎、横贡缎,毛织物有贡呢等。缎纹在丝织物中应用最多,有素缎、各种地组织起缎花、经缎地上起纬花或纬缎地上起经花等织物,如绉缎、软缎、织锦缎等。缎纹还常与其他组织配合制织缎条府绸、缎条花呢、缎条手帕、床单等。

为了突出经面缎纹的效应,经密应比纬密大,在一般情况下,经纬密之比为 3∶2;同样,为了突出纬面缎纹的效应,经纬密之比为 3∶5。为了保证缎纹织物光亮柔软,常采用无捻或捻度较小的纱线。经面缎纹的经纱,只要能承受织造时所受机械力的作用,应力求降低其捻度。适当降低纬面缎纹的纬纱捻度,不致过多地影响织造的顺利进行。纱线的捻向对织物外观效应也有一定影响。经面缎纹的经纱或纬面缎纹的纬纱,其捻向若与缎纹组织点的纹路方向一致,则织物表面光泽明亮,如横贡缎;反之,则缎纹织物表面呈现的纹路、光泽有所削弱,如直贡呢等。

(五) 纱线线密度

纱线线密度影响到纺织品的物理力学性能、手感、风格等,它也是进行织物设计的重要依据之一。

织物经纬纱规格采用线密度表示,将经纬纱线密度 N_{texT}、N_{texW} 自左向右联写成 $N_{texT} \times N_{texW}$。如 13×13 表示经纬纱都是 13 tex 单纱;28×2×28×2 表示经纬纱都是两根 28 tex 单纱并捻成的双股线;14×2×28 表示经纱为两根 14 tex 单纱并捻成的双股线,纬纱是 28 tex 单纱。经纬纱线密度应在国家标准规定的系列中选用,见表 1-4～表 1-7。考虑到棉、麻织物习惯上用英制支数,毛织物习惯上用公制支数,因此在标注时用附注表示,如棉府绸 14.5/14.5(40ˢ/40ˢ)表示经纬纱均为 14.5 tex 即 40ˢ 的单纱。纱线线密度的配置有三种情况:一是经纬纱线密度相等,便于生产管理;二是经纱线密度小于纬纱线密度,以提高产量(常用配置);三是经纱线密度大于纬纱线密度,很少使用,只是在轮胎帘子线、复合材料等生产中有时采用。

棉织物按经纬纱线密度不同可分为细特、中特和粗特织物三类。细特织物的经纬纱线密度为 11～20 tex,中特织物的经纬纱线密度为 21～31 tex,粗特织物的经纬纱线密度为 32 tex 及以上。当经纬纱线密度不同时,可按经纬纱平均线密度加以分类。

表 1-4 棉织物与棉针织物用纱线细度系列

线密度(tex)	英制支数(^{S})	线密度(tex)	英制支数(^{S})	线密度(tex)	英制支数(^{S})	线密度(tex)	英制支数(^{S})
4	150	13	45	26	22	52	11
4.5	130	14	42	27	21.5	54	—
5	120	(14.5)	40	28	21	56	—
5.5	110	15	38	29	20	58	10
6	100	16	36	30	19	60	—
6.5	90	17	34	32	18	64	9
7	84	18	32	34	17	68	—
7.5	80	19	31	36	16	72	8
8	72	(19.5)	30	38	15	76	—
8.5	70	20	29	40	—	80	7
9	64	21	28	42	14	88	—
9.5	—	22	27	44	13	96	6
10	60	23	25	46	—	120	5
11	55	24	24	48	12	144	4
12	50	25	23	50	—	192	3

注:表中(14.5)和(19.5)属非系列线密度,但实际生产中较常见。

表 1-5 毛织物用纱线线密度系列

品种	原料成分	纱线线密度(tex)
华达呢	纯毛	22.2×2, 20×2, 17.9×2, 16.7×2
	毛/涤	20×2, 16.7×2
哔叽	纯毛	22.2×2, 20×2
凡立丁	纯毛	20×2
啥味呢	纯毛	20×2, 17.9×2
花呢	纯毛	26.3×2, 20.8×2, 19.2×2, 16.7×2
	毛/涤	26.3×2, 20×2, 18.5×2, 17.9×2, 16.7×2, 15.6×2
	涤/毛/黏	20.8×2, 20×2
派力司	纯毛	16.7×2/25×1
	毛/涤	16.7×2/25×1
贡呢	纯毛	16.7×2/25×1, 16.7×2/16.7×2
麦尔登	纯毛	62.5~100
海军呢	纯毛	76.9~125
制服呢	纯毛	111.1~166.7

表1-6　丝织物用丝线细度系列

原料	线密度(dtex)	纤度(D)	原料	线密度(dtex)	公制支数(公支)	原料	线密度(dtex/F)	纤度(D/F)	原料	线密度(dtex/F)	纤度(D/F)
桑蚕丝	10/12.2	9/11	桑蚕绢丝	47.6×2	210/2	人造丝	66.6	60	涤纶丝	77.7/18	70/18
	12.2/14.4	11/13		50×2	200/2		83.3	75		77.7/23	70/23
	14.4/16.7	13/15		71.4×2	140/2		111	100		77.7/24	70/24
	17.8/20	16/18		83.3×2	120/2		133.2	120		122.1/30	110/30
	20/23.3	18/21		100×2	100/2		166.5	150		22.2/1	20/1
	22.2/24.4	20/22		125×2	80/2		277.5	250		33.3/12	30/12
	23.3/25.6	21/23		166.7×2	60/2	锦纶丝	16.7/1	15/1		50/18	45/18
	26.7/28.9	24/26		200×2	50/2		22.2/1	20/1		55.5/18	50/18
	30/32.2	27/29					33.3/1	30/1		55.5/24	50/24
	31.1/33.3	28/30	柞蚕丝	38.9	35		33.3/10	30/10		75.6/24	68/24
	33.3/35.6	30/32		77.7	70		44.1/10	40/10		83.3/36	75/36
	44.4/48.8	40/44					50/10	45/10		166.5/36	150/36
	55.6/77.8	50/70					55.5/17	50/17		116.55/36	105/36
							77.7/16	70/16		127.65/36	115/36
							77.7/17	70/17		111/30	100/30

表1-7　亚麻织物用纱线密度系列

公制支数(公支)	线密度(tex)	公制支数(公支)	线密度(tex)	公制支数(公支)	线密度(tex)	公制支数(公支)	线密度(tex)
3.5	285.71	15	66.67	30	33.33	53	18.87
4	250.00	15.5	64.52	31	32.26	54	18.52
4.5	222.22	16	62.50	32	31.25	55	18.18
5	200.00	16.5	60.61	33	30.30	56	17.86
5.5	181.82	17	58.82	34	29.41	57	17.54
6	166.67	17.5	57.14	35	28.57	58	17.24
6.5	153.85	18	55.56	36	27.78	59	16.95
7	142.86	18.5	54.05	37	27.03	60	16.67
7.5	133.33	19	52.63	38	26.32	62	16.13
8	125.00	19.5	51.28	39	25.64	64	15.62
8.5	117.65	20	50.00	40	25.00	66	15.15
9	111.11	20.5	48.78	41	24.39	68	14.71
9.5	105.26	21	47.62	42	23.81	70	14.29
10	100.00	21.5	46.51	43	23.26	72	13.89
10.5	95.24	22	45.45	44	22.73	74	13.51
11	90.91	22.5	44.44	45	22.22	76	13.16

续表

公制支数 （Nm）	线密度 （tex）	公制支数 （Nm）	线密度 （tex）	公制支数 （Nm）	线密度 （tex）	公制支数 （Nm）	线密度 （tex）
11.5	86.96	23	43.48	46	21.74	78	12.82
12	83.33	24	41.67	47	21.28	80	12.50
12.5	80.00	25	40.00	48	20.83	82	12.20
13	76.92	26	38.46	49	20.41	84	11.90
13.5	74.07	27	37.04	50	20.00	86	11.63
14	71.43	28	35.71	51	19.61	88	11.36
14.5	68.97	29	34.48	52	19.23	90	11.11

1. 经纬纱织缩率测定

在织造过程中，经纬纱相互交织而产生屈曲，因而织物的经向长度或幅宽小于相应的经纱长度或箱幅，这种现象称为织缩。通常用经纬纱织造缩率（简称织缩率）来表示织物缩率。织缩率以织物中纱线原长与坯布长度（或宽度）的差异对织物中纱线原长之比的百分率表示。

测试原理：从一已知长度的织物条中拆下纱线，在张力作用下使之伸直，并在该状态下测量其长度，张力根据纱线的种类和线密度选择，计算织缩率。

影响织缩率的因素：

（1）纤维原料。不同纤维原料纱线在外力作用下的变形能力不同。纤维原料对织缩率的影响比较复杂，一般来说，易于屈曲的纱线，其织缩率较大；易于产生塑性变形的纱线，其织缩率较小。

（2）经纬纱线密度。一般来说，粗特纱织物的织缩率大，细特纱织物的织缩率小。在同一块织物中，经纬纱线密度不同时，细特纱更易于屈曲，其织缩率大；粗特纱不易屈曲，其织缩率小。

（3）经纬纱密度。一般来说，密度大的织物，其织缩率大于密度小的织物。同一块织物中，经纬纱织缩率与织物结构密切相关。在纱线细度相同的情况下，密度大的方向的纱线，其屈曲波高大，织缩率大；反之，织缩率就小。对于某一织物来说，其经纬纱缩率之和接近于一个常数。当经密增加、纬密减少时，结构相提高，经缩率增大，纬缩率减小；反之，经缩率减小，纬缩率增大。

（4）织物组织。在经纬密度均不大的情况下，经纬织缩率与平均浮长成反比。在其他条件不变的情况下，平纹织物的织缩率最大，斜纹次之，缎纹最小。但是在经纬密度较大的情况下，平均浮长大的简单组织的织缩率较大。经纬密度大时，平均浮长小的平纹类织物的可密性小，使纱线弹性伸长的回复受到阻碍，所以平纹密织物的织缩率较大；平均浮长大的织物，如五枚缎纹等，其可密性大，使纱线的弹性伸长得到较好的回复，表现为织缩率较小。

（5）纱线结构。纱线捻度、上浆率等因素都会影响纱线的刚度，刚度大的纱线不易屈曲，织缩率明显减小。

（6）织造工艺参数。上机张力、开口时间、后梁高度、纬纱张力等都会影响织缩率。如经纱上机张力大，经纱织缩率小，纬纱织缩率相应增大。开口时间早，打纬时上下层交叉角大，经纱张力也较大，经纱织缩率就小，纬纱织缩率就大，纬纱在落布后有自然缩率。

除上述因素外，车间温度、湿度等也会影响织缩率。

由于经纬纱织缩率对用纱量、织物的物理力学性能和织物外观等均有较大影响,故需对其进行测定。

2. 经纬纱线密度测定

测试原理:从长方形织物中拆下纱线,测定其中一部分纱线的伸直长度,其质量应在试验用标准大气中调湿后进行测定,根据质量与伸直总长度计算线密度。

织物在温度为(20±2)℃和相对湿度为(65±2)%的一级标准大气中调湿16 h后摊平,使其不受张力并免除褶皱,在其上标画标记长度为250 mm且宽度至少含50根纱线的长方形,经向两个,纬向三个。裁剪长度应大于250 mm。若为提花织物,必须保证在花纹的完全组织中抽取试验用纱线。当织物图案由大面积的浮长差异较大的组织组成时,则抽取各个大面积组织中的纱线进行测定。将捻度仪(图1-22)两夹钳间的距离调为与试样标记长度相同。根据纱线类别选择伸直张力(表1-8)。用分析针轻轻地将不完整的纱拆去,从试样中部拔出最外侧的一根纱线,其两端各留约1 cm仍处于交织状。从织物中拆下纱线的一端,尽可能地握住端部以免退捻,并把这一头端置于捻度仪的一个夹钳中,使纱线的标记处和基准线重合,然后闭合该夹钳。从织物中拆下纱线的另一端,用同样的方法置入另一夹钳中。使两个夹钳分开,逐渐达到选定的伸直张力,在两个夹钳基准线之间测量纱线的伸直长度(mm)。随时把留在布边的纱缨剪去,避免纱线在拆下过程中发生伸长。每个试样各测10根纱线,计算平均伸直长度,精确到小数点后一位。然后将标记外的织物剪去,从每个试样中拆下至少40根纱线,与同一试样中用以测取长度的10根纱线形成一组,即50根纱线进行称重。称重前,试样需在标准大气中预调湿4 h,调湿24 h。

图1-22 捻度仪

表1-8 伸直张力

纱线类型	线密度(tex)	伸直张力(cN)
棉纱、棉型纱	≤7 >7	0.75×线密度值 0.2×线密度值+4
粗梳毛纱、精梳毛纱、毛型纱、中长型纱	15~60 61~300	0.2×线密度值+4 0.07×线密度值+12
非变形长丝纱	各种线密度	0.5×线密度值

按下式计算织缩率,精确到小数点后两位:

$$T = \frac{L - L_0}{L} \times 100\% \tag{1-7}$$

式中:T——织缩率,%;

　　L——10 根纱线的平均伸直长度,mm;

　　L_0——试样标记长度,mm。

然后分别计算经纱和纬纱的平均缩率。

按下式计算线密度:

$$纱线线密度(tex) = \frac{纱线质量(g)}{纱线总长度(mm)} \times 10^6$$

式中:纱线总长度——10 根纱线的平均伸直长度与称重的纱线根数的乘积,mm。

(六) 织物密度和紧度

织物密度是指机织物在无褶皱和无张力状态下单位长度内所含的经纱根数和纬纱根数,有经密和纬密之分,经密为织物纬向单位长度内所含的经纱根数,纬密为织物经向单位长度内所含的纬纱根数。织物密度只能用于纱线粗细相同的织物间的比较。

织物密度的表示方法是经密在前,纬密在后。如 450×310 表示经密 450 根/10 cm,纬密 310 根/10 cm。大多数织物的经纬密配置采用经密大于或等于纬密,但也有纬密大于经密的织物,如横贡缎。

紧度(又称覆盖系数)是用纱细度和织物密度求得的相对指标,借此可对纱线粗细不同的织物紧密程度进行比较。经向紧度是指织物规定面积内经纱覆盖面积对织物规定面积的百分率;纬向紧度是指织物规定面积内纬纱覆盖面积对织物规定面积的百分率;织物总紧度是指织物规定面积内经纬纱覆盖面积(扣除经纬纱交织点的重复面积)对织物规定面积的百分率。织物密度和紧度直接影响织物的外观、手感、厚度、强力、透气性、保暖性和耐磨性等指标。

经纬密的测试方法有以下几种:

1. 织物分解法

此法适用于所有机织物,特别是复杂组织织物。对其他方法的检测结果有异议时,常以此法进行仲裁。在调湿后样品的适当部位剪取略大于最小测量距离(表 1-9)的试样;在试样的边部拆去部分纱线,用钢尺测量,使试样达到规定的最小测量距离 2 cm,允差 0.5 根;将准备好的试样,从边缘起逐根拆点,为便于计数,可以把纱线排列成 10 根一组,即可得到织物一定长度内经(纬)向的纱线根数。如经纬密同时测定,则可剪取一矩形试样,使经纬向长度均满足最小测量距离,逐根拆解试样,即可得到一定长度内经纱根数和纬纱根数。

表 1-9　最小测量距离

每厘米纱线根数	最小测量距离(cm)	被测量的纱线根数	精确百分率(计数到 0.5 根纱线以内)(%)
10	10	100	>0.5
10~25	5	50~125	1.0~0.4
25~40	3	75~120	0.7~0.4
>40	2	>80	<0.6

2. 织物分析镜法

此法适用于每厘米纱线根数大于 50 的织物。将织物摊平,把织物分析镜(图 1-23)放在织物上面,选择一根纱线并使其平行于分析镜窗口的一边,由此计数窗口内纱线根数。也可计数窗口内的完全组织个数,通过织物组织分析或分解该织物,确定一个完全组织的纱线根数,测量距离内纱线根数=完全组织个数×完全组织纱线根数+剩余纱线根数。这一方法应用灵活,但对较密及组织结构稍复杂的织物不适用。

3. 移动式密度镜法

此法适用于所有机织物。移动式密度镜内装有低倍放大镜,可借助螺杆在刻度尺的基座上移动,以满足最小测量距离的要求。放大镜中有标志线。放大镜移动时,通过放大镜可看见标志线的各种类型装置,都可以使用。将织物摊平,把织物密度镜(图1-24)放在织物上面,确定被计数的纱线系统,密度镜的刻度尺平行于另一系统纱线,转动螺杆,在规定的测量距离内计数纱线根数。若起点位于两根纱线中间,终点位于最后一根纱线上,不足0.25根的不计,0.25~0.75根的作0.5根计,0.75根作1根计。将测得的一定长度内的纱线根数折算至10 cm的纱线根数作为测量结果。分别计算出经纬密的平均值,结果精确至0.1根/10 cm。

图1-23　织物分析镜　　　　图1-24　移动式密度镜

4. 平行线光栅密度镜法

使光栅线平行于被测织物的纱线,如选择规格合适的光栅,可出现与光栅线平行的干涉条纹,将光栅与被测织物转动一个小角度,如出现横向条纹(垂直于光栅线),被测织物的密度就等于光栅标号。当光栅稍微转动时,如果云纹与光栅转动方向一致,被测织物的密度等于光栅标号减去条纹数。当光栅稍微转动时,如果云纹与光栅转动方向相反,被测织物的密度等于光栅标号加上条纹数。这种方法迅速简便,但精确度不高,只能用于测定织物密度不高、组织简单、粗略估计的场合。

5. 斜线光栅密度镜法

将织物放平,选择合适的光栅密度镜放于织物上面,使光栅的长边与被测纱线平行,这时会出现接近对称的曲线花纹,它们的交叉处短臂所指刻度即为每厘米纱线根数。斜线光栅密度镜(图1-25)也用于测定织物密度不高、组织简单、粗略估计的场合。

6. 光电扫描密度仪法

此法适用于各类平纹、斜纹织物的密度测定。

使入射光通过聚光镜射向织物,织物中的经纱或纬纱的放射光,经光学系统形成单向栅状条纹影像,由光电扫描使该影像转换为电脉冲信号,放大整形后,由计数系统驱动数码管直接显示出5 cm长度内织物经(纬)纱线根数。测浅色织物选第一档,测深色织物选第二档。测平纹织物时,偏向手轮红点标记在缺口正中位置,该位置与织物经纱或纬纱成平行状态,该状态

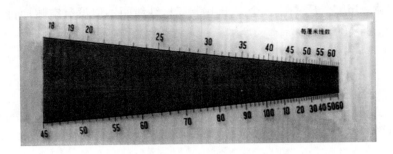

图1-25 斜线光栅密度镜

图像清晰。测斜纹织物时,将偏向手轮红点标记旋至与织物组织常数(表1-10)平行位置。如果被测量织物组织是斜纹,则显示数乘以相应常数,即得出5 cm内经纬纱根数。

表1-10 几种常见组织织物常数

织物组织	平纹	经重平	$\frac{2}{1}$斜纹	$\frac{2}{2}$斜纹	$\frac{3}{1}$斜纹
织物常数	1	2	3	4	4

根据图1-26可得织物紧度的计算式:

$$E_j = \frac{d_j}{a} \times 100 = \frac{d_j}{\frac{100}{M_j}} \times 100 = d_j M_j \qquad (1-8)$$

$$E_w = \frac{d_w}{b} \times 100 = \frac{d_w}{\frac{100}{M_w}} \times 100 = d_w M_w \qquad (1-9)$$

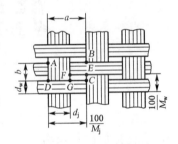

图1-26 织物紧度图解

式中:E_j、E_w——经纬纱紧度,%;

d_j、d_w——经纬纱直径,mm;

a、b——相邻经、纬纱间中心距,mm;

M_j、M_w——织物经、纬纱密度,根/10 cm。

织物总紧度E:

$$E = E_j + E_w - \frac{E_j E_w}{100} \qquad (1-10)$$

$$d = 直径系数 \times \sqrt{N_{tex}} \qquad (1-11)$$

式中:N_{tex}——纱线线密度,tex。

各种纤维原料的直径系数见表1-11。

表1-11 各种纤维原料的直径系数

棉	羊毛	丝	苎麻	黏纤	锦纶	涤纶	腈纶
0.037	0.040	0.041	0.038	0.038	0.044	0.040	0.043

当E_j、E_w都小于100%时,说明纱线间存在空隙。当E_j、E_w中有一个等于100%时,说明

纱线间没有空隙。当 E_j、E_w 中有一个大于 100% 时，纱线间不但没有空隙，而且存在挤压、重叠现象，应视为 $E=100\%$。

第二节 针 织 物

一、针织物的分类

针织物按成形方法分为纬编针织物[图 1-27(a)]和经编针织物[图 1-27(b)]。

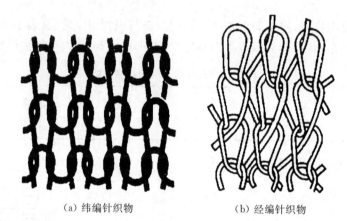

(a) 纬编针织物   (b) 经编针织物

图 1-27　针织物

纬编针织物是由一根或几根纱线在纬编针织机上沿横向形成线圈，纵向通过线圈相互串套而形成的针织物。由一根纱线形成的线圈沿着织物的纬向配置。纬编针织物分单面和双面两类。单面纬编针织物在单针床(筒)纬编针织机上织成，一面为正面线圈，另一面为反面线圈。双面纬编针织物在双针床(筒)纬编针织机上织成，正面线圈分布在针织物的正反面。纬编针织物的质地松软，除了具有良好的抗皱性和透气性外，还具有较大的延伸性和弹性，适宜制作内衣、紧身衣和运动服等；在改变结构和提高尺寸稳定性后，可制作外衣。纬编针织物除制成坯布，经裁剪、缝制形成各种针织品外，也可制成全成形或部分成形产品，如袜子、手套等。纬编针织物的组织有纬平针、罗纹、双反面、双罗纹、提花、集圈组织等。

经编针织物是采用一组或几组经向平行排列的纱线，在经编机的所有工作针上同时进行成圈而形成的平幅或圆筒针织物。经编针织物和经编机与纬编针织物和纬编机有着本质上的区别。纱线在经编针织物中沿经向编织，就像机织物的经纱。它由经轴供纱，经轴上卷绕有大量平行排列的纱线，与机织中的织轴类似。纱线在经编织物中的走向是经向的，在一个横列中形成一个竖直的线圈，然后斜向移动到另一个纵行，在下一个横列中形成另一个线圈。纱线在织物中沿经向从一个横列到另一个横列呈"之"字形前进，同一横列中的每个线圈都是由不同的纱线形成的。经编针织物组织可分为单梳经编组织和多编经编组织。单梳经编组织的花纹效应少，织物的覆盖性和稳定性差，加上线圈产生歪斜，故很少单独使用，它是多梳经编组织的基础。

二、针织物的几何和结构因素

(一)　线圈结构

针织物的基本结构单元为线圈。线圈几何形态如图 1-28 所示。在针织物编织过程中,纱线受到弯曲、拉伸、扭转变形,使线圈形成三维弯曲的空间曲线。

图 1-29 所示为纬平针织物的线圈结构。线圈由圈干 1—2—3—4—5 和延展线 5—6—7 组成。圈干的直线部分 1—2 和 4—5 为圈柱,弧线部分 2—3—4 为针编弧,延展线 5—6—7 为沉降弧,由它来连接相邻的两个线圈。

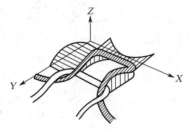

图 1-28　线圈几何形态

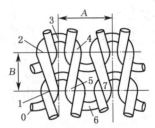

图 1-29　纬平针织物的线圈结构

在针织物中,线圈横向连接的行列称为线圈横列,线圈纵向串套的行列称为线圈纵行。在线圈横列方向上,两个相邻线圈对应点间的距离称为圈距,通常以 A 表示。在线圈纵行方向上,两个相邻线圈对应点间的距离称为圈高,通常以 B 表示。

(二)　组织

针织物组织一般可分为原组织、变化组织、花色组织三类。原组织又称为基本组织,它是所有针织物组织的基础。例如,纬编针织物中,单面的有纬平组织,双面的有罗纹组织和双反面组织;经编针织物中,单面的有经平组织、编链组织、经缎组织,双面的有罗纹经平组织、罗纹经缎组织。变化组织是由两个或两个以上的基本组织复合而成的,即在一个基本组织的相邻线圈纵行之间配置另一个或另几个基本组织,以改变原有组织的结构与性能。例如,纬编针织物中,单面的有变化纬平组织,双面的有双罗纹组织等;经编针织物中,单面的有变化经平组织、变化罗纹经缎组织等。花色组织是以上述组织为基础,利用线圈结构的改变而成,或者另外编入一些辅助纱线和其他纺织原料形成。花色组织主要有提花、集圈、纱罗、菠萝、抽花、衬垫、毛圈、添纱、波纹、衬经衬纬、长毛绒组织,以及由以上组织组合而成的复合组织等。这类组织具有显著的花色效应和不同的机械特性。这些不同组织的针织物,由于其不同的物理性能,被广泛地应用于内衣、外衣、袜子、手套和工业用品。

针织物常用的基本组织有以下几种:

1. 纬平针组织

纬平针组织又称平针组织,为单面纬编针织物中的原组织,广泛应用于内外衣和袜品生产。纬平针组织如图 1-30 所示,它由连续的单元线圈相互穿套而形成。纬平针组织针织物的正面是平坦均匀并成纵向条纹的表面,如图 1-30(a)所示;反面具有横向弧形线圈,如图

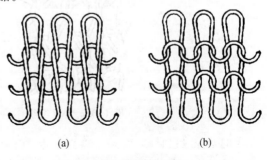

(a)　　　　　　(b)

图 1-30　纬平针组织

1-30(b)所示。纬平针织物的正面均匀平坦,光泽较好,而反面粗糙,光泽较暗。

2. 罗纹组织

罗纹组织是由正面线圈纵行和反面线圈纵行以一定组合相间配置而形成的。罗纹组织的种类很多,根据正反面线圈纵行数的配置不同,有1+1、2+2、3+3罗纹组织等。图1-31所示为1+1罗纹组织结构,它由一个正面线圈纵行和一个反面线圈纵行相间配置而形成,(a)所示为自由状态时,(b)所示为横向拉伸时。罗纹组织一般用于羊毛衫、棉毛衫袖口及袜子收口等。

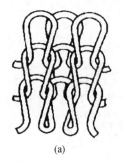 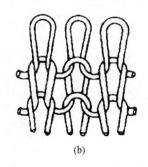 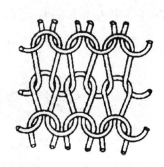

(a)　　　　　　　　　(b)

图1-31　1+1罗纹组织　　　　图1-32　1+1双反面组织

3. 双反面组织

双反面组织是由正面线圈横列与反面线圈横列相互交替配置而形成的,因此它的正面外观与纬平针组织的反面相似。双反面组织因正反面线圈横列数的组合不同,有许多种类,如1+1、2+2等双反面组织。图1-32所示为1+1双反面组织。

4. 经平组织

经平组织如图1-33所示。在这种组织中,由同一根纱线形成的线圈轮流地排列在相邻的两个纵行线圈中。经平组织织物宜制作夏季衬衣及内衣。

5. 经缎组织

图1-34所示为经缎组织的一种。每根纱线先以一个方向有次序地移动若干针距,再以相反方向移动若干针距,如此循环编织而形成经缎组织,其表面具有横向条纹。经缎组织与其他组织复合,可得到一定的花纹效果,常用于外衣织物。

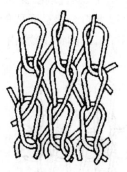 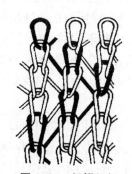

图1-33　经平组织　　　　图1-34　经缎组织

6. 编链组织

编链组织是每个线圈纵行由同一根经纱形成,编织时每根经纱始终在同一枚织针上垫纱,根据垫纱方式可分闭口编链和开口编链两种形式(图1-35)。编链组织中,各纵行间互不联系,纵向延伸性小,与其他组织复合,可以减小纵向延伸性。编链组织除了常用作钩编织物和窗纱等装饰织物的地组织外,还用作条形花边的分离纵行和加固边。

(a) 闭口   (b) 开口

图1-35 编链组织

(三) 线圈长度

一个线圈的纱线长度称为线圈长度,一般以毫米(mm)为单位。

线圈长度越长,单位面积内线圈数越少,则针织物的紧密程度越低,质地越稀薄,尺寸稳定性、弹性、耐磨性越差,强度越低,脱散性越大,抗起毛起球和抗勾丝性越差,透气性越好。

针织物各种组织的线圈长度,通常可根据线圈线段在平面上的投影长度近似地进行计算,也可以采用拆散方法测得其实际长度,也可利用仪器直接测量喂入到每枚织针上的纱线长度。

(四) 纵横密

在原料和纱线线密度一定的条件下,针织物的稀密程度可用纵横密表示,它反映的是针织物规定长度内的线圈数。通常用P_A表示横密,P_B表示纵密,横密用5 cm内线圈横列方向的线圈纵行数表示,纵密用5 cm内线圈纵行方向的线圈横列数表示。由于针织物在加工过程中容易受到拉伸而产生变形,故在测量其密度前,应先让针织物所产生的变形得到充分回复,使之达到平衡状态。

针织物的横密与纵密的比值,称为密度对比系数,它表示针织物在稳定条件下纵横向的尺寸关系,用下式表示:

$$C = \frac{P_A}{P_B} = \frac{B}{A} \tag{1-12}$$

式中:C——密度对比系数;

P_A、P_B——针织物的横密、纵密,线圈数/5 cm;

A、B——针织物的圈距、圈高,mm。

密度对比系数不是常数,它与线圈长度、纱线线密度及纱线性质等因素有关。

(五) 未充满系数

针织物的稀密程度受两个因素的影响:密度和纱线细度。为了反映这两者对针织物稀密程度的影响,必须将线圈长度l和纱线直径d联系起来,这就是未充满系数δ:

$$\delta = \frac{l}{d} \tag{1-13}$$

式中:δ——未充满系数;

l——线圈长度,mm;

d——纱线直径,mm。

针织物的未充满系数越大,说明线圈的所有面积中被纱线覆盖的面积越小,即针织物越稀疏;反之,针织物越紧密。

(六) 编织密度系数

编织密度系数是反映针织物编织紧密程度的参数,与纱线线密度、线圈长度相关。

测试原理:从针织物上拆下已知线圈数的纱线,施加适当张力以去除卷曲(表 1-12),量取纱线长度并称量,计算纱线线密度,再由纱线线密度和线圈长度计算出编织密度系数。

表 1-12　预加张力的选取

纱线线密度(tex)	预加张力(g)
≤60	4+0.2×纱线线密度(tex)
>60	12+0.07×纱线线密度(tex)

仪器和工具:纱长测试仪,精度为 0.1 mg 的分析天平,剪刀,镊子。

试样准备:将试样平放,置于标准大气中调湿 24 h。测定编织密度系数的试样横向应不少于 100 个线圈,纵向应不少于 10 个线圈。

试样剪取:沿着一纵向线圈,将试样的一边剪齐。在剪齐边的上端,沿横向剪 100 个线圈,然后由该处向下剪,纵向不少于 10 个线圈。如果试样宽度不足,横向应不少于 50 个线圈,纵向应不少于 20 个线圈。当纱线线密度未知时,纵向还应有 5 个线圈纵行,用于初步测定纱线线密度以选取试验用预加张力。若为平纹织物,所有线圈显现于试样表面;若为罗纹或双罗纹织物,一些线圈显现于试样表面,另一些线圈显现于试样背面,此时应将表面和背面的线圈全部计数。例如 1×1 罗纹织物,在试样表面计数 50 个横向线圈相当于计数了 100 个横向线圈。

选取试验用预加张力:当纱线线密度未知时,可先初步测定纱线线密度以选取试验用预加张力。从矩形试样上拆解 5 根横向纱线,拆解时应使用最小的拉力,用镊子将线圈逐个抽解;在纱长测试仪上施加预加张力 18 g,测量每段纱线长度并计算总长度;称取纱线的总质量,按式(1-15)计算纱线线密度,然后按表 1-12 选取试验用预加张力。

测定编织密度系数:从矩形试样上拆解 10 根横向纱线,宽度不足的试样拆解 20 根横向纱线,拆解时应使用最小的拉力,用镊子将线圈逐个抽解;在纱长测试仪上施加表 1-12 规定的预加张力,测量每段纱线长度并计算总长度,称取纱线质量;按式(1-14)～(1-16)计算线圈长度、纱线线密度和编织密度系数。

$$l = \frac{L_T}{C \times W} \tag{1-14}$$

$$N_{tex} = \frac{1\,000\,m_T}{L_T} \tag{1-15}$$

$$CF = \frac{\sqrt{N_{tex}}}{l} \tag{1-16}$$

式中:l——单个线圈的平均长度,mm;

　　　L_T——线圈的总长度,mm;

　　　C——试样中横向线圈数;

　　　W——试样中纵向线圈数;

　　　N_{tex}——纱线线密度,tex;

　　　m_T——纱线质量,mg;

　　　CF——编织密度系数。

（七）单位面积质量

针织物单位面积质量用每平方米干燥针织物的质量表示，按下式计算：

$$G_0 = \frac{G_0'}{L \times B} \times 10\ 000 \tag{1-17}$$

式中：G_0——针织物单位面积干燥质量，g/m^2；

G_0'——试样干燥质量，g；

L——试样长度，cm；

B——试样宽度，cm。

当纱线线密度为 N_{tex}，横密为 P_A，纵密为 P_B，线圈长度为 l，公定回潮率为 W_K 时，针织物单位面积干燥质量 G_0 可用下式求得：

$$G_0 = \frac{4 \times l \times P_A \times P_B \times N_{tex}}{10^4 \left(\dfrac{100 + W_K}{100} \right)} \tag{1-18}$$

当计算双面针织物的单位面积干燥质量时，若其线圈由两种纱线组成，而且线圈长度和线密度不同，可按下式计算：

$$G_0 = \frac{0.4 \times P_A \times P_B}{\dfrac{100 + W_K}{100}} \left(\frac{l_1 \times N_{tex1}}{1\ 000} + \frac{l_2 \times N_{tex2}}{1\ 000} \right) \tag{1-19}$$

以上计算均为近似计算，未考虑纱线在编织及漂染加工过程中的质量损失。

当原料种类和纱线线密度一定时，单位面积质量间接反映了针织物厚度、紧密程度。它不仅影响针织物的服用性能，也是控制针织物质量和进行经济核算的重要依据。

（八）膨松度

针织物的膨松度是指针织物单位质量的体积，常以立方厘米每克表示，按下式计算：

$$P = \frac{V}{G_0'} = \frac{L \times B \times t}{G_0'} \tag{1-20}$$

式中：P——针织物的膨松度，cm^3/g；

V——试样体积，cm^3；

G_0'——试样干燥质量，g；

L——试样长度，cm；

B——试样宽度，cm；

t——试样厚度，cm；

当针织物试样干燥质量用针织物每平方米干燥质量 G_0 表示时，膨松度 P 按下式计算：

$$P = \frac{10\ 000\ t}{G_0} \tag{1-21}$$

由式(1-20)可知，针织物的膨松度与厚度有直接关系。当针织物每平方米干燥质量一定时，厚度越厚，针织物的膨松度越大。膨松度较好的针织物，其结构较为疏松，手感和保暖性较好，适合于制作内衣。针织外衣的膨松度要求比内衣低些，有时为了制得毛型感较强的针织外衣，也有一定要求。

（九）长度、幅宽、厚度

针织物长度由工厂的生产工艺而定，主要考虑织物品种和染整工序加工要素。一种是定重方式，制成每匹质量一定的坯布。另一种是定长方式，每匹长度一定。纬编针织物匹长多由匹重，再根据幅宽和每米质量而定。经编针织物匹长以定重方式较多。

纬编针织物的幅宽主要与加工用的针织机的规格、纱线线密度和组织结构等因素有关。经编针织物的幅宽随产品品种和组织而定。

针织物厚度与织物的体积质量、耐磨性、刚柔性及膨松度等有关。当针织物组织相同时，其厚度主要与纱线直径和纱线相互挤压程度有关；当纱线线密度相同时，针织物厚度与织物组织、密度和原料有关。

针织物厚度一般用织物厚度仪测定，所用压力随针织物种类而定，加压时间一般为 10 s。

第三节 非 织 造 布

一、非织造布的分类

按纤网的形成方法分为干法成网非织造布、湿法成网非织造布和聚合物挤出成网法非织造布，其中干法成网非织造布又分为机械成网非织造布和气流成网非织造布，聚合物挤出成网法非织造布又分为纺丝成网法非织造布、熔喷法非织造布和膜裂法非织造布。按纤网加固方法分为机械加固法非织造布、化学黏合法非织造布和热黏合法非织造布，其中机械加固法非织造布又分为针刺法非织造布、缝编法非织造布和射流喷网法非织造布，化学黏合法非织造布又分为浸渍法非织造布、喷洒法非织造布、泡沫法非织造布和印花黏合法非织造布，热黏合法非织造布又分为热风（烘）黏合法非织造布和热轧法非织造布。

二、非织造布的规格指标

非织造布常用幅宽、面密度表示。常用服用非织造布规格如表 1-13 所示。

表 1-13　常用服用非织造布规格

品种	面密度 (g/m^2)	幅宽 (mm)	原料成分	主要用途	加工制造方法
定型絮片	150～450	1 000～2 200	涤纶/丙纶	滑雪衫、手套、肩衬	热熔黏合
喷胶棉	150～450	2 200	三维卷曲涤纶	滑雪衫、手套、肩衬	化学黏合剂黏合
热熔衬底布	35～80	900～1 100	涤纶	西服、领、辅衬等	热轧黏合、化学黏合剂黏合
缝编织物	110～290	1 000～2 400	黏胶纤维、涤纶、低弹涤纶丝	服装面料	线网或纱网
仿黏片长丝	20～100 101～500	1 600～3 200	丙纶、涤纶、聚乙烯纤维	内衬、衬布、人造革手套、工作服等	热轧、针刺

思考题

1-1　为什么机织物经纬纱线密度的配置常采用经纱线密度小于纬纱线密度？

1-2　为什么机织物紧密程度在纱线线密度不同时不能用织物密度来衡量？

1-3 机织物的密度与紧度在概念上有何异同？各自的使用范围如何？

1-4 针织物的覆盖系数和密度未充满系数在表示织物紧密程度上有什么区别？

1-5 简述双罗纹组织与双反面组织的区别。

1-6 编织密度系数如何测量？

1-7 非织造布有哪些种类？各自的形成方法和用途如何？

参考文献

[1] GB/T 4666—2009,纺织品 织物长度和幅宽的测定[S].

[2] GB/T 8683—2009,纺织品 机织物 一般术语和基本组织的定义[S].

[3] GB/T 5708—2001,纺织品 针织物 术语[S].

[4] GB/T 6529—2008,纺织品 调湿和试验用标准大气[S].

[5] GB/T 4668—1995,机织物密度的测定[S].

[6] GB/T 4669—2008,纺织品 机织物 单位长度质量和单位面积质量的测定[S].

[7] GB/T 5709—1997,纺织品 非织造布 术语[S].

[8] GB/T 3820—1997,纺织品和纺织制品厚度的测定[S].

[9] 徐蕴燕.织物性能与检测[M].北京:中国纺织出版社,2007.

[10] FZ/T 70008—2012,毛针织物编织密度系数试验方法[S].

项目二

织物的力学性能

织物的力学性能包括拉伸、撕破、顶破和胀破、弯曲、压缩、摩擦、耐磨等,它与织物的耐用性直接相关。织物具有一定的长度、宽度和厚度,其各个方向的力学性能是有差异的。因此,要从各个方向,至少从长度和宽度两个方向进行研究。

第一节 织物的拉伸断裂强力

织物一次拉伸至断裂时的性质,是织物抵抗拉伸外力的特性。断裂强力还可以评定织物经磨损、日晒、洗涤、整理后的牢度。

一、测试指标、标准及试样准备

(一) 测试指标

织物拉伸断裂所应用的主要指标为断裂强度与断裂伸长率、断裂功和断裂比功等,主要考核指标为断裂强力和断裂伸长率。

断裂强力是指在规定条件下进行的拉伸试验过程中,试样被拉断时记录的最大负荷,是评定织物内在质量的主要指标之一,以经纬向(或纵横向)的断裂强力平均值表示,单位为"N",如图 2-1 所示。

断裂伸长率是指试样在最大负荷的作用下产生的伸长率,以百分率表示,如图 2-1 所示。

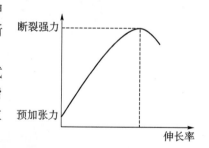

图 2-1 张力-伸长率曲线示例

(二) 测试标准

国内使用的测试方法一般有条样法(GB/T 3923.1—2013、FZ/T 01034—2008)与抓样法(GB/T 3923.2—2013)。

表 2-1 织物拉伸断裂强力测试标准

项目	条样法(GB/T 3923.1—2013)	抓样法(GB/T 3923.2—2013)
设备	等速伸长(CRE)试验仪	
试样尺寸	宽度(50±0.2)mm(不包括毛边),长度应能满足隔距长度200 mm,如果试样的断裂伸长率超过75%,隔距长度可为100 mm	宽度(100±2)mm,长度应能满足隔距长度100 mm

续表

项目	条样法（GB/T 3923.1—2013）	抓样法（GB/T 3923.2—2013）
设备	等速伸长（CRE）试验仪	
拉伸速度	见表 2-2	50 mm/min
适用范围	主要适用于机织物，也适用于其他技术生产的织物，通常不用于弹性织物、土工布、玻璃纤维织物，以及碳纤维和聚烯烃扁丝织物	
试样数量	经向 5 块，纬向 5 块	

表 2-2　条样法拉伸速度或伸长速率

隔距长度（mm）	织物断裂伸长率（%）	伸长速率（%/mm）	拉伸速度（mm/min）
200	<8	10	20
200	8~75	50	100
100	>75	100	100

（三）　试样准备

　　每个批样的抽取试样数量见表 2-3，每段样品长度至少 1 m 且全幅，样品须在标准大气中调湿。从每个试验样品上剪取两组试样，一组为经向（或纵向）试样，另一组为纬向（或横向）试样。每组试样至少应包括 5 块，如果有更高精度的要求，应增加试样数量。按图 2-2 的规定取样，试样应具有代表性，应避开折痕、褶皱和布边等，试样裁剪位置应距离布边至少 150 mm。经向（或纵向）试样组不应在同一长度上取样，纬向（或横向）试样组不应在同一长度上取样。如果还需要测定织物湿态断裂强力，则剪取的试样长度应至少为测定干态断裂强力试样的 2倍。给每条试样的两端编号后，沿纬向（或横向）剪为 2 块，一块用于测定干态断裂强力，另一块用于测定湿态断裂强力，确保每对试样包含相同根数的纱线。根据经验或预计浸水后收缩较大的织物，测定湿态断裂强力的试样长度应比测定干态断裂强力的试样长一些。湿润试验的试样应放在温度为（20±2）℃的符合 GB/T 6682—2008 规定的三级水中浸渍 1 h 以上，也可用每升含不超过 1 g 非离子湿润剂的水溶液代替三级水。

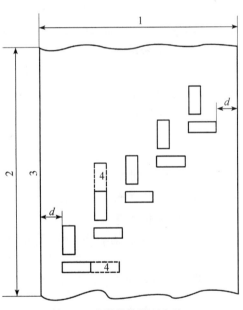

图 2-2　试样裁剪排列方法

1—织物宽度　2—织物长度　3—边缘
4—如果有要求，用于湿润试验的附加长度 $d=150$ mm

表 2-3　批样

一批的匹数	批样的最少匹数	一批的匹数	批样的最少匹数
≤3	1	31~75	4
4~10	2	≥75	5
11~30	3	—	—

二、影响织物拉伸性能的因素

（一）纤维原料和混纺比

在织物结构因素基本相同时，织物中纱线的强度利用系数大致保持稳定，纱线中纤维强度利用程度差异也在一定的范围内，因为纤维的性质决定了织物的拉伸性能。纤维的强伸度大，织物的强伸度也大。即使同种纤维，由于其内部结构不同，强伸度也有较大差异，如同样是棉型涤纶，低强高伸型涤纶和高强低伸型涤纶的性质有较大差异，低强高伸型涤纶制得的织物虽然断裂强力较低，但是断裂伸长率较大，具有一定的耐穿性。天然纤维与合纤混纺，若混纺比合理，织物强力比天然纤维织物的强力有改善。如用65涤/35棉混纺纱制得的织物比纯棉纱制得的织物的强伸性明显提高。

（二）纱线结构

在织物密度和组织相同时，由于粗的纱线强力大，所织制的织物强力也大；同时织物的紧度大，纱线间的摩擦阻力增大，使织物强力提高。相同线密度的纱与线织物，线织物比纱织物的强伸度大，这是因为股线改善了条干不均和捻度不匀。纱线捻度在临界捻度以下时，织物的强力随着捻度增加而提高；纱线捻度接近临界捻度时，织物强力开始下降。纱线捻向与织物强力也有一定的关系，织物中经纬纱捻向相反配置与相同配置相比较，前者的拉伸断裂强力较低，但光泽较好。

（三）织物结构

机织物的经纬密及针织物的纵横密，对织物强度有明显的影响。若纬密保持不变，增加经密，织物的经向拉伸断裂强力增大，纬向拉伸断裂强力也增大。这是因为经密增加使得承受拉伸力的纱线根数增多，即经向拉伸断裂强力增大；经密增加又使得经纱与纬纱的交错次数增加，经纬纱之间的摩擦阻力增大，使纬纱不易产生伸长，即纬向拉伸断裂强力也增大。若经密保持不变，增加纬密，经纱在织造过程中经受反复拉伸的次数增加，经纱承受摩擦的次数增加，使得经纱产生不同程度的疲劳，织物的拉伸断裂强力下降。仅通过增加织物经纬密来提高织物拉伸断裂强力，其作用是有限的。

（四）树脂整理

棉、黏胶纤维织物缺乏弹性，受外力作用后容易起皱、变形。树脂整理可以改善织物的力学性能，增加织物弹性、折皱回复性，减少变形，降低缩水率。但树脂整理后织物伸长能力明显降低，降低程度取决于树脂的浓度。

三、试验程序

（1）检查校准等速伸长（CRE）试验仪。

（2）设定隔距长度。

① 条样法。对于断裂伸长率小于或等于75%的织物，隔距长度为（200±1）mm；对于断裂伸长率大于75%的织物，隔距长度为（100±1）mm。

② 抓样法。隔距长度一般为（100±1）mm；或经有关方同意，隔距长度也可为（75±1）mm。

（3）设置拉伸速度

① 条样法。按表2-2进行设置。

② 抓样法。拉伸速度为50 mm/min。

（4）夹持试样

① 条样法。试样可在预张力下夹持，或者采用松式夹持，即无张力夹持。当采用预张力夹持试样时，产生的伸长率应不大于 2%；如果不能保证，应采用松式夹持。若同一样品的两个方向的试样采用相同的隔距长度、拉伸速度和夹持状态，以断裂伸长率大的一方为准。根据试样单位面积质量采用的预张力见表 2-4。

表 2-4 预张力

试样单位面积质量(g/m²)	预张力(N)	
	普通机织物	弹力机织物
≤200	2	0.3 或较低值
200～500	5	1
>500	10	1

注：断裂强力较低时，可按断裂强力的(1±0.25)%确定预张力；对于弹力机织物，预张力是指施加在弹力纱方向的力。

② 抓样法。夹持试样的中心部位，保证试样的纵向中心线通过夹钳的中心线，并与夹钳钳口线垂直，使试样上的标记线与夹片的一边对齐。夹紧上夹钳后，试样靠其自身质量下垂而平置于下夹钳内，关闭下夹钳。

（5）测试。启动等速伸长(CRE)试验仪，使可移动的夹持器移动，拉伸试样至断裂，记录断裂强力(N)、断裂伸长(mm)或断裂伸长率(%)。如果有需要，记录断脱强力、断脱伸长和断脱伸长率。每个方向至少试验 5 次。表 2-5 所示为记录断裂伸长或断裂伸长率到最接近的值。

表 2-5 记录断裂伸长或断裂伸长率到最接近的值

断裂伸长率(%)	断裂伸长(mm)	断裂伸长率(%)
<8	0.4	0.2
8～75	1	0.5
>75	2	1

如果试样在距离钳口线 5 mm 以内断裂，则记为钳口断裂。当 5 块试样试验完毕，若钳口断裂的值大于最小的"正常"值，可以保留该值；如果小于最小的"正常"值，应舍弃该值，另加试验得到 5 个"正常"断裂值。如果所有试验结果都是钳口断裂，或得不到 5 个"正常"断裂值，应报告单值。

（6）记录与计算。见表 2-6。

表 2-6 织物拉伸性能测试表

隔距(mm)		拉伸速度(mm/min)		预张力(N)		执行标准	
试验次数		断裂强力(N)	断裂伸长(mm)	断裂伸长率(%)	断裂功(J)	断裂时间(s)	
经向	1						
	2						
	3						
	4						
	5						

续表

试验次数		断裂强力(N)	断裂伸长(mm)	断裂伸长率(%)	断裂功(J)	断裂时间(s)
平均值						
修正强力(N)			—	—	—	—
纬向	1					
	2					
	3					
	4					
	5					
平均值						
修正强力(N)			—	—	—	—

注:分别计算经纬向(或纵横向)的断裂强力平均值,计算结果按表 2-7 的规定修约。

表 2-7   修约规定

计算结果(N)	修约值(N)	计算结果(N)	修约值(N)
<100	1	>1 000	100
100~1 000	10	—	—

第二节 织物的撕破强力

织物受集中负荷作用而被撕开的现象称为撕破,也称为撕裂。撕破通常发生在军服、篷帆、帐幔、雨伞、吊床等织物上。织物在使用过程中,如衣服被物体钩住,局部纱线受力被拉断,使织物形成条形或三角形裂口,也是一种撕破现象。因此,对此类织物应进行撕破强力试验。撕破性质能反映织物经整理后的脆弱程度。目前,我国要求对经过树脂整理的棉型织物及毛型化纤纯纺或混纺的精梳织物进行撕破强力测试。

一、测试指标、标准及试样准备

(一) 测试指标

撕破强力是指在规定条件下,使试样上的初始切口扩展至断裂所需的力值,经纱被撕断的称为经向撕破强力,纬纱被撕断的称为纬向撕破强力。

撕破长度是指开始施力至终止,试样上的初始切口扩展的距离。

峰值是指强力-伸长曲线上,斜率由正变负的点所对应的力值。用于计算的峰值两端的上升力值和下降力值,至少为前一个峰的下降力值或后一个峰的上升力值的 10%。

(二) 测试标准

测试织物撕破强力的国家标准见表 2-8。

表 2-8　测试织物撕破强力的国家标准

标准代码	标准名称
GB/T 3917.1—2009	纺织品 织物撕破性能 第1部分:冲击摆锤法撕破强力的测定
GB/T 3917.2—2009	纺织品 织物撕破性能 第2部分:裤形试样(单缝)撕破强力的测定
GB/T 3917.3—2009	纺织品 织物撕破性能 第3部分:梯形试样撕破强力的测定
GB/T 3917.4—2009	纺织品 织物撕破性能 第4部分:舌形试样(双缝)撕破强力的测定
GB/T 3917.5—2009	纺织品 织物撕破性能 第5部分:翼形试样(单缝)撕破强力的测定

（三）　试样准备

每个实验室样品应裁取两组试验试样,一组为经向,另一组为纬向,试样的短边应与经向或纬向平行,保证撕裂沿切口进行。每组至少包含 5 块试样或比合同规定数量更多的试样,每两块试样不能包含同一长度或宽度方向的纱线,距布边 150 mm 内不得取样,如图 2-3 所示。机织物以外的样品采用相应的名称来表示方向,例如纵向和横向。

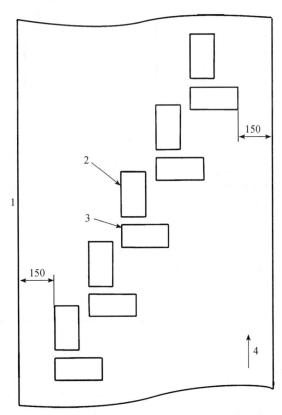

图 2-3　从样品上剪取试样实例(单位:cm)

1—布边　2—经向撕破试样　3—纬向撕破试样　4—经向

各测试方法的试样形状与尺寸如图 2-4 所示。

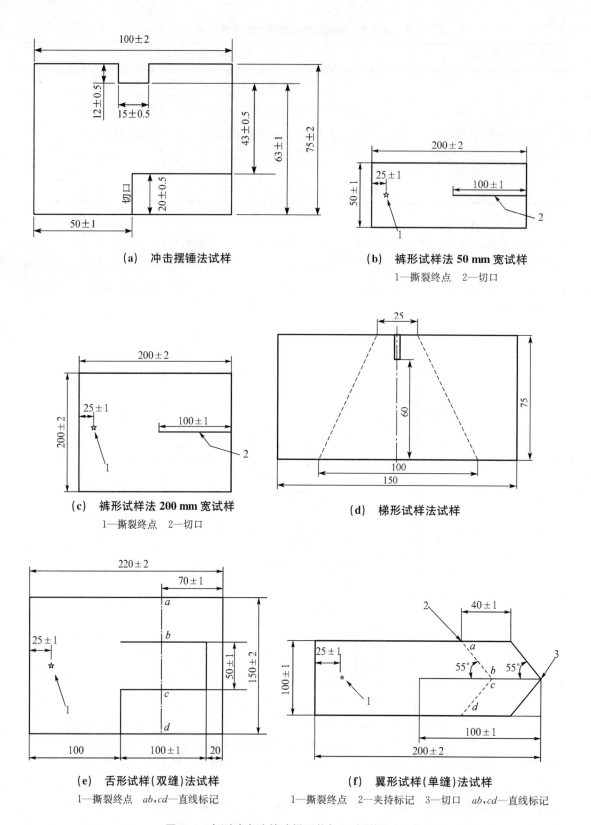

（a）冲击摆锤法试样

（b）裤形试样法 50 mm 宽试样

1—撕裂终点　2—切口

（c）裤形试样法 200 mm 宽试样

1—撕裂终点　2—切口

（d）梯形试样法试样

（e）舌形试样（双缝）法试样

1—撕裂终点　ab,cd—直线标记

（f）翼形试样（单缝）法试样

1—撕裂终点　2—夹持标记　3—切口　ab,cd—直线标记

图 2-4　各测试方法的试样形状与尺寸（单位：mm）

二、影响织物撕破强力的因素

（一）纱线性质

织物被撕破时，裂口处会形成一个纱线受力三角形。撕破就是指织物受力三角形中的纱线依次发生断裂的现象。织物撕破强力与纱线强力呈正比关系。织物经纬密和纱线断裂伸长率与织物撕破强力也有密切关系。当织物经纬密或纱线断裂伸长率较大时，受力三角形中的受力纱线根数越多，织物撕破强力就会增大。当经向纱线与纬向纱线间的摩擦阻力较大时，两个系统的纱线间不易滑动，受力三角形变小，受力纱线根数少，织物撕破强力变小。因此，纱线间的摩擦阻力对织物撕破强力起消极作用。

（二）织物结构

织物组织对织物撕破强力有明显的影响，其他条件相同时，三原组织中，平纹组织织物的撕破强力最低，缎纹组织织物的撕破强力最高，斜纹组织织物介于两者之间。当纱线粗细相同时，密度小的织物由于纱线浮长较长，经纬纱相对滑动容易，形成的受力三角形较大，受力纱线根数较多，撕破强力高于密度大的织物，如纱布就不易被撕破。当织物经纬密度接近时，其经纬向撕破强力接近。当经密大于纬密时，经纱受力根数比纬纱受力根数多，经向撕破强力大于纬向撕破强力。例如府绸易出现纬纱断裂，形成经向裂口，这是因为府绸的纬密远小于经密，纬向撕破强力远小于经向撕破强力。对于经纬密度、纱线粗细相同的织物，织缩率大的织物，伸长增加，受力三角形大，纱线受力根数增加，撕破强力增加。对于经纬密度或纱线线密度较大的织物，织缩率大时，纱线间摩擦阻力增加，受力纱线根数减少，撕破强力降低。

（三）树脂整理

棉织物、黏胶纤维织物经树脂整理后，纱线伸长率降低，织物脆性增加，织物撕破强力下降，下降程度与使用的树脂种类、加工工艺、整理液的酸性等有关。

三、试验程序

（一）冲击摆锤法

（1）选择摆锤的质量，使试样的测试结果落在相应标尺满量程的 15%～85% 范围内。校正仪器的零位，将摆锤升到起始位置。

（2）安装试样。将试样夹在夹具中，使试样长边与夹具的顶边平行；然后将试样夹在中心位置，轻轻地将其底边放至夹具的底部，在凹槽对边用小刀切一个 (20±0.5)mm 长的切口，余下的撕破长度为 (43±0.5)mm。

（3）按下摆锤停止键，放开摆锤。当摆锤回摆时握住它，以免破坏指针的位置，从测量装置标尺分度值或数字显示器读出撕破强力，单位为"N"。根据使用仪器的种类，读取的数据可能需要乘上由生产商指定的相应系数，转化为"N"为单位的测试结果。检查测试结果应落在所用标尺量程的 15%～85% 范围内。每个方向至少重复试验 5 次。

（4）观察撕破是否沿力的方向进行，以及纱线是否从试样上滑移而不是被撕破。满足以下条件的试验为有效试验：①纱线未从试样中滑移；②试样未从夹具中滑移；③撕破完全且撕破一直发生在 15 mm 宽的凹槽内。不满足以上条件的试验结果应剔除。如果 5 块试样中有 3 块或以上被剔除，则此方法不适用。

（5）记录与计算。将试验结果记录在表 2-9 中。

表 2-9　织物撕破试验记录表　　　　　　　　　　　　　　　　（单位：N）

经向试验次数	1	2	3	4	5
试验值(N)					
平均值(N)					
纬向试验次数	1	2	3	4	5
试验值(N)					
平均值(N)					

注：计算每个试验方向的撕破强力的算术平均值，保留两位有效数字。

（二）裤形试样（单缝）法、舌形试样（双缝）法和翼形试样（单缝）法

1. 隔距长度设置

将拉伸试验仪的隔距长度设定为 100 mm。

2. 拉伸速率设置

将拉伸试验仪的拉伸速率设定为 100 mm/min。

3. 安装试样

（1）裤形试样（单缝）法。将试样的每条裤腿各夹入一个夹具中，切割线与夹具的中心线对齐，试样的未切割端处于自由状态。整个试样的夹持状态如图 2-5 所示。注意要保证每条裤腿固定于夹具中，使断裂开始时平行于切口且在撕力方向上。试验不用预加张力。

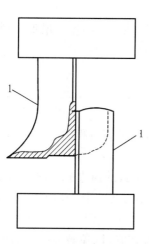

图 2-5　裤形试样夹持示意

1—折叠边

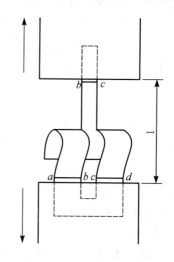

图 2-6　舌形试样夹持示意

1—隔距长度(安装试样过程中注意适当降低)

（2）舌形试样（双缝）法。将试样的舌形部分夹在固定夹钳的中心且对称，使直线 bc 刚好可见，如图 2-6 所示。将试样的两条腿对称地夹入一起移动的夹钳中，使直线 ab 和 cd 刚好可见，并使试样的两条腿平行于撕力方向。注意要保证每条舌形固定于夹钳中，使撕破开始时平行于撕力方向。试验不用预加张力。

（3）翼形试样（单缝）法。将试样夹在夹钳中心，沿着夹钳端线使标记 55°的直线 ab 和 cd 刚好可见，并使试样两翼相同表面面向同一方向，如图 2-7 所示。试验不用预加张力。

4．测试

开动仪器，以 100 mm/min 的拉伸速率，将试样持续撕破至试样的终点标记处，记录撕破强力；如果要得到试样的撕破轨迹，可用记录仪或电子记录装置记录试样各方向的撕破长度和撕破曲线。如果是高密织物，峰值应该由人工读数。记录纸的走纸速率与拉伸速率的比值应设定为 2∶1。按照冲击摆锤法有效试验的确定方法确定该方法的有效试验。

5．计算和表示

指定两种计算方法：人工计算和电子方式计算。两种计算方法可能会得到不同的计算结果，因此所得到的试验结果不具有可比性。

（1）根据记录纸记录的强力-伸长曲线（图 2-8），人工计算撕破强力。

① 分割峰值曲线，将第一峰至最后一峰等分成四个区域。第一区域舍去不用，在其余三个区域各标出两个最高峰和两个最低峰。用于计算的峰值两端的上升力值和下降力值至少为前一个峰的下降力值或后一个峰的上升力值的 10％。

② 根据上述峰值，计算每个试样 12 个峰值的平均值（N）。

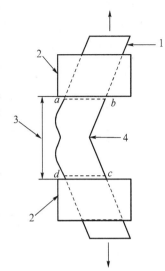

图 2-7　翼形试样夹持示意

1—测试试样　2—夹钳
3—隔距长度 100 mm　4—撕裂点

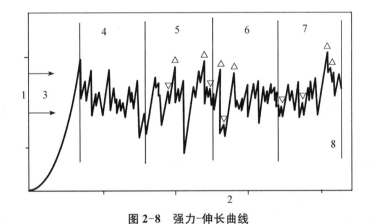

图 2-8　强力-伸长曲线

1—撕破强力　2—撕裂方向（记录长度）　3—中间峰值大概范围　4—第一区域（舍去区域）
5—第二区域　6—第三区域　7—第四区域　8—撕破终点

③ 计算同方向试样的撕破强力平均值（N），结果保留两位有效数字。

④ 如果需要，计算变异系数（精确至 0.1％），并用步骤②获得的每个试样的撕破强力平均值计算 95％置信区间（N），结果保留两位有效数字。

⑤ 如果需要，计算每个试样 6 个最大峰值的平均值（N）。

⑥ 如果需要，记录每个试样的最大和最小峰值（极差）。

（2）利用电子装置计算（表 2-10）。

① 将第一峰至最后一峰等分成四个区域，舍去第一区域，记录余下三个区域内的所有峰值。用于计算的峰值两端的上升力值和下降力值至少为前一个峰的下降力值或后一个峰的上升力值的 10％。

② 按记录的所有峰值计算每个试样的撕破强力平均值(N)。

③ 计算同方向试样的撕破强力平均值(N),结果保留两位有效数字。

④ 如果需要,计算变异系数(精确至0.1%),并用步骤②获得的每个试样的撕破强力平均值计算95%置信区间(N),结果保留两位有效数字。

表 2-10　裤形试样(单缝)法、舌形试样(双缝)法和翼形试样(单缝)法试验记录表

(单位:N)

峰值		试验 1	试验 2	试验 3	试验 4	试验 5
经向(纵向)	1					
	2					
	3					
	4					
	5					
	6					
	7					
	8					
	9					
	10					
	11					
	12					
平均值						
纬向(横向)	1					
	2					
	3					
	4					
	5					
	6					
	7					
	8					
	9					
	10					
	11					
	12					
平均值						

(三) 梯形试样法

1. 参数设置

试验开始,设定两夹钳间距离为(25±1)mm,拉伸速度为100 mm/min,选择适宜的负荷范围,使撕破强力落在满量程的10%～90%范围内。

2. 试样安装

沿梯形的不平行两边夹住试样,使切口位于两夹钳中间,梯形短边应保持拉紧,长边处于折皱状态。

3. 试验

启动仪器,如有条件,用自动记录仪记录撕破强力,单位为"N";如果撕破不是沿切口线进行,则不记录。撕破强力通常不是一个单值,而是一系列峰值。

4. 记录与计算

自动记录仪记录每个试样一系列有效峰值的平均值。当记录仪上只有一个有效峰值时,这个值应当被认定为测试结果(表2-11)。

经向(纵向)与纬向(横向)各测试5块试样,结果取平均值,保留两位有效数字,并计算变异系数(精确至0.1%)。

表 2-11 梯形试样法试验记录表   (单位:N)

试验次数		试样 1	试样 2	试样 3	试样 4	试样 5
经向(纵向)	1					
	2					
	3					
	4					
	5					
平均值						
纬向(横向)	1					
	2					
	3					
	4					
	5					
平均值						

第三节 织物的顶破和胀破强度

织物在一垂直于织物平面的负荷作用下鼓起扩张而破裂的现象,称为顶破或胀破。顶破与服装在人体肘部、膝部的受力及手套、袜子、鞋面在手指或脚趾处的受力相近,降落伞、滤尘袋则主要考虑胀破性质。对某些织物(如针织物和花边)的力学性能表征,拉伸强力不太适宜,但可用顶破强力代替。织物破损时往往同时受到纵向、横向、斜向等方向的作用力,特别是某些针织品(如纬编织物)具有纵向延伸、横向收缩的特征,两个方向的相互影响较大,如果采用拉伸(单轴)试验,必须对纵向、横向和斜向分别测试,而顶破和胀破试验可以对织物强度做一次性评价。

一、测试指标、标准及试样准备

(一) 测试指标

织物顶破指标有顶破强力,胀破指标有胀破强力、胀破扩张度、胀破时间、膨胀体积。

1. 顶破强力

以球形顶杆垂直于试样平面的方向顶压试样,直至其破坏的过程中测得的最大压力(N)。

2. 胀破强力

从平均胀破压力减去膜片压力所得到的压力(kPa)。

3. 胀破扩张度

试样在胀破压力下的膨胀程度,以胀破高度(mm)表示。

4. 胀破时间

试样膨胀到破裂时所需的时间(s)。

5. 膨胀体积

达到胀破压力时所需的液体体积(cm^3)。

(二) 测试标准

测试织物顶破和胀破强力的国家标准见表2-12。

表 2-12 测试织物顶破和胀破强力的国家标准

标准代码	标准名称
GB/T 19976—2005	纺织品 顶破强力的测定 钢球法
GB/T 7742.1—2005	纺织品 织物胀破性能 第1部分:胀破强力和胀破扩张度的测定 液压法
GB/T 7742.2—2015	纺织品 织物胀破性能 第2部分:胀破强力和胀破扩张度的测定 气压法

(三) 试样准备

根据产品标准规定或根据有关各方协议取样。如果产品标准中没有规定,图2-9给出了一个合适的选择试样部位的方法。试样应避免折叠、折皱、布边或不能代表织物的部位。使用的夹持系统,一般不需要裁剪试样即可进行试验。

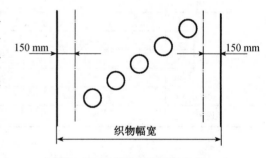

图 2-9 试样裁剪的建议部位

二、影响织物顶破和胀破强力的因素

织物在垂直作用力下被顶破时,织物受力是多向的,因此织物会产生各向伸长。当沿织物经纬两个方向的张力复合成的剪切应力等于织物最弱一点的纱线的断裂强力时,此处纱线即断裂,接着以此处为缺口,出现应力集中,织物会沿经(纵)向或纬(横)向撕裂,裂口呈直角形。

(一) 纱线性能

顶破的实质是织物中纱线产生伸长而断裂,因此,织物中纱线断裂强力和伸长率大时,织物的顶破强力高。

(二) 织物结构

织物厚度对顶破和胀破强力有直接影响。通常,随着织物厚度的增加,顶破和胀破强力明显提高。经纬纱变形能力不同或织缩率相差较大时,则变形能力小或织缩率低的一个系统纱线在顶破过程中先达到断裂伸长而破裂,织物顶破强力偏低,裂口为直线形。当其他条件相同时,织物经纬密度不同,织物顶裂必沿密度小的方向发生,织物顶破强力偏低,裂口呈直线形。针织物中,纤维断裂伸长率大、抗弯刚度高的,不易受弯断裂,有利于织物顶破强力。纱线钩接强度大的,织物顶破强力也较高。此外,适当增加线圈密度也能使织物顶破强力有所提高。

(三) 试验面积、试验条件和设备仪器

试验面积、试验条件和设备仪器对胀破强力都有影响,其中试验面积对胀破强力的影响最大。一般来说,试验面积越小,其胀破强力越大。胀破时间随胀破速度增大而减少。在试验条件相同的情况下,不同设备测得的胀破强力也有差异,这些差异是随机的。

三、试验程序

(一) 钢球法

1. 安装顶破装置

选择直径为 25 mm 或 38 mm 的球形顶杆。将球形顶杆和夹持器安装在试验机上,保证环形夹持器的中心在顶杆的轴心线上,如图 2-10 所示。

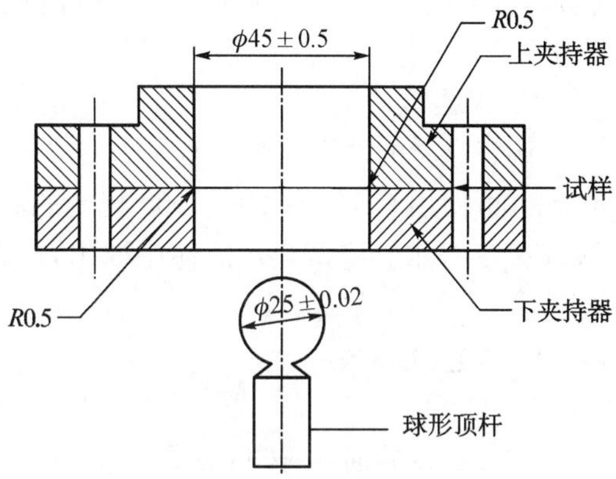

2. 设定仪器

选择力的量程,使输出值在满量程的 10%～90% 范围内。设定试验机的速度为 (300 ± 10) mm/min。

3. 夹持试样

将试样反面朝向顶杆,夹持在夹持器上,保证试样平整,无张力,无折皱。

图 2-10　顶破装置示意(单位:mm)

4. 测定顶破张力

启动仪器,直至试样被顶破,记录其最大值作为该试样的顶破强力。如果测试过程中出现纱线从环形夹持器中滑出或试样滑脱,应舍弃该试验结果。在样品的不同部位重复上述试验,至少获得 5 个试验值。

5. 润湿试验

将试样从液体中取出,放在吸水纸上吸去多余的水后立即试验。

6. 记录与计算

计算顶破强力的平均值,结果修约至整数。

(二) 液压法

1. 调湿

样品在试验前,应按 GB/T 6529—2008 的规定在松弛状态下调湿。

2. 试验面积确定

试样面积一般为 50 cm²。对大多数织物,特别是针织物,试验面积 50 cm² 是合适的。对低延伸性的织物(根据经验或预试验),如产业用织物,推荐试验面积至少 100 cm²。在该条件不能满足或者不适合的情况下,如果双方协议,可使用 10 cm²(直径 35.7 mm)、7.7 cm²(直径 30.5 mm)等其他试验面积。比较试验需在相同试验面积和相同体积增长速率下进行。

3. 胀破时间确定

设定恒定的体积增长速率在 100～500 cm³/min;或进行预试验,调整试验的胀破时间为 (20 ± 5) s。

4. 胀破试验

将试样放置在膜片上,使其处于平整且无张力状态,避免在其平面内发生变形。用夹持环夹紧试样,避免损伤,防止在试验中滑移。将扩胀度记录装置调整至零位,根据仪器要求固定安全罩。对试样施加张力,直到其破裂。试样破坏后关闭主气控制阀,记录胀破压力和胀破高度或胀破体积。如果试样破裂位置接近夹持环的边缘,则记录该情况。试样在夹持线 2 mm 以内发生破裂时,应舍弃此次试验结果。在织物的不同部位进行试验,至少 5 次试验有效。

5. 膜片压力测定

采用与前述试验相同的试验面积、体积增长速率或胀破时间,在没有试样的条件下,膨胀膜片,直至达到有试样时的平均胀破高度或平均胀破体积,以此时的胀破压力作为"膜片压力"。

6. 湿态试验

湿态试验的试样放在温度为(20±2)℃且符合 GB/T 6682—2008 的三级水中浸渍 1 h,热带地区可使用 GB/T 6529—2008 规定的温度,也可用每升不超过 1 g 的非离子润湿剂的水溶液代替三级水。将试样从液体中取出,放在吸水纸上吸去多余的水后,立即按上述步骤进行试验。

(三) 气压法

1. 调湿

样品在试验前,应按 GB/T 6529—2008 的规定在松弛状态下调湿。

2. 试样面积确定

试样面积一般为 50 cm²。对大多数织物,特别是针织物,试验面积 50 cm² 是合适的。对具有低延伸的织物(根据经验或预试验),如产业用织物,推荐试验面积至少 100 cm²。当该条件不能满足或者不适合的情况下,如果双方协议,可使用 10 cm²(直径 35.7 mm)、7.7 cm²(直径 30.5 mm)等其他试验面积。比较试验需在相同试验面积下进行。

3. 胀破时间调节

调节胀破仪的控制阀,使试样胀破的平均时间在(20±5)s。可能需要进行预试验,对控制阀进行准确设置。要记录试样从开始起拱到破裂时的胀破时间。

4. 试验

将试样放置在膜片上,使其处于平整且无张力状态,避免在其平面内发生变形。用夹持环夹紧试样,避免损伤,防止在试验中滑移。将扩胀度记录装置调整至零位,根据仪器要求固定安全罩。对试样施加张力,直到其破裂。试样破坏后,关闭主气控制阀,记录胀破压力和胀破高度。如果试样破裂位置接近夹持环的边缘,则记录该情况。试样在夹持线 2 mm 以内发生破裂时,应舍弃此次试验结果。在织物的不同部位进行试验,至少 5 次试验有效。

5. 膜片压力测定

采用与前述试验相同的试验面积及相同的气压条件,在没有试样的条件下,膨胀膜片,直至达到有试样时的平均胀破高度,以此时的胀破压力作为"膜片压力"。

6. 湿态试验

湿态试验的试样放在温度为(20±2)℃且符合 GB/T 6682—2008 的三级水中浸渍1 h,热带地区可使用 GB/T 6529—2008 规定的温度,也可用每升不超过 1 g 的非离子润湿剂的水溶液代替三级水。将试样从液体中取出,放在吸水纸上吸去多余的水后,立即按上述步骤进行试验。

7. 记录与计算

将试验结果记录在表 2-13 中。

表 2-13 织物顶破和胀破强力试验记录表

试验次数		顶破强力 (N)	胀破压力 (kPa)	膜片压力 (kPa)	胀破强力 (kPa)	胀破扩张度 (mm)	胀破时间 (s)	胀破体积 (cm³)
试样	1							
	2							
	3							
	4							
	5							
平均值								

注:(1)计算胀破压力的平均值,从该值中减去膜片压力,得到胀破压力,结果修约至三位有效数字;(2)计算胀破高度的平均值,结果修约至两位有效数字;(3)计算胀破体积的平均值,结果修约至三位有效数字。

第四节 织物的缝口脱开程度

织物的缝合性能是指已缝合的接缝受外力作用而引起纱线滑移时,阻碍缝隙形成的能力,它反映了织物制成服装后接缝的牢固程度。

一、测试指标、标准及试样准备

(一) 测试指标

接缝强力是指在规定条件下,对含有一个接缝的试样施加与接缝垂直的拉伸力,直至接缝破坏所记录的最大的力(N)。

(二) 测试标准

测试织物的缝口脱开程度的国家标准见表 2-14。

表 2-14 测试织物的缝口脱开程度的国家标准

标准代码	标准名称
GB/T 13773.1—2008	纺织品 织物及其制品的接缝拉伸性能 第 1 部分:条样法接缝强力的测定
GB/T 13773.2—2008	纺织品 织物及其制品的接缝拉伸性能 第 2 部分:抓样法接缝强力的测定

(三) 试样准备

1. 接缝样品的尺寸和制备

在需要制备接缝试样的情况下,有关各方应协商确定缝制条件,包括缝纫线的类型、针的类型、缝迹的类型、接缝留量及单位长度的针迹数。用一块备用织物,将缝纫机调整至缝制状态。沿经向或纬向裁取一块尺寸为 250 mm×至少 700 mm 的织物试样,将试样沿长度方向对折,折痕平行于试样的长度方向,按确定的缝制条件缝合试样。按照有关方的协议,可以缝制接缝方向平行于经纱和(或)纬纱的试样。

2. 试样的尺寸和制备

从每个含有接缝的实验室样品中剪取至少 5 块宽度为 100 mm 的试样,如图 2-11 所示。不应在距离试样两端 100 mm 范围内取样。

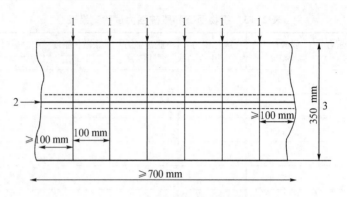

图 2-11　接缝样品和试样示意

1—剪切线　2—缝线　3—缝制前的长度

(1) 条样法试样尺寸。在距离缝迹 10 mm 处剪掉试样的 4 个角,如图 2-12 所示的阴影部分,其宽度为25 mm,得到有效的试样宽度为 50 mm。在距离缝迹 10 mm 的区域内,其总宽度为 100 mm,用于试验的接缝试样形状如图 2-13 所示。

(2) 抓样法试样尺寸。在每块试样上距离长度方向一边 38 mm 处画一条平行于该边的直线,如图 2-14 所示。

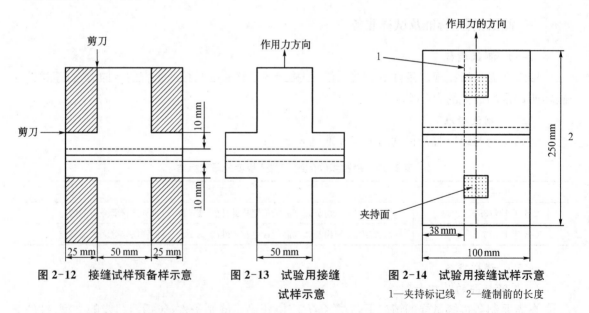

图 2-12　接缝试样预备样示意　　图 2-13　试验用接缝试样示意　　图 2-14　试验用接缝试样示意

1—夹持标记线　2—缝制前的长度

二、影响织物缝口脱开程度的因素

(一) 缝制工艺

应选择较小的线迹密度和较细的缝纫线,尽量避免缝口滑脱,并选择较细的机针,避免对织物造成损伤,从而使缝口牢度增加。

（二）织物结构

缝口脱开程度与经向紧度、总紧度、面密度、织物断裂强力呈负相关。织物经向紧度、总紧度、面密度与纱线细度、捻度及经纬密度密切相关,当经向紧度、总紧度或面密度较大时,织物结构较紧密,受到拉伸时,纱线受到的摩擦阻力增加,因此缝口附近的纱线不易滑移,缝口脱开程度减小。

三、试验程序

（一）设定拉伸试验仪的隔距长度和拉伸速度

按表 2-15 设定拉伸试验仪的隔距长度和拉伸速度。

表 2-15　拉伸试验仪的隔距长度和拉伸速度

试验方法	隔距长度(mm)	拉伸速度(mm/min)
条样法	200±1	100
抓样法	100±1	50

（二）夹持试样

将试样夹持在上夹钳中,使试样长度方向的中心线与夹钳的中心线重合,且与试样的接缝垂直,使接缝位于两夹钳距离的中间位置上。夹紧上夹钳,试样在自身重力下悬垂,平直置于下夹钳中,夹紧下夹钳。

（三）试验

启动试验议直至试样破坏,记录最大力,并记录接缝试样破坏的原因,包括:①织物断裂;②织物在钳口处断裂;③织物在接缝处断裂;④缝纫线断裂;⑤纱线滑移;⑥上述项中的任意结合。如果是由①或②引起的试样破坏,应将这些结果剔除,并重新取样继续试验,直至保证得到 5 个接缝破坏的有效试验结果。如果所有的破坏均是织物断裂或织物在钳口处断裂,则报告单个结果,不报告变异系数或置信区间。在试验报告中注明试验结果为织物断裂或织物在钳口处断裂,提请有关各方讨论。

（四）记录与计算

将试验结果记录在表 2-16 中。

表 2-16　试验结果记录表

试验次数	1	2	3	4	5	平均值	修约值
接缝强力(N)							
原因							

注:对接缝破坏原因符合①或②的试样,分别计算每个方向的接缝强力的平均值,并按表 2-7 进行修约。

第五节　织物的磨损牢度

织物抵抗磨损的程度称为耐磨性。在织物使用过程中,经常与接触物体发生摩擦,如外衣与桌、椅物件摩擦,工作服经常与机器、机件摩擦,内衣与身体皮肤及外衣摩擦。床单用布、袜子、鞋面用布在使用过程中也绝大多数是受磨损而破坏的。磨损是织物损坏的一个主要方面，它直接影响织物的耐用性。

一、测试指标、标准及试样准备

（一）测试指标

1. 观察外观性能的变化

在相同的试验条件下，经过规定次数的磨损后，观察试样表面光泽、起毛、起球等外观效应的变化，并与标准样品对照来评定其等级。也可在试样经过磨损后，用其表面出现一定根数的纱线断裂或出现一定大小的破洞所需要的摩擦次数，作为评定依据。

2. 试样质量减少率

即在试验条件下，经过规定次数的磨损后，试样质量的减少率：

$$试样质量减少率 = \frac{磨损前试样质量 - 磨损后试样质量}{磨损前试样质量} \times 100\% \tag{2-1}$$

3. 试样厚度减少率

即在试验条件下，经过规定次数的磨损后，试样厚度的减少率：

$$试样厚度减少率 = \frac{磨损前试样厚度 - 磨损后试样厚度}{磨损前试样厚度} \times 100\% \tag{2-2}$$

4. 试样断裂强度变化率

即在试验条件下，经过规定次数的磨损后，试样断裂强力的变化率：

$$试样断裂强度变化率 = \frac{磨损前试样断裂强度 - 磨损后试样断裂强度}{磨损前试样断裂强度} \times 100\% \tag{2-3}$$

（二）试样准备

按表 2-17 准备试样。

表 2-17　各种耐磨试验的试样尺寸及数量

试验名称	尺寸	数量
往复式平磨试验	长 180 mm，宽 50 mm	经纬向各 5 块
回转式平磨试验	直径 125 mm	5 块
马丁旦尔平磨试验	直径 38 mm	≥4 块
动态耐磨试验	长 330 mm，宽 50 mm	经纬向各 5 块
折边磨试验	长 40 mm，宽 30 mm，对折烫平	经纬向各 5 块
屈曲磨试验	长 250 mm，宽 25 mm，宽度两边各抽去边纱 2.5 mm，实际试验宽度为 20 mm	经纬向各 5 块
翻动磨试验	长 400 mm，宽 50 mm	经纬向各 5～10 条

二、影响织物耐磨性的因素

（一）纤维性状

1. 纤维的几何特征

纤维的长度、细度和截面形态对织物的耐磨性有一定的影响。在同样的纺纱条件下，纤维长时,纤维间抱合力大,摩擦时纤维不易从纱中抽出,有利于织物的耐磨性。一般认为纤维线密度为 2.78~3.33 dtex 时有利于耐磨,适当粗些,较耐平磨;适当细些,较耐屈曲磨和折边磨。但纤维不能过细或过粗,过细的纤维在织物磨损过程中容易引起较大的内应力,过粗的纤维则会使单位成纱截面内纤维总根数减少,抱合力下降,而且纤维抗弯性能变差,这些都不利于织物的耐磨性。中长纤维细度较适中,其织物耐磨性较好。一般说来,异形纤维织物的耐屈曲磨性及耐折边磨性都比圆形纤维织物差。织物受屈曲磨和折边磨时,纤维处于弯曲状态,异形纤维宽度大于圆形纤维,所以不耐弯曲。异形纤维的耐平磨性并不十分稳定,影响较为复杂。

2. 纤维的力学性质

纤维的力学性质中,断裂伸长率、弹性回复率及断裂比功是影响织物耐磨性的决定性因素。在织物磨损过程中,纤维疲劳而断裂是最基本的破坏形式,因此纤维断裂伸长率大、弹性回复率高及断裂比功大的,织物的耐磨性一般比较好。锦纶、涤纶织物的耐磨性都很好,特别是锦纶织物的耐磨性最好,多用来制作袜子、轮胎帘子布等。丙纶织物的耐磨性也很好。维纶织物的耐磨性比纯棉织物好,因此棉维混纺可提高织物的耐磨性。腈纶织物的耐磨性属中等。羊毛织物的耐磨性在较缓和的情况下也相当好。麻纤维虽然强度高,但断裂伸长率低,断裂比功小,弹性回复率低,因此麻织物的耐磨性差。黏胶纤维的弹性回复率低,反复负荷作用下的断裂比功小,其织物的耐磨性也差。

3. 合成纤维的软化点

合成纤维的软化温度越高,其织物的耐磨性越好。合成纤维达到软化点时,其弹性急速变差,使织物的耐磨性明显变差。

（二）纱线性状

1. 纱线的捻度

在织物其他条件相同的情况下,纱线捻度适中时,耐磨性较好。纱线捻度过大时,纤维的应力过大,纤维片段可移性小,并且过大的捻度会使纱线刚硬,摩擦时不易被压扁,接触面积小,易造成局部应力增大,使纱线局部过早磨损,这些都不利于织物的耐磨性。若纱线捻度过小,纤维在纱中受束缚程度太小,与物体摩擦时,纤维易从纱线中被抽出,也不利于织物的耐磨性。

2. 纱线的条干

条干差的纱线,较粗部位的捻度小,摩擦时纤维易从纱中被抽出,使得纱体结构变松,织物耐磨性下降。

3. 单纱与股线

在相同细度下,股线织物的耐平磨性优于单纱织物,这是因为股线结构较单纱紧密,纤维间抱合较好,不易被抽出。但受屈曲磨特别是折边磨时,股线织物的耐磨性远不如单纱织物。这是因为结构紧密的股线中纤维片段的可移性很小,容易在曲折部位产生局部应力集中,使纤维受切割而破坏。

4. 混纺纱的径向分布

混纺纱中,耐磨性好的纤维若多分布于纱的外层,有利于提高混纺织物的耐磨性。

（三）织物几何结构

1. 织物厚度

织物越厚,耐平磨性越高,但耐曲磨和耐折边磨性能下降。

2. 织物组织

织物组织对耐磨性的影响随织物的经纬密度不同而不同。经纬密度较低时,平纹织物的交织点较多,纤维不易被抽出,有利于织物的耐磨性。经纬密度较高时,缎纹织物的耐磨性最好,斜纹织物次之,平纹织物最差。经纬密度较高时,纤维在织物中附着得相当牢固,纤维破坏的主要方式是纤维产生应力集中,被切割而断裂,这时若织物浮线较长,纤维在纱中可适当移动,有利于织物耐磨性。织物经纬密度适中时,斜纹织物的耐磨性最好。

针织物中,织物组织对耐磨性的影响尤为显著,其基本规律大致与机织物相仿。纬平针组织针织物的耐磨性优于罗纹组织针织物,这是因为纬平针组织与罗纹组织相比,表面较平滑,支持面较大,能承受较大的摩擦力。

3. 织物内经纬纱线密度

当织物组织相同时,织物中纱线越粗,织物的支持面越大,织物受摩擦时实际面积越大,不易产生应力集中,而且成纱截面内包括的纤维根数多,磨损时需要抽出或磨损较多根的纤维,纱线才会解体,这些都有利于增强织物的耐平磨性。

4. 织物单位面积质量

织物单位面积质量对各类织物的耐平磨性的影响显著。耐平磨性几乎随单位面积质量增加呈线性增大趋势,但不同织物的影响程度不同。单位面积质量相同的织物,机织物的耐平磨性优于针织物。

5. 织物表观密度

织物表观密度与厚度直接有关。试验证明,织物表观密度达到 0.6 g/cm^3 时,其耐折边磨性能明显变差。

6. 织物的经纬密

在中等经纬密范围内,随着经纬密增加,纤维受束缚点增多,摩擦时纤维不易被抽出,这有利于织物耐磨性,特别是耐平磨性。但是,随着经纬密进一步增大,织物柔软性下降,刚硬度增大,这使得支持点成为较刚硬的结节,导致应力集中;同时,经纬密增大后,纱内纤维片段可移性减小。这些不利于织物的耐磨性,特别是耐折边磨。

针织物中,线圈长度越大,单位面积内线圈数越少,即纵横密减小,织物越不耐磨。

（四）后整理

后整理可以提高织物的弹性和折皱回复性,但整理后织物强度、伸长率有所下降。在作用比较剧烈、压力比较大时,强力和伸长率对织物耐磨性的影响是主要的,因此,树脂整理后,织物耐磨性下降。当作用比较缓和、压力比较小时,织物的弹性回复率对织物耐磨性的影响是主要的,因此,树脂整理后,织物表面毛羽减少,这有利于织物的耐磨性。实践经验还表明,树脂整理对织物耐磨性的影响程度与树脂浓度有关。

三、试验程序

往复式平磨试验仪如图 2-15 所示。

（一）往复式平磨试验

（1）将磨料架向上抬起,然后将前平台向后推压,使弹簧片跳上,钩住前平台。

（2）用刷子刷清整个平台表面。

（3）选择适当号数的砂纸(一般有 280#、400#、500#、600#),将砂纸夹在磨料架上。砂纸宽度一般要小于试样宽度。

（4）旋松前后平台上的夹头,将试样一端伸入后平台的夹头内,旋紧后再将试样的另一端伸入前平台的夹头内,并用括布铁片使布面整齐,而后将前夹头旋紧。掀下弹簧片,使试样受到一定张力。

（5）将磨料架放在试样上,同时将计数器转到零位。

（6）启动仪器试验。在试验过程中,磨损一定次数后,需将磨料架抬起,用刷子刷清试样表面的磨屑。试样所受磨损次数可由计数器读得,织物的磨损次数可根据需要选择。

（7）测试试验前后试样的断裂强力、厚度或单位面积质量。

（二）　回转式平磨试验

回转式平磨试验仪如图 2-16 所示。

（1）在准备好的试样中央剪开一个小孔,然后将试样固定在工作圆盘上,并旋紧夹持环,使试样受到一定张力。

（2）选用适当压力,加压重锤有 1 000 g、500 g、250 g 及 125 g 四种。

（3）选用适当的砂轮作为磨料,炭化砂轮分粗 A-100、中 A-150、细 A-280 三种。

（4）调节吸尘管高度,一般以高出试样 1~1.5 mm 为宜。将吸尘器的吸尘软管及电气插头插在平磨仪上,根据磨屑的质量和多少,用平磨仪右端的调节手柄调节吸尘管的风量。

（5）将计数器调至零位。

（6）启动仪器试验,试验结束后记录摩擦次数,再将支架吸尘管抬起,取下试样,使计数器复位,清理砂轮。

（7）测试试验前后试样的断裂强力、厚度或单位面积质量。

图 2-15　往复式平磨试验仪

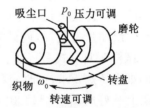

图 2-16　回转式平磨试验仪

（三）　马丁旦尔平磨试验

（1）试验时,将试样在标准大气中调湿。

（2）把标准磨料(用杂种羊毛制成的精梳平纹织物,其规格见表 2-18)覆盖在标准垫料［规格为(750±50)g/m²,厚度(3±0.5)mm,直径 145 mm 的标准毡］上。标准磨料的表面不可有皱纹、纱结或厚薄不匀。

表 2-18　精梳平纹织物规格

规格	经纱	纬纱
纱线线密度(tex)	63×2	74×2
织物密度(根/cm)	17	12
单纱捻度(捻/m)	540±20	500±20

续表

规格	经纱	纬纱
单纱捻向	Z	Z
股线捻度(捻/m)	450±20	350±20
股线捻向	S	S
纤维平均细度(μm)	27.5±2.0	29.5±2.0
最低织物面密度(g/m²)	195	
磨料直径(mm)	160	

（3）将试样装于金属夹内，同时在试样与金属夹间衬垫一块聚氨酯泡沫塑料（厚度为3 mm，密度为0.04 g/cm³，直径为36 mm），置试样夹于摩擦平台上，使芯轴穿过轴承插在试样夹上，然后加上583.1 cN负荷。

（4）把计数器调至零位，再将预定计数器调至所需要的摩擦次数。

（5）开动仪器，当完成预定摩擦次数后，观察试样的磨损程度，并估计继续试验所需次数。试验过程中，试样表面产生毛球应用锐利剪刀把毛球小心剪去，继续试验。

试样经磨损后，出现两根及两根以上纱线被磨断即终止试验。计算试样的平均耐磨次数，结果取整数。

（四）动态磨试验

动态磨试验仪如图2-17所示。

（1）检查仪器的状态是否正常，要使导轴车停在最后位置，拖板停在最前位置。

（2）将试样按弯曲要求穿过导轴，然后一端平直地伸入后夹持器的中间位置，旋紧夹持器。试样另一端伸入前夹持器中，并悬挂预加张力重锤，使试样均匀挺直，然后旋紧前夹持器。试样弯曲形式有三曲、五曲、七曲等几种，通常采用三曲，如有特殊要求，可改变弯曲形式。

（3）在磨料架上装好磨料砂纸（400#），用夹持器夹牢，拉紧张紧螺丝，使砂纸平直，放下磨料架。

（4）将天平架左臂松动，使其成自然平衡状态，然后插上插销，加上加压重锤。

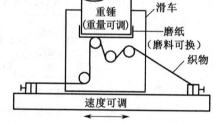

图2-17　动态磨试验仪

（5）将计数器调至零位，启动设备，进行试验。

（6）当试样出现破洞时，仪器自停，从计数器读取试样的动态磨损次数。

（五）折边磨试验

折边磨试验仪如图2-18所示。

（1）检查仪器是否正常。在砂纸夹持器上装好砂纸（400#），调节试样夹持器与砂纸间的距离（薄织物为2 mm，厚织物为3 mm）。

（2）用辅助夹持器将试样平直地夹入试样夹持器内，然后将夹持器放入支架。

（3）将计数器调至零位，启动仪器，进行试验。

（4）当折边磨满1 000次时，仪器自停，取下夹持器，观察试样的折痕是否磨破；如果未磨破，则继续试验，再磨1 000次，直至破裂为止。

（5）评定试样的折边磨损牢度，共分十个级别，每级1 000次，一级最差，十级最好。

（六）屈曲磨试验

屈曲磨试验仪如图2-19所示。

（1）检查仪器是否正常，将试样一端平行地伸入上夹头内，拧紧夹头螺丝，另一端用一定张力穿过刀片，平行地伸入下夹头内，拧紧下夹头螺丝。

（2）将计数器调至零位。

（3）启动仪器进行试验，使下平台做往复运动，试样在刀片上受到摩擦，直至断裂。

（4）试样断裂后，重锤下落，仪器自停。读取计数器上的磨损次数。

（5）取下断裂的试样，用清除刀口周围的残屑，继续试验。

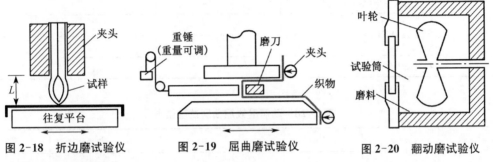

图2-18　折边磨试验仪　　　图2-19　屈曲磨试验仪　　　图2-20　翻动磨试验仪

（七）翻动磨试验

翻动磨试验仪如图2-20所示。

（1）将试样边缘缝合或用黏合剂黏合牢固，以防止边缘纱线脱线，称取其质量。

（2）将称重后的试样投入试验筒内，在高速回转的叶轮翻动下，与试验筒内壁上所衬的磨料反复摩擦，经规定时间后，取出称取质量。

（3）计算质量损失率。

将以上试验结果分别填入表2-19、表2-20。

表2-19　往复式或回转式平磨试验结果

试验方法：　　　　　　砂纸（轮）号数：　　　　　磨损次数：　　　　　重锤质量：

	试验次数		1	2	3	4	5
经向	外观变化	前					
		后					
	厚度(mm)	前					
		后					
	厚度减少率(%)						
	质量(g)	前					
		后					
	质量减少率(%)						
	断裂强力(N)	前					
		后					
	断裂强力变化率(%)						

续表

试验次数			1	2	3	4	5
纬向	外观变化	前					
		后					
	厚度(mm)	前					
		后					
	厚度减少率(%)						
	质量(g)	前					
		后					
	质量减少率(%)						
	断裂强力(N)	前					
		后					
	断裂强力变化率(%)						

表 2-20　动态磨或屈曲磨试验结果

试验次数	1	2	3	4	5	平均
经向						
纬向						

第六节　织物的刚柔性

织物的硬挺和柔软程度统称为刚柔性。刚柔性与服装的制作、造型有密切关系。若织物刚性过小,服装疲软、飘逸,缺乏身骨;织物刚性过大,服装又显得板结、呆滞。织物的刚柔性还与皮肤接触感有关,如服的衣领和被褥过硬时,不会有柔和舒适的触感,严重时甚至擦破皮肤。此外,某些产业用织物,如消防水龙带和宇航服等,还要求具有一定的空间构形控制力,以免异常变形,这也涉及织物的刚柔性。

一、测试指标、标准及试样准备

(一)测试指标

1. 弯曲长度

一端握持、另一端悬空的矩形织物试样在自重作用下弯曲至 7.1°时的长度,单位为"cm"。

2. 弯曲刚度

单位宽度材料的微小弯矩变化与其相应曲率变化之比,可根据弯曲长度计算,单位为"mN·cm"。

3. 弯曲滞后距

试样在受力弯曲和回复过程中,弯曲至规定曲率时的单位宽度弯矩与回复至该曲率时的单位宽度弯矩之差,单位为"cN·cm/cm"。

4．弯曲环高度

试样悬挂1 min后心形圈顶端至最低点之间的距离，单位为"mm"。

（二）测试标准

测试织物刚柔性的国家标准见表2-21。马鞍法虽然被写入国家标准中，作为织物弯曲性能测试的第六部分，但是具体的测试方法并没有给出。

表2-21　测试织物刚柔性的国家标准

标准代码	标准名称
GB/T 18318.1—2009	纺织品 弯曲性能的测定 第1部分：斜面法
GB/T 18318.2—2009	纺织品 弯曲性能的测定 第2部分：心形法
GB/T 18318.3—2009	纺织品 弯曲性能的测定 第3部分：格莱法
GB/T 18318.4—2009	纺织品 弯曲性能的测定 第4部分：悬臂法
GB/T 18318.5—2009	纺织品 弯曲性能的测定 第5部分：纯弯曲法
GB/T 18318.6—2009	纺织品 弯曲性能的测定 第6部分：马鞍法

（三）试样准备

按表2-22准备试样。

表2-22　测试织物刚柔性的试样准备

试验方法	尺寸	试样数量
斜面法	(25±1)mm×(250±1)mm	12
心形法	宽20 mm，长250 mm	经、纬(或纵、横)向各5块
格莱法	宽20 mm，长90 mm	经、纬(或纵、横)向各5块
悬臂法	宽25 mm，长不小于50 mm	经、纬(或纵、横)向各5块
纯弯曲法	宽200 mm，长200 mm	经、纬(或纵、横)向各3块

注：①采用斜面法时，12块试样，其中6块试样的长边平行于织物的纵向，6块试样的长边平行于织物的横向。试样至少距离布边100 mm，并尽可能少用手摸。有卷边或扭转趋势的织物，应当在剪取试样前调湿。如果试样的卷曲或扭转现象明显，可将试样放在平面间轻压几个小时。对于特别柔软、卷曲或扭转现象严重的织物，不宜用此法。可取与纵向成45°方向的附加试样。用于生产控制时，试样的数量可减少至每个方向3块。

②采用心形法、格莱法、悬臂法和纯弯曲法时，按产品标准或有关各方商定抽样。从每个样品中取一个实验室样品；织物类裁取0.5 m以上的全幅样，取样时避开匹端2 m以上；纺织制品不少于一个独立单元。在实验室样品上，避开影响试验结果的疵点和褶皱，裁取试样。试样应距布边至少150 mm且均匀分布在样品上，保证每块试样不在相同的纵向和横向位置上。

二、影响织物刚柔性的因素

（一）纤维性状

1．纤维截面形态

织物的刚柔性与纤维的截面形态有一定的关系。异形截面与圆形截面的纤维相比较，异形纤维织物的刚性较圆形纤维织物大。面积相同的异形纤维的刚度一般都大于圆形纤维的刚度，同时，异形纤维的截面特征限制了纤维间的相互接触（圆形纤维在理想状态下可与6根纤维接触），使异形纤维制成的纱线密度小于圆形纤维制成的纱线密度。因此，在纱线线密度相同时,由异形纤维制成的纱线直径大于由圆形纤维制成的纱线直径。另外,中空纤维的抗弯能力较大,随着纤维中空度的增加,纤维刚性增加,其织物硬挺度也增大。但中空度过大会使纤维壁过薄,导致纤维破裂,反而失去刚性。

2. 纤维初始模量

纤维初始模量是织物刚柔性的决定性因素。纤维初始模量大,织物刚性大。对于相同规格的织物,纯棉织物的总抗弯刚度明显大于竹浆/棉混纺交织物,随着纬纱中竹浆纤维含量的逐渐增加,织物的抗弯刚度和抗弯弹性模量逐渐减小,这主要与竹浆纤维的初始模量有关。竹浆纤维的初始模量比棉纤维小,其制品的柔软性好,刚性较差。

(二) 纱线性状

纱线较粗时,织物较硬挺。纱线捻度大时,织物较硬挺。织物中经纬纱同捻向配置时,由于经纬纱交叉点处接触面上纤维倾斜方向一致,纱线间产生一定程度的啮合,经纬纱交叉点处切向滑动阻力较大,不易松动,故织物刚性较大。

(三) 织物几何结构

织物厚度增加,织物刚性显著增加。织物组织对织物刚柔性有一定影响。机织物中,交织点越多,浮长越短,经纬纱间切向滑动阻力越大,织物中经纬纱间做相对滑动的可能性越小,织物越刚硬。所以,在经纬密和纱线线密度相同的情况下,平纹织物的身骨较硬挺,缎纹织物的身骨最柔软,斜纹织物介于两者之间。针织物中,线圈长度越长,纱线之间接触点越少,纱线间切向滑动阻力越小,织物越柔软。织物经纬密增加时,织物刚度增加,身骨变得硬挺。

(四) 后整理

各种后整理对织物的刚柔性的影响也很大。如高档棉、麻织物采用液氨处理来改善柔软性,效果显著,这是因为处理后棉、麻纤维的结晶度下降,晶粒变小。

三、试验程序

(一) 斜面法

(1) 按 GB/T 4669—2008 或 GB/T 24218.1—2009 测定并计算试样的单位面积质量。

(2) 调整仪器水平。将试样放在平台上,试样的一端与平台的前缘重合。将钢尺放在试样上,钢尺的零点与平台上的标记 5 对准,如图 2-21 所示。以一定的速度向前推动钢尺和试样,使试样伸出平台的前缘,并在其自重下弯曲,直到试样伸出端与斜面接触。记录标记 5 对应的钢尺刻度作为试样的伸出长度。

(3) 重复上述操作,对同一试样的另一面进行试验,再对试样的另一端的两面进行试验。放置仪器要有利于观察钢尺上的零点和试样与斜面的接触,在水平方向保证读数准确。

(4) 记录与计算。

① 取伸出长度的一半作为弯曲长度,每个试样记录 4 个弯曲长度,以此计算每个试样的

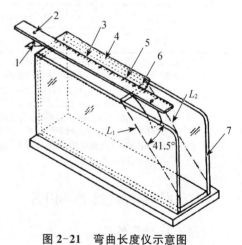

图 2-21 弯曲长度仪示意图

1—试样 2—钢尺 3—刻度 4—平台
5—标记 6—平台前缘 7—平台支撑

平均弯曲长度(表 2-23)。

② 分别计算两个方向各试样的平均弯曲长度 C cm。

③ 根据下式分别计算两个方向试样的抗弯刚度,保留三位有效数字:

$$G = m \times C^3 \times 10^{-3} \tag{2-4}$$

式中:G——试样的抗弯刚度,mN·cm;

m——试样的单位面积质量,g/m^2;

C——试样的平均弯曲长度,cm。

④ 分别计算两个方向试样的弯曲长度和抗弯刚度的平均值变异系数 CV。

表 2-23　斜面法测试结果记录表

试样的单位面积质量(g/m^2):

纵(经)向	试样 1				试样 2				试样 3				试样 4				试样 5				试样 6			
试验次数	1	2	3	4	1	2	3	4	1	2	3	4	1	2	3	4	1	2	3	4	1	2	3	4
读取伸出长度(cm)																								
弯曲长度(cm)																								
平均弯曲长度(cm)																								
横(纬)向	试样 7				试样 8				试样 9				试样 10				试样 11				试样 12			
试验次数	1	2	3	4	1	2	3	4	1	2	3	4	1	2	3	4	1	2	3	4	1	2	3	4
读取伸出长度(cm)																								
弯曲长度(cm)																								
平均弯曲长度(cm)																								

(二)　心形法

(1)取一条试样,将其两端反向叠合,使测试面朝外,夹到试验架夹样器上,试样形状成圈状并呈心形自然悬挂,试样成圈部分的有效长度为 200 mm,如图 2-22 所示。

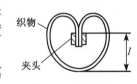

(2)试样悬挂 1 min 后,测定心形圈顶端至最低点之间的距离 L(mm),以此作为试样的弯曲环高度。

图 2-22　试样的夹持

(3)分别测定试样正面和反面的弯曲环高度 L。

(4)分别计算经向、纬向各 5 个试样正面、反面共 10 个测量值的平均值,结果修约至整数(表 2-24)。

表 2-24　心形法测试结果记录表

试验次数	试样 1		试样 2		试样 3		试样 4		试样 5		平均值
	正面	反面	正面	反面	正面	反面	正面	反面	正面	反面	
经向											
纬向											

（三）格莱法

（1）调整仪器水平，使摆锤指针指向零位，试样夹持器下表面与摆锤上端的舍片轴相距 77 mm（试样夹上端与试样杆上的刻度平齐）。

（2）将试样上端 6.5 mm 夹紧于试样夹内，下端 6.5 mm 与摆锤上端的梯形舍片的顶端相重叠。

（3）选择合适的 1～3 个指针负荷，夹于支点下部支距分别为 L_a、L_b、L_c 的小孔 a、b、c 中，保证 R_g 读数在刻度盘的满刻度范围内。

（4）打开电源开关，按开始按钮，试样杆即带动试样做左右摆动，读出试样脱离摆锤舍片时摆锤指针所指的刻度盘读数 R_g，按停止按钮。

（5）重复上述操作，对试样的另一面进行测试。

（6）重复上述操作，对剩余试样进行测试。

（7）结果计算与表示（表 2-25）。

① 根据下式分别计算两个方向各试样的两个面的抗弯力，结果修约到小数点后两位：

$$B_t = R_g \times (L_a W_a + L_b W_b + L_c W_c) \times \frac{(L - 13.0)^2}{d} \times 3.444 \times 10^{-3} \qquad (2-5)$$

式中：B_t——抗弯力，mN；

R_g——试样离开摆锤上端梯形舍片时的刻度盘读数，mN；

L_a、L_b、L_c——指针负荷和支点之间的距离，mm；

W_a、W_b、W_c——安装的指针负荷，g；

L——试样长度，mm；

d——试样宽度，mm。

② 将计算得到的各试样两个面的抗弯力的平均值作为该试样的平均抗弯力 B_{tp}（mN）。

③ 分别计算两个方向试样的 B_{tp} 的平均值，结果修约到小数点后一位。

表 2-25　格莱法测试结果记录表

	测试指标		R_g(mN)	L_a(mm)	L_b(mm)	L_c(mm)	W_a(g)	W_b(g)	W_c(g)	L(mm)	d(mm)	B_t(mN)	B_{tp}(mN)
经向	试样1	正面								90	20		
		反面								90	20		
	试样2	正面								90	20		
		反面								90	20		
	试样3	正面								90	20		
		反面								90	20		
	试样4	正面								90	20		
		反面								90	20		
	试样5	正面								90	20		
		反面								90	20		
纬向	试样1	正面								90	20		
		反面								90	20		

续表

			R_g(mN)	L_a(mm)	L_b(mm)	L_c(mm)	W_a(g)	W_b(g)	W_c(g)	L(mm)	d(mm)	B_t(mN)	B_{tp}(mN)
纬向	试样2	正面								90	20		
		反面								90	20		
	试样3	正面								90	20		
		反面								90	20		
	试样4	正面								90	20		
		反面								90	20		
	试样5	正面								90	20		
		反面								90	20		

（四）　悬臂法

（1）按 GB/T 3820—1997 测定,计算试样厚度。

（2）调节仪器水平（图 2-23）,选择合适的重锤,将载荷指示针归零。

（3）将弯曲板固定在合适的位置上,夹钳和弯曲板之间的距离至少为试样厚度的 15 倍。打开仪器电源开关。

（4）将试样夹在夹钳内（试样短边与夹持线平行）,手动旋柄使试样弯曲,当载荷指示针的示数为"100%"时,将弯曲角度指示针归零。

（5）预试验,获得合适的 M_0（摆锤和重锤提供的总弯矩）。按下开关,使弯曲角度指示针示数为 3°时,载荷指示针的示数在"5"到"10"之间;否则更换重锤,重复步骤（2）～（4）,直至获得合适的 M_0,如图 2-23 所示。

（6）获得合适的 M_0 后,将载荷指示针归零。重复步骤（3）和（4）,按下开关,对各种试样进行测试,记录将试样弯曲到规定角度（通常取 30°或 60°）时载荷指示针的示数。

（7）结果计算与表示（表 2-26）。

① 按照下式分别计算经纬向（纵横向）各试样的弯矩 M_f:

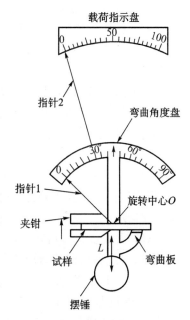

载荷指示盘

图 2-23　悬臂法测试仪

$$M_f = \frac{M_0 \times M}{100} \tag{2-6}$$

式中:M_f——弯矩,N·m。

M——载荷指示盘的读数。

M_0——载荷指示盘示数为 100% 时的弯矩总量,包括 a_1（摆锤和弯曲板对应的弯矩）和 a_2（重锤对应的弯矩）两部分,N·m。

② 分别计算各个方向试样的弯矩的平均值,结果保留两位有效数字。

表 2-26　悬臂法测试结果记录表

测试指标		M	M_0(N·m)	M_f(N·m)	$\overline{M_f}$(N·m)
经向	试样 1				
	试样 2				
	试样 3				
	试样 4				
	试样 5				
纬向	试样 1				
	试样 2				
	试样 3				
	试样 4				
	试样 5				

（五）　纯弯曲法

（1）选择与试样厚度相应的夹片间距，将试样安装在固定夹头与移动夹头上，保证测试方向与夹持口垂直，且两夹头之间的夹距为 10 mm。将剩余长度的试样卷绕在夹持器外侧的卷绕装置。

（2）调节仪器和记录仪指示到零位。开启开关，移动夹头带动试样一端在一定的角度中沿着固定的轨道朝上极限曲率 $+K_m$ 移动，当它达到 $+K_m$ 后返回，并通过零点朝下极限曲率 $-K_m$ 移动，最后再回到零位，关闭开关，整个循环结束，得到试样单位宽度弯矩和曲率关系曲线，如图 2-24 所示。

（3）重复步骤（1）和（2），直至完成所有试样的测试，得到各试样的弯矩和曲率关系曲线。

（4）结果计算（表 2-27）。

① 通过弯矩和曲率关系曲线，计算每块试样两面的抗弯刚度 B_f、B_b 和弯曲滞后距 H_f、H_b。

② 按下式计算每块试样的抗弯刚度：

$$B = \frac{1}{2}(B_f + B_b) \qquad (2-7)$$

式中：B——试样抗弯刚度，cN·cm²/cm。

③ 按下式计算每块试样的弯曲滞后距：

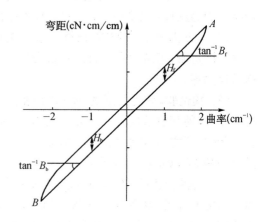

B_f——试样由零点朝上极限曲率转动过程中，弯矩和曲率关系曲线上近似直线部分的斜率（cN·cm²/cm）

B_b——试样由零点朝下极限曲率转动过程中，弯矩和曲率关系曲线上近似直线部分的斜率（cN·cm²/cm）

H_f——曲率为 +1 时的弯曲滞后距（cN·cm/cm）

H_b——曲率为 −1 时的弯曲滞后距（cN·cm/cm）

图 2-24　弯矩和曲率关系曲线

$$H = \frac{1}{2}(H_f + H_b) \qquad (2-8)$$

式中：H——试样弯曲滞后距，cN·cm/cm。

④ 分别计算试样各个方向抗弯刚度和弯曲滞后距的平均值，结果修约至 0.000 1。

表 2-27　纯弯曲法测试结果记录表

测试指标		$B_f(cN \cdot cm^2/cm)$	$B_b(cN \cdot cm^2/cm)$	$H_f(cN \cdot cm/cm)$	$H_b(cN \cdot cm/cm)$	$B(cN \cdot cm^2/cm)$	$H(cN \cdot cm/cm)$
经向	试样 1						
	试样 2						
	试样 3						
	试样 4						
	试样 5						
纬向	试样 1						
	试样 2						
	试样 3						
	试样 4						
	试样 5						

思考题

2-1　什么是断裂强度？影响织物断裂强度的因素有哪些？

2-2　在测试普通机织物的拉伸性能时，如何确定预张力？

2-3　举例说明生活中常见的撕破现象。

2-4　简述影响织物撕破强力的因素。

2-5　简述影响织物平磨性能的因素。

2-6　简述测试织物刚柔性的方法。

2-7　简述影响织物顶破和胀破强力的因素。

参考文献

[1] GB/T 3923.1—2013,纺织品 织物拉伸性能 第1部分:断裂强力和断裂伸长率的测定(条样法)[S].

[2] GB/T 3923.2—2013,纺织品 织物拉伸性能 第2部分:断裂强力的测定(抓样法)[S].

[3] GB/T 3917.1—2009,纺织品 织物撕破性能 第1部分:冲击摆锤法撕破强力的测定[S].

[4] GB/T 3917.2—2009,纺织品 织物撕破性能 第2部分:裤形试样(单缝)撕破强力的测定[S].

[5] GB/T 3917.3—2009,纺织品 织物撕破性能 第3部分:梯形试样撕破强力的测定[S].

[6] GB/T 3917.4—2009,纺织品 织物撕破性能 第4部分:舌形试样(双缝)撕破强力的测定[S].

[7] GB/T 3917.5—2009,纺织品 织物撕破性能 第5部分:翼形试样(单缝)撕破强力的测定[S].

[8] 董晶泊,杨志敏,梁海保,等.纺织品胀破性能试验条件[J].毛纺科技,2011,39(6):53-55.

[9] 戈强胜,李雁茹,李红英.织物胀破强力试验影响因素分析[J].中国纤检,2011(4):50-51.

[10] GB/T 19976—2005,纺织品 顶破强力的测定 钢球法[S].

[11] GB/T 13773.1—2008,纺织品 织物及其制品的接缝拉伸性能 第1部分:条样法接缝强力的测定[S].

[12] GB/T 13773.2—2008,纺织品 织物及其制品的接缝拉伸性能 第2部分:抓样法接缝强力的测定[S].

[13] 欧奕.雪纺面料的缝口牢度研究[D].上海:东华大学,2014.

[14] GB/T 18318.1—2009,纺织品 弯曲性能的测定 第1部分:斜面法[S].

[15] GB/T 18318.2—2009,纺织品 弯曲性能的测定 第2部分:心形法[S].

[16] GB/T 18318.3—2009,纺织品 弯曲性能的测定 第3部分:格莱法[S].

[17] GB/T 18318.4—2009,纺织品 弯曲性能的测定 第4部分:悬臂法[S].

[18] GB/T 18318.5—2009,纺织品 弯曲性能的测定 第5部分:纯弯曲法[S].

项目三

织物的外观保持性

第一节 织物的折痕回复性

织物在搓揉外力作用下所产生的折痕的回复程度称为折痕回复性,它反映了织物在规定条件下折叠、加压,卸除负荷后,织物上的折痕能回复其原来状态至一定程度的性能。织物受力折叠时,纱内的纤维在折痕处发生弯曲,其外侧受拉而内侧受压,卸去外力后,织物的急缓弹性使弯曲状态的纤维逐渐回复,折痕也逐渐回复。

折痕回复性较低的织物做成衣服,在穿着过程中容易起皱,严重影响织物的外观。毛织物的特点之一是具有良好的折痕回复性,故折痕回复性是评定毛型织物的一个重要项目。

一、测试指标、标准及试样准备

（一） 测试指标

织物折皱回复能力的测试指标为折皱回复角,它是指在规定条件下,受力折叠的试样卸除负荷并经一定时间后两个对折面形成的角度。

（二） 测试标准

织物折皱回复能力的主要测试方法有折痕垂直回复法和折痕水平回复法（国家标准 GB/T 3819—1997、国际标准 ISO 2313）两种,但不适用于测试特别柔软或极易起卷的织物。

（三） 试样准备

水平法:试样尺寸为 40 mm×15 mm。

垂直法:试样尺寸如图 3-1 所示,其中回复翼长 20 mm,宽15 mm。

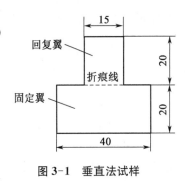

图 3-1　垂直法试样

经纬向试样各 10 块,正面对折和反面对折试样各 5 块;日常测试可只测正面,即经纬向试样各 5 块。测试前,试样须在标准大气中调湿。

二、影响织物折痕回复性的因素

（一） 原料选择

在纤维原料品种相同的情况下,纤维线密度对织物的折痕回复性的影响很大。化纤混纺织物在混纺比保持不变的情况下,纤维越粗,织物的折痕回复性越好。中长型、毛型化纤织物的折痕回复性比棉型化纤织物好;圆型化纤织物比异型化纤织物的折痕回复性好,但差异不大;纵向光滑的化纤织物比纵向粗糙的化纤织物的折痕回复性稍好。纤维弹性是影响织物折痕回复性的最主要因素。氨纶的弹性回复率特别高,含氨纶织物的折痕回复性特别优良,不管如何弯折,都能保持原来的外观。涤纶的弹性回复率也较高,其织物的折痕回复性也较好。由于涤纶的急弹性变形比例大,缓弹性变形比例小,因此,涤纶织物具有起皱后极短时间内急速回复的特性。锦纶的弹性回复率虽然较涤纶高,但是其急弹性变形比例小,缓弹性变形比例较大,所以锦纶织物起皱后是缓慢回复。丙纶也具有较高的弹性回复率,故丙纶织物的折痕回复性也较好。羊毛纤维的弹性回复率较大,而且缓弹性变形比例较小,所以羊毛织物具有良好的折痕回复性,优良的毛织物起皱后能在较短时间内回复。

(二) 纱线设计

纱线捻度适中,织物的折痕回复性较好。捻度过低时,纱线中的纤维松散,受外力作用时纤维易发生较大的滑移,这种滑移大多不能回复,使织物表面形成折痕。捻度过高时,纱线中的纤维产生很大的扭转变形,塑性变形增加,纤维间束缚过紧,当外力释去后,纤维间相对移动的程度较低,织物产生的折痕不易消退。

(三) 织物设计

1. 织物组织设计

三原组织中,平纹组织的交织点最多,释去外力后,织物中的纱线不易做相对移动而回复其原来状态,故织物的折痕回复性较差;缎纹组织的交织点最少,织物的折痕回复性较好;斜纹组织介于两者之间。

2. 织物密度设计

随着经纬密度的增加,织物中纱线间的切向滑动阻力增大,释去外力后,纱线不易做相对移动,织物的折痕回复性下降。

(四) 特殊整理

坯织物经过合理的后整理加工,其对折痕回复性的改善有时比织物自身的作用大。经过树脂整理的棉、黏纤织物的折痕回复性会提高,棉、麻织物经液氨处理后其折痕回复性也得到改善。

三、试验程序

(1) 检查折痕弹性试验仪和夹样刀。

(2) 夹持试样。

① 水平法。在试样长度方向两端对齐折叠,然后用宽口钳夹住,夹持位置离试样头端不超过 5 mm,移至标有 15 mm×20 mm 标记的平板上,将试样正确定位,随即轻轻地加上压力重锤,如图 3-2 所示。试样在 10 N 负荷下加压 5 min 后卸除负荷,将夹有试样的宽口钳转移至回复角测量装置(图 3-3)的试样夹上,使试样的一翼被夹住,另一翼自由悬垂,并连续调整试样夹,使悬垂下来的自由翼始终保持垂直位置。待试样从压力负荷装置上卸除负荷后 5 min 时读得折痕回复角,精确至 1°。如果自由翼轻微卷曲或扭转,则以通过该翼中心和刻度盘轴心的垂直平面作为折痕回复角读数的基准。

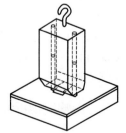

图 3-2 水平法试样
加压装置

②垂直法。接通电源,预热 20 min,将 10 块翻板水平翻转,将试样的固定翼装入试样夹内,使试样的折痕线与翻板上的标记线重合。左手握持夹样刀,放至夹有试样的翻板的红标记线边缘,右手将试样回复翼翻转,其折痕由夹样刀右边为界,抽出夹样刀,轻轻压在回复翼上面,使回复翼不移动。然后,松开右手,将压板放在试样上,使压板的压力面对准试样受压面(15 mm×18 mm),盖上透明挡风翼,按工作按钮,压力重锤自动加压,如图 3-4 所示。试样承受压力 5 min 后,迅速卸除负荷,并将试样夹连同压板一起翻转 90°,随即卸去压板,试样回复翼打开,由测角装置读得折痕回复角。试样卸除负荷后 15 s 时的回复角称为急弹性折痕回复角,5 min 时的回复角称为缓弹性折痕回复角。试样如有黏附倾向,在其两翼之间离折痕线 2 mm 处放置一张厚度小于 0.02 mm 的纸片或塑料薄片。

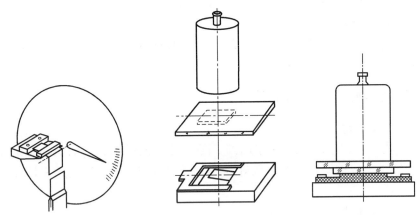

图 3-3　水平法折痕回复角测量装置　　　　图 3-4　垂直法试样加压装置

(3)测试。启动折痕弹性试验仪,记录经向折痕回复角、纬向折痕回复角、总折痕回复角。

(4)记录与计算。将试验结果填入表 3-1。

表 3-1　织物折痕回复角测试结果记录表

次数	经向折痕回复角		纬向折痕回复角	
	正面	反面	正面	反面
1				
2				
3				
4				
5				
平均值				
总折痕回复角 正面	经向折痕回复角+纬向折痕回复角=			
总折痕回复角 反面	经向折痕回复角+纬向折痕回复角=			

注:每项的平均值精确到小数点一位,按 GB/T 8170—2008 修约至整数位。

第二节　织物的悬垂性

织物因自身重力下垂的程度及形态称为悬垂性。裙子、窗帘、桌布、帷幕等要求具有良好的悬垂性,以构成匀称下垂的曲面。西服等外套用织物的悬垂性,对服装的曲面造型性有着直接影响,悬垂性好的织物面料能充分显示服装的轮廓美。

一、测试指标、标准及试样准备

(一) 测试指标

表征织物悬垂性的指标为悬垂系数。其测试原理是将圆形试样置于圆形夹持盘间,用与水平面相垂直的平行光线照射,得到试样投影图,通过光电换算或描图法获得试样下垂部分的投影面积与原面积之比的百分率,即为悬垂系数。

(二) 测试标准

依据国家标准 GB/T 23329—2009 进行测试。

(三) 试样准备

试样须在标准大气中调湿,至少 3 块,圆形,直径为 240 mm,在试样中心开一个直径为 4 mm的小孔。

二、影响织物悬垂性的因素

(一) 纤维性质

纤维刚柔性是影响织物悬垂性的主要因素。刚性的纤维制成的织物悬垂性较差,如麻织物;柔软的纤维制成的织物悬垂性较好,如羊毛织物;细纤维织物的悬垂性也较好,如桑蚕丝织物。

(二) 纱线设计

纱线捻度小,纤维的自由度大,织物的悬垂性好。随着纱线捻度的增大,纤维的自由度减小,纱线刚性增大,织物的悬垂性变差。

(三) 织物设计

织物厚度增加,悬垂性变差。织物中经纬纱密度大时,织物刚性增大,悬垂性变差。织物紧度也会影响悬垂性。紧度小的织物,纱线的自由度较大,织物的悬垂性好,如蚕丝是由丝胶和丝朊组成的,制成织物后,练去丝胶,可使丝纤维在织物中松散地排列,这增加了织物结构的自由度,使蚕丝织物获得很好的悬垂性。织物的单位面积质量增加,悬垂系数变小;但单位面积质量减小时,织物会产生轻飘感,悬垂性很不佳。有时候,织物的静电性对其悬垂性也有间接影响。

(四) 织物种类

针织物的线圈结构特征使其悬垂性能比机织物好得多。

三、试验程序

(1) 检查 LLY-351 型织物动态悬垂性风格仪。在数码相机和计算机连接状态下,开启计算机软件和照明电源,进入检测状态。

(2) 夹持试样。试样夹持盘直径 120 mm。在圆盘架下,放一个外径和试样直径相同的纸环。试验时,将试样正面朝上放在下夹持盘上,让定位柱穿过试样的中心,再将上夹持盘放在试样上,使定位柱穿过上夹持盘的中心孔。

(3) 测试。

① 纸环法。自上夹持盘放在试样上起开始用秒表计时,30 s 后打开灯源,沿纸环上的投影

边缘描绘出投影轮廓线。取下纸环,用天平称取纸环的质量,精确至 0.01 g。沿纸环上描绘的投影轮廓线剪取投影部分,弃去纸环上未投影的部分,用天平称取剩余纸环的质量,精确至 0.01 g。试样悬垂系数为投影部分纸环质量占整个纸环质量的百分率。将同一试样的反面朝上,使用新的纸环,重复以上步骤。

② 图像处理法。

a. 单击"试验环境查看/设置"按钮,输入相应的试样编号、试样规格、试样数量、操作人员、公司名称。

b. 开启电源开关,以 100 r/min 的转速旋转试样,45 s 后停止。当试样停止旋转时,用秒表开始计时,30 s 后,即用数码相机拍下试样的静态悬垂图像。

c. 再次开启电源开关,以 50～150 r/min 的转速旋转试样,当试样旋转状态稳定后,用数码相机拍下试样的动态悬垂图像。

d. 获得相应指标,保存或记录试样的静动态悬垂系数、悬垂性均匀度、悬垂波数、投影周长及悬垂形态变化率。

e. 将同一试样的反面朝上,重复以上步骤。

(4) 记录与计算。纸环法按下式计算:

$$悬垂系数\ D = \frac{A_s - A_d}{A_0 - A_d} \times 100\% \tag{1}$$

式中:A_0——试样的初始面积,cm^2;

　　　A_d——夹持盘面积,cm^2;

　　　A_s——试样的悬垂投影面积,cm^2。

两种方法的试验结果分别填入表 3-2、表 3-3。

表 3-2　纸环法织物悬垂系数测试结果记录表

次数	正面			反面		
	纸环质量(g)	投影部分纸环质量(g)	悬垂系数	纸环质量(g)	投影部分纸环质量(g)	悬垂系数
平均值						

表 3-3　图像处理法织物悬垂系数测试结果记录表

次数	静态悬垂系数		动态悬垂系数	
	正面	反面	正面	反面

续表

次数	静态悬垂系数		动态悬垂系数	
	正面	反面	正面	反面
平均值				

第三节 织物的平挺性

织物经家庭洗涤和干燥处理后保持其原有外观的性能称为织物的平挺性,平挺程度与织物在使用中的平整度有关。另外,它可衡量服装的洗可穿特性,以及评定棉、黏纤和丝绸织物的免烫整理效果。

一、测试指标、标准及试样准备

(一) 测试指标

表征织物平挺性的指标为平挺度,以 1～5 级表示,1 级最差,5 级最好。

(二) 测试标准

织物平挺性测试依据国家标准 GB/T 13769—2009、国际标准 ISO 7768—2006、美国染化工作者协会标准 AATCC 124—2011 进行。测试原理:试样经受家庭洗涤与干处理后,置于标准大气中调湿,在规定照度下,将试样与标样进行目测比较,确定试样的平挺度级数。

(三) 设备及试样准备

(1) 检测准备:洗涤和干燥设备,照明和评级区,反射罩,样式支架,胶合板。照明和评级区如图 3-5 所示,在暗室内使用悬挂式照明设备,包括 2 支 2.4 m 长的 CW 荧光灯(或使用 4 支 1.2 m 长的 40 W 白色荧光灯分成两列),无挡板或玻璃。反射罩的材质为白色搪瓷。胶合板厚 6 mm,外形尺寸为 1.85 m×1.20 m。

(2) 试样准备:尺寸为 380 mm×380 mm,3 块,沿平行于样品长度方向裁剪,试样边缘成锯齿形,以防止脱线,并标明长度方向。

二、影响织物平挺性的因素

织物的平挺度与纤维吸湿性、织物在湿态下的折痕回复性及缩水率密切相关。一般说来,纤维吸湿性小,湿态下的折痕回复性好,织物的平挺性好。合成纤维性能满足这些条件,因此涤纶织物的平挺性较好。毛织物下水后干燥很慢,织物形态稳定程度明显变差,表面不平挺,一般需熨烫才能穿用。此外,高档棉、麻织物经树脂整理后,氨分子中的氮原子能同纤维素分子中的自由羟基结合,形成氢键网状结构,有助于弹性回复,改善织物的平挺度。

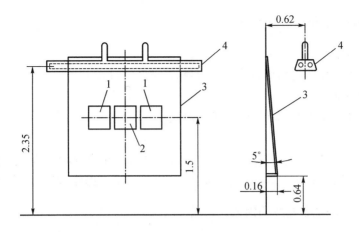

图 3-5　观测试样的照明设备(单位:m)
1—立体标准样板　2—试样　3—观测板　4—荧光灯

三、试验程序

在代表性的 10 种家庭洗涤和 6 种干燥方法中,选择一种洗涤和干燥方法,将每块试样进行洗涤干燥,共循环操作 5 次。以长度方向为垂直方向,将试样无折叠地悬挂起来,避免发生变形。试样在标准大气中调湿 2 h。然后,将试样夹在支架上,再固定在观测板上,如图 3-5 所示。以长度方向为垂直方向,把立体标准样板放在试样的两边。室内其他的灯都应关掉,悬挂的荧光灯应是观测板的唯一光源,侧墙漆成黑色或者在观测板的两侧装上黑色布,以消除反射干扰。观测者应站在试样的正前方,距离观测板 1.20 m。观测者的观测高度在视线 1.50 m上下,由 3 名观测者各自独立地对经过洗涤和干燥的每块试样进行评级(表 3-4)。各试样的评定结果取 3 名观测者的评级结果的平均值,精确至 0.5 级。

表 3-4　织物平挺性评级纪录表

试样号	观测者 A 评级	观测者 B 评级	观测者 C 评级	平均值
一				
二				
三				

第四节　织物的褶裥持久性

织物经熨烫形成的褶裥(含轧纹、折痕),经洗涤后的保形程度称为褶裥持久性。褶裥保持性与裤、裙及装饰用织物的折痕、褶裥、轧纹在使用中的持久性直接相关。由于大多数合成纤维是热塑性高聚物,因此一般都可以通过热定形处理使其织物获得使用中所需的各种褶裥、轧纹或折痕。

一、测试指标、标准及试样准备

(一) 测试指标

表示织物褶裥持久性的指标通常分为 5 级,5 级最好,1 级最差。

(二) 测试标准

依据国家标准 GB/T 13770—2009 进行测试。

(三) 试样准备

准备 3 块试样,每块尺寸为 38 mm×38 mm,中间有一条贯穿的褶裥,边缘剪成锯齿形,以防止散边。如果织物上有折皱,可在试验前适当熨平,应小心操作,避免影响褶裥质量。

二、影响织物褶裥持久性的因素

(一) 纤维原料选择

热塑性和弹性好的纤维,其织物在热定形时能形成良好的褶裥等变形,使用中虽因外力会产生新的变形,但一旦外力消失,回复到原来褶裥或折痕、轧纹的能力较好。涤纶、腈纶织物的褶裥持久性最好,锦纶织物的褶裥持久性也较好,维纶、丙纶织物的褶裥持久性较差。

(二) 纱线捻度设计

纱线捻度大,织物熨烫后的褶裥持久性较好。

(三) 织物设计

厚度大的织物,熨烫后的褶裥持久性较好。

(四) 整理工艺

织物褶裥持久性与热定形处理时的温度、压强、时间及织物含水率有关。在适当温度下,织物才能获得好的褶裥持久性。达到一定压强,才能提高折痕效果,当压强达到6~7 kPa再继续增加,则折痕效果不再增加。熨烫时间与褶裥持久性的关系也较大,在适当温度下,厚织物熨烫 10 s 以上可获得较好的折痕,30 s 时折痕达到平衡。织物含水率达到某个值时,折痕效果最明显,再增加含水率,则熨斗表面温度下降,使折痕效果降低。提高熨斗温度,则最适宜的织物含水率向高的方向移动。水的存在使纤维大分子间距扩大,从而增大了分子的热运动空间,被认为是一种可塑性剂。非可熔性织物经树脂整理后,褶裥持久性有所提高;采用树脂整理并经热压(轧)处理,也能使织物获得持久的褶裥、折痕或轧纹。

三、试验程序

(一) 洗涤试样

按照国家标准 GB/T 8629—2007 或 GB/T 19981—2009~2014 规定的洗涤程序之一处理每块试样。如需要,按选定的程序重复 4 次,即共循环 5 次。

(二) 调湿平衡

按照 GB/T 6529—2008 的规定将试样在标准大气中调湿最少 4 h,最多 24 h。夹住试样的两个角或使用全宽夹持器悬挂每块试样,使褶裥保持垂直。

(三) 评级

(1) 在暗室内,悬挂式荧光灯和泛光灯应为观测板的唯一光源。3 名观测者应各自独立地对经过洗涤的每块试样进行评定。将试样沿褶裥方向垂直放置在观测板上，注意不要使褶裥变形，在试样的两侧各放置一块与之外观相似的标准样板，进行比较评级（表3-5）。试样左侧放1级、3级或5级，右侧放2级或4级。观测者应站在试样的正前方，离观测板1.2 m。一般认为，观测者在其视平线上下1.5 m内观测，对评级结果无明显影响。

表3-5　织物褶裥持久性等级

等级	外观褶裥	等级	外观褶裥
5	相当于标准样板 CR-5	2.5	标准样板 CR-2 与 CR-3 中间
4.5	标准样板 CR-4 与 CR-5 中间	2	相当于标准样板 CR-2
4	相当于标准样板 CR-4	1.5	标准样板 CR-1 与 CR-2 中间
3.5	标准样板 CR-4 与 CR-5 中间	1	相当于或低于标准样板 CR-1
3	相当于标准样板 CR-3	—	—

（四）　记录与计算

取3名观测者对每块试样评定的3个级数的平均值作为评定结果，修约到0.5级（表3-6）。

表3-6　织物褶裥持久性评级记录表

试样号	一	二	三
观测者 A 评级			
观测者 B 评级			
观测者 C 评级			
平均值			

第五节　织物的起毛起球、脱毛和钩丝性

织物在服用和洗涤过程中，不断受到各种外力和外界物体的摩擦作用，使织物表面的绒毛或单丝逐渐被拉出，当毛绒的高度和密度达到一定值时，外力和摩擦作用继续使毛绒纠缠成球并凸起在织物表面，同时有部分球粒脱落，这种现象称为织物的起毛起球。织物起毛起球会恶化织物外观，降低织物的使用价值。因此，在织物设计、服装面料选择或检测纺织品质量时，都必须进行织物起毛起球测试。

一、测试指标、标准及试样准备

（一）　测试指标

起毛起球、钩丝指标分为5级，5级最好，1级最差，有时也以试样单位面积上小球数或起球质量表示。脱毛指标为脱毛量，它通过在规定条件下试样与毛刷摩擦而脱落的纤维质量进行定量评定。

（二）　测试标准

起毛起球性测试依据GB/T 4802.1—2008、GB/T 4802.2—2008、GB/T 4802.3—2008进行。圆轨迹法适用于各种织物。改型马丁代尔法适用于大多数织物，对毛机织物更为适宜，但不适用于厚度超过3 mm的织物。起球箱法适用于大多数织物，对毛针织物更为适宜。

脱毛性测试依据FZ/T 60029—1999进行。

钩丝性测试依据 GB/T 11047—2008 进行。

（三）试样准备

1. 起毛起球性测试

（1）圆轨迹法。用裁样器或模板裁取直径为(113±0.5)mm 的试样 5 块。取样位置应距布边 10 cm 以上，试样上不得有影响测试结果的疵点。在每块试样上标记反面，当试样没有明显正反面时，两面都要测试。另外剪取一块评级对比样，尺寸与试样相同。

（2）改型马丁代尔法。至少取 3 组试样，每组含 2 块试样：一块安装在试样夹具中，直径为 140 mm 的圆形；另一块作为磨料安装在起球台上，直径为 140 mm 的圆形或边长为(150±2)mm 的方形。如果起球台上选用羊毛织物作为磨料，则至少需要 3 块试样；如果测试 3 块以上的试样，应取奇数块。另外剪取一块评级对比样。

（3）起球箱法。从样品上剪取 4 块试样，试样尺寸为 125 mm×125 mm，在每个试样上标记反面和纵向，当试样没有明显正反面时，两面都要测试。另外剪取一块 125 mm×125 mm 试样，作为评级对比样。

2. 脱毛性测试

将试样放在仪器上，用具有一定压力的毛刷与毯面发生定向位移摩擦，在规定次数内产生的脱毛量作为测试结果。

3. 钩丝性测试

在调湿后的样品上裁取经(纵)向和纬(横)向试样各 2 块，试样尺寸为 200 mm×330 mm，试样上不得有疵点和折痕，试样应不含相同的经纬纱。

二、影响织物起毛起球、脱毛和钩丝性的因素

（一）纤维原料

根据纤维长度、线密度、卷曲度和截面形状等几何特征进行选择。较长纤维制成的织物的起球程度轻于较短纤维制成的织物，这一方面是因为较长纤维纺成的纱其单位片段长度内纤维头端数较少，使露出于纱和织物表面的纤维端也较少；另一方面是因为较长纤维间的抱合力较大，纤维不易滑出到纱和织物表面，但长丝容易钩丝。粗纤维织物较细纤维织物不易起球，这一方面是因为粗纤维纺成的纱其单位截面内纤维根数较少，使露出于纱和织物表面的纤维端较少；另一方面是因为纤维越粗越刚硬，竖在织物表面的纤维不易纠缠成球。化纤卷曲度增加时，纤维抱合力增大，不易起毛，但起毛后易纠缠成球，故对化纤卷曲度应有一定的要求，特别是低捻纱中，化纤卷曲可使纤维间联结作用加强，能缓和起毛倾向。纤维截面形态接近圆形，纤维间抱合力小，织物易起球；异形纤维间抱合力较大，织物不易起球。三角形和五角形截面的涤纶织物比圆形截面的涤纶织物的起球现象少得多。利用扁平形截面纤维（又称豆形纤维），也可明显改善织物的起球现象。纤维力学性能与织物起球的关系也较大，纤维强伸度高，弹性好，摩擦时不易磨落、脱落，起毛后容易纠缠成球，如锦纶、涤纶织物易起球。

综上可知，各种纤维织物中，天然纤维织物，除毛织物外，很少有起球现象；再生纤维织物也较少有起球现象；合成纤维织物存在起球现象，其中以锦纶、涤纶织物最为严重，丙纶、维纶、腈纶织物次之。另外，精梳织物与普梳织物相比，由于精梳后纱中短纤维含量减少，再加上精梳纱所用的纤维一般都较长，所以精梳织物不易起球。同理，中长纤维织物具有中等的纤维线密度和长度，所以其起球程度低于棉型织物。

（二）纱线设计

随纱线捻度增加，纤维间束缚紧密，织物起球、钩丝程度降低。如涤棉织物，为获得滑爽风格，必须防止织物起球、钩丝，故涤棉纱的捻度一般都大于同线密度纯棉纱的捻度。纱线条干不匀时，粗节处因刚度大其实际加捻程度低，容易起球、钩丝。股线结构紧密，条干均匀，故线织物与纱织物相比，线织物不易起球、钩丝。因此，精梳毛织物为获得呢面光洁平整，一般都采用股线。此外，毛羽多的纱线、花式线及膨体纱制成的织物，较易起球。混纺纱的纤维径向分布与织物起球也有一定关系。如果在选配原料时，使天然纤维或再生纤维向纱的外层转移，则天然纤维或再生纤维对合成纤维产生一定的覆盖，可缓和织物起球现象。

（三）织物设计

平纹组织的交织点多，纤维被束缚得较为紧密，故平纹织物的起球、钩丝现象较斜纹织物少，缎纹织物又较斜纹织物易起球、钩丝。针织物一般比机织物易起球、钩丝。

（四）后整理加工

适当的烧毛、剪毛处理可避免有足够长度的纤维扭结成球；刷毛处理可以将织物中容易脱出织物的纤维在使用前刷去，减轻起球现象；径热定形和树脂整理，织物表面平整度加强，可减少起球和钩丝现象。毛涤织物缩绒后，羊毛纤维趋向于织物表面，通过毡合而成为涤纶的覆盖层，也可延缓起球。

三、试验程序

（一）起毛起球性测试

1. 圆轨迹法

（1）检测准备。圆轨迹法起球仪（图3-6），泡沫垫片，裁样用具，评级箱。

将试样放在测试用标准大气中调湿24 h以上，然后在该大气中进行测试。

圆轨迹法起球仪上，试样夹头与磨台质点的相对运动轨迹为圆，相对运动速度为（60±1）r/min，试样夹环内径（90±0.5）mm，夹头对试样施加的压力见表3-7。仪器上装有自停开关。

检测用具有锦纶刷、磨料。锦纶丝直径0.3 mm，锦纶丝的刚性必须均匀，植丝孔径4.5 mm，每孔锦纶丝150根，孔距7 mm，刷面要求平齐。锦纶刷上装有调节板，可调节锦纶丝的有效高度，从而控制锦纶丝的起毛效果。

图3-6　圆轨迹法起球仪

1—起毛磨料（毛刷）　2—起球磨料
3—试样夹钳　4—加压重锤
5—"停止"键　6—计数器
7—电源开关　8—"启动"键

磨料为2201全毛华达呢，经纬纱规格为19.6 tex×2，经纬密为445根/10 cm，单位面积质量305 g/m²。泡沫垫片，单位面积质量约270 g/m²，厚度约8 mm，直径约105 mm。

（2）夹持试样。将试样正面朝上放在仪器摩擦头上，试样下垫有泡沫塑料，夹好试样的摩擦头放在锦纶刷上。

（3）测试。启动仪器，摩擦头在重锤加压下做圆轨迹的相对运动，使试样起毛，至规定次数，仪器自停。将装有磨料的磨台转到工作位置，设置起球次数，启动仪器，使试样仅受弹性摩擦而起球，至规定次数后取下试样。

表 3-7　圆轨迹法加压与摩擦次数

适用织物	压力(cN)	起毛次数	起球次数
工作服面料、运动服装面料、紧密厚重织物等	590	150	150
合成纤维长丝外衣织物等	590	50	50
军需服(精梳混纺)面料等	490	30	50
化纤混纺、交织织物等	490	10	50
精梳毛织物、轻起绒织物、短纤纬编针织物、内衣面料等	780	0	600
粗梳毛织物、绒类织物、松结构织物等	490	0	50

（4）记录与计算。沿织物经(纵)向将一块已测试样和未测试样并排放置在评级箱的试样板的中间，如果需要，可采用适当方式固定在适宜位置，已测试样放置在左边，未测试样放置在右边。依据表 3-8 对每块试样进行评级，如果介于两级之间，记录为 0.5 级(表 3-9)。

表 3-8　视觉描述评级

级数	状态描述
5	无变化
4	表面轻微起毛或轻微起球
3	表面中度起毛或中度起球，不同大小和密度的球覆盖试样的部分表面
2	表面明显起毛或起球，不同大小和密度的球覆盖试样的大部分表面
1	表面严重起毛或起球，不同大小和密度的球覆盖试样的整个表面

表 3-9　评级记录表

试样	压力(cN)	起毛次数	起球次数	评级(级)
1				
2				
3				

2. 马丁代尔法

（1）检测准备。马丁代尔耐磨试验仪(图3-7)，泡沫垫片，裁样用具，评级箱。将试样放在测试用标准大气中调湿 24 h 以上，然后在该大气中进行测试。

（2）夹持试样。对于轻薄的针织物，应特别小心，以保证试样没有明显的伸长。

试样夹具中试样的安装：从试样夹具上移开试样夹具环和导向轴，将试样安装辅助装置的小头端朝下放置在平台上，将试样夹具环套在辅助装置上，翻转试样夹具，在试样夹具中央放入直径为(90±1)mm 的毡垫，将直径为 140 mm 的试样正面朝上放在毡垫上，允许多余的试样从试样夹具边上延伸出来，以保证试样完全覆盖住试样夹具的凹槽部分。小心地将带有毡垫和试样的试样夹具放置在辅助装置的大头端的凹槽处，保证试样夹具与辅助装置紧密结合在一起。拧紧试样夹具

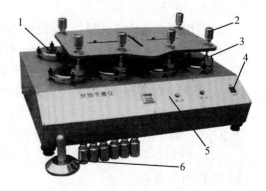

图 3-7　马丁代尔耐磨试验仪
1—磨料夹　2—重锤　3—试样夹组件
4—电源开关　5—控制面板　6—重锤

环到试样夹具上,保证试样和毡垫不移动、不变形。重复上述步骤,安装其他试样,如果需要,在导板上试样夹具的凹槽上放置加载块。

起球台上试样的安装:在起球台上放置一块直径为 140 mm 的毛毡,再在其上放置试样或羊毛织物磨料。试样或羊毛织物磨料的摩擦面向上,放上加压重锤,并用固定环固定。

(3) 测试。试验达到第一个评定阶段(表 3-10),不取出试样,不清除试样表面,在评级箱中与对比样进行第一次评定。评定完成后,将试样夹具按取下的位置重新放置在起球台上,继续试验。在每个评定阶段进行评定,直到达到试验终点。

(4) 记录与计算。沿织物经(纵)向将试样和对比样并排放置在评级箱的试样板的中间,如果需要,可采用适当方式固定在适宜位置,试样放置在左边,对比样放置在右边。依据表 3-8对每块试样进行评级,如果介于两级之间,记录为 0.5 级。

记录每块试样的级数。单个人员的评级结果为其对所有试样评定等级的平均值,各试样的评级结果取全部人员评定等级的平均值,修约至 0.5 级(表 3-11)。

表 3-10　起球试验分类

类别	纺织品种类	磨料	负荷质量(g)	评定阶段	摩擦次数
一	装饰织物	羊毛织物磨料	415±2	1	500
				2	1 000
				3	2 000
				4	5 000
二	机织物 (除装饰织物以外)	机织物本身(面/面) 或羊毛织物磨料	415±2	1	125
				2	500
				3	1 000
				4	2 000
				5	5 000
				6	7 000
三	针织物 (除装饰织物以外)	针织物本身(面/面) 或羊毛织物磨料	155±1	1	125
				2	500
				3	1 000
				4	2 000
				5	5 000
				6	7 000

注:① 试验表明,经过 7 000 次的连续摩擦后,试验和穿着之间有较好的相关性,因为 2 000 次摩擦后还存在的毛球,经过 7 000 次摩擦后可能已经被磨掉。

　　② 对于第二、三类中的织物,起球摩擦次数不低于 2 000。在协议的评定阶段观察到的起球级数即使为 4～5 或以上,也可在 7 000 次之前终止试验(达到规定摩擦次数后,无论起球好坏,均可终止试验)。

表 3-11　评级记录表　　　　　　　　　　　　　　　　　　评定员:

评定阶段	评级(级)	负荷质量(g)	摩擦次数
1			
2			
3			
4			
5			
6			

3. 起球箱法

(1) 检测准备。起球箱仪(图3-8),聚氨酯载样管,剪刀,缝纫机,胶带纸,评级箱。

将试样放在测试用标准大气中调湿24 h以上,然后在该大气中进行测试。

(2) 取向及夹持试样。从样品上剪取4个试样,试样尺寸为125 mm×125 mm。在每个试样上标记织物反面和纵向。当织物没有明显的正反面时,两面都要进行测试。另外剪取一块尺寸为125 mm×125 mm的试样作为评级的对比样。注意,取样时试样之间不应该包括相同的经纱和纬纱。

取2个试样,如果可以辨别正反面,将每个试样正面向内折叠,距边12 mm缝合,其针迹密度应使接缝均衡,形成试样管,折的方向与织物的纵向一致。另取2个试样,反面向内折叠,缝合成试样管,折的方向与织物的横向一致,如图3-9所示。

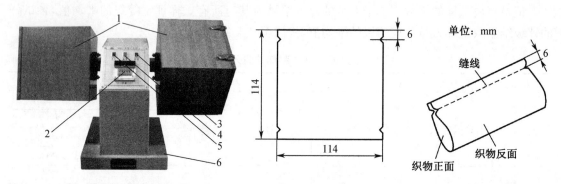

图3-8　起球箱仪

1—起球箱　2—计数器　3—电源开关
4—复零键　5—启动键　6—主机

图3-9　起球箱法试样尺寸和试样套(单位:mm)

将缝合试样的里面翻出,使织物正面成为试样管的外面,在试样管的两端各剪去6 mm端口,以去掉缝纫变形。将准备好的试样管安装在聚氨酯载样管上,使试样两端与聚氨酯管边缘的距离相等,保证接缝部分尽可能平整。用PVC胶带固定试样,使试样固定在聚氨酯管上,且聚氨酯管的两端各裸露6 mm。固定试样的胶带长度应不超过聚氨酯管周长的1.5倍。

(3) 测试。保证起球箱内干净,无绒毛。将4个安装好的试样放入同一个起球箱内,盖紧盖子,然后启动仪器,转动箱子至协议规定次数。建议粗纺织物翻转7 200转,精纺织物翻转14 400转。

(4) 记录与计算。沿织物纵向将试样和对比样并排放置在评级箱的试样板的中间,如果需要,可采用适当方式固定在适宜位置,试样放置在左边,对比样放置在右边。依据表3-8对每块试样进行评级,如果介于两级之间,记录为0.5级(表3-12)。

表3-12　评级记录表

试样编号	评级(级)	翻转次数
1		
2		
3		
4		

（二）脱毛测试

（1）检测准备。EY-501 型织物脱毛测试仪,天平,铁木梳一把,不锈钢板一块,毛刷,张力锤一个,张力夹一个,镊子一把,试样。其中:

天平:1/10 000 感量;

不锈钢板:550 mm×160 mm×1 mm;

铁木梳:42 齿/5 cm;

张力锤:质量 500 g;

张力铗:钳口宽 147 mm,质量 77 g;

毛刷:刷板规格 100 mm×76 mm×11 mm,植毛面积 74.08 mm×52 mm,植毛孔径 4 mm,植毛孔距 6 mm(纵向)×5.84 mm(横向),每孔植毛根数约 160,植毛孔数纵向 9 行、横向 13 列,毛丛高度(108±1.5)mm。若刷板变形,刷毛变形或局部脱落,毛刷磨刷累计达到 5 万次应立即更换,新毛刷使用前应预磨 2 000 次。

（2）夹持试样。将毯面朝上放置。

（3）测试。接通电源,将计数器调至 65 次,将毛刷鼻转向上,装上毛刷后,使其向下翻转复原。抬起仪器两侧压板,按磨刷部位将试样折成双层,中心插入不锈钢板(或黑垫板),置于仪器工作台上。试样一侧先用压板压紧,在试样的另一侧压板下 20 cm 处嵌上带有重锤的张力铗,然后放下压板压紧,取下张力铗。按启动开关,毛刷开始自动磨刷,毛刷的顺擦方向与直向顺毛方向一致,待到每测试部位磨刷 65 次自动停止后,向上翻转毛刷臂,取下毛刷。用铁梳将毛刷上的纤维全部梳下,并用镊子将试样测试部位上已被刷落的纤维全部取下,二者合并称重。每块试样测试 3 个部位。

（4）记录与计算。按下式计算脱毛质量:

$$G = \frac{\sum q_i}{nSN} \tag{3-2}$$

式中:G——单位面积脱毛质量,mg/(100 cm²);

$\sum q_i$——试样 i 部位脱毛质量,mg;

n——每个试样测试部位数;

N——试样数;

S——磨刷面积,cm²。

计算结果保留一位小数,填入表 3-13。

表 3-13　脱毛质量记录表

测试指标	试验部位		
	1	2	3
脱毛质量(mg)			
磨刷面积(cm²)			
单位面积脱毛质量 [mg/(100 cm²)]			

（四）钩丝性测试

（1）检测准备。钩丝仪钉锤上等距植入针钉11根，总质量（160±10）g。针钉外露长度10 mm，尖端半径13 mm。转筒直径82 mm，宽210 mm，其外包橡胶厚度3 mm，转筒转速（60±2）r/min。毛毡厚度3～3.2 mm，宽度165 mm。导杆工作宽度125 mm。

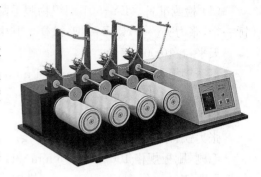

图3-10　钉锤式钩丝仪

（2）夹持试样。取平整、无折皱、无疵点样品，长度≥550 mm，在标准大气中调湿至少24 h，然后裁取经纬向试样各2块，试样尺寸为200 mm×300 mm。不要在距布边1/10幅宽内取样，试样上不得有任何疵点和折痕。试样不能含有完全相同的纱线。将试样缝成筒状，小心地套在转筒上，其缝边应分向两侧展开，使缝口平滑。然后用橡胶环固定试样一端，展开所有折痕，使试样表面圆整，再用另一橡胶环固定试样另一端。若是针织物，在装放横向试样时，应使其中一块试样的纵列线圈头端向左，另一块向右。经向和纬向试样应随机地装放在转筒上，即试样的经（或纬）向不一定在同一个转筒上试验。

（3）测试。将锤钉绕过导杆轻轻放在试样上，启动仪器，使钉锤自由地在整个转筒宽度上移动，达到规定的600转后，小心地移去钉锤，取下试样，放置4 h，将试样固定在评定板上，再将评定板插入筒状试样，使缝线处于背面中心。如果试样结构比较特殊，或经有关各方协商同意，转动次数可以根据需要选定，如100转等，但应在报告中说明。

（4）记录与计算。将试样放在评级箱观察窗内，同时将标准样照放在另一侧，依据试样的钩丝密度（不论长短）按表3-14对每块试样进行评级，如果介于两级之间，记录为0.5级。如果试样钩丝中含有中、长钩丝，则应按表3-15的规定对所评级别予以顺降。一块试样的钩丝累计顺降最多为1级。由于评定的主观性，建议至少由两人对试样进行评级。每人的评级结果为其对所有试样评定等级的平均值，各试样的评级结果为全部人员评定等级的平均值（表3-16）。

分别计算经纬向试样（包含增试的试样在内）钩丝级别的平均值，修约至0.5级，作为评定结果。

如果需要，对试样的钩丝性能进行评级，≥4级表示具有良好的抗钩丝性能，3～4级表示具有抗钩丝性能，≤3级表示抗钩丝性能差。

表3-14　视觉描述评级

级数	状态描述
5	表面无变化
4	表面轻微钩丝和（或）紧纱段
3	表面中度钩丝和（或）紧纱段，不同密度的钩丝（紧纱段）覆盖试样的部分表面
2	表面明显钩丝和（或）紧纱段，不同密度的钩丝（紧纱段）覆盖试样的大部分表面
1	表面严重钩丝和（或）紧纱段，不同密度的钩丝（紧纱段）覆盖试样的整个表面

表 3-15　中、长钩丝顺降级别

钩丝类别	占全部钩丝的比例	顺降级别（级）
中钩丝	$\frac{1}{2}\leqslant$ 比例 $<\frac{3}{4}$	0.25
	$\geqslant\frac{3}{4}$	0.5
长钩丝	$\frac{1}{2}\leqslant$ 比例 $<\frac{1}{4}$	0.25
	$\frac{1}{2}\leqslant$ 比例 $<\frac{3}{4}$	0.5
	$\geqslant\frac{3}{4}$	1

表 3-16　评级记录表　　　　　　　　　　转动次数：

试样	经（纵）向		纬（横）向	
	1	2	1	2
评级人员 A 评级				
评级人员 B 评级				
评级人员 C 评级				
平均值（级）				

第六节　织物的绒毛耐压回复性

丝绒织物的表面绒毛经外力压缩,在消除压力后,部分绒毛仍呈倒伏状,不仅影响外观,而且降低织物的使用耐久性。

一、测试指标、标准及试样准备

（一）测试指标
绒毛耐压回复性测试指标为绒毛耐压回复率。

（二）测试标准
依据 GB/T 15552—2015 进行测试。

（三）试样准备
在丝绒织物上距匹端 1 m 以上及距布边 20 cm 以上的不同经纬纱部位,分别取直径 2.5 cm 的圆形试样 3 块,试样上不得有影响试验结果的疵点。试样在标准大气中调湿 24 h。

二、影响织物绒毛耐压回复性的因素

（一）纤维原料选择

纤维刚柔性影响织物的绒毛耐压回复性。纤维刚硬，织成的织物的绒毛耐压回复性较好，如麻织物；粗纤维制成的织物比细纤维制成的织物的绒毛耐压回复性好。纤维越粗，越刚硬，竖起在织物表面的纤维则不易倒伏。

（二）纱线设计

纱线捻度增大，纤维在纱中束缚紧密，促使纤维立起，织物的绒毛耐压回复性较好；股线结构紧密，条干均匀，故线织物与纱织物相比，绒毛易密，不易倒状；纱线越细，纱的表面积越大，外层纤维越多，绒毛易密，被压伏的绒毛易回复。

（三）织物设计

织物密度小，经纬纱相对滑动容易，绒毛稀，易倒伏，绒毛耐压回复性较差；反之，织物密度大，绒毛易密，不易倒伏，绒毛耐压回复性较好。

（四）整理加工

丝绒织物经抓剪、烫光处理，可提高绒毛耐压回复性。

三、试验程序

（1）检测准备。检查耐压回复率测定设备，压力为 147 kPa（14.7 N/cm^2）；指示表分度值为 0.01 mm，上下两个基准面的不平行度应在 0.2％以内。

（2）夹持试样。调整指示表指针至零位，将下基准面向下移动，把准备好的圆形试样平整地放在下基准面上（绒毛向上），并套上定位圈，以固定试样。

（3）测试。将下基准面向上移动，使绒毛尖端刚好与上基准面接触（水平目视透光为一条细直线），记下第一次读数 A。然后向绒毛面施加 147 kPa 的压力，直到指示表指针不再移动为止，记下第二次读数 B。紧压 10 min，立即使上基准面离开绒毛 2～3 mm，此时指示表指针在零位。使绒毛自由回复 5 min，再使上基准面向下移动，使其与绒毛尖端刚好接触（与前次接触绒毛的情况相同），再记下第三次读数 C（表 3-17）。

计算 3 块试样所测得 A、B、C 的算术平均值（精确至 0.01 mm）。

按下式计算绒毛耐压回复率：

$$P = \frac{C-B}{A-B} \times 100\%$$ (3-3)

式中：P——绒毛耐压回复率，％（精确至 0.1％）；

   A——第一次读数，mm；

   B——第二次读数，mm；

   C——第三次读数，mm。

表 3-17　织物绒毛耐压回复性测试记录表

试样号	第一次读数 A(mm)	第二次读数 B(mm)	第三次读数 C(mm)	绒毛耐压回复率(％)
一				
二				
三				

第七节　织物的收缩率

织物的收缩率是服装和装饰织物的一项重要质量指标,它反映了棉、毛、丝、麻和再生纤维织物在水中浸渍或洗涤干燥后,以及合成纤维及其混纺织物受到较高温度作用时,长度或宽度方向发生的尺寸收缩程度。由于织物的收缩性影响其使用性,如裁制服装和床上用品时,应考虑织物的收缩性。

收缩原理:棉、毛、丝、麻和再生纤维织物浸湿或经洗涤,纤维充分吸收水分,水分子进入纤维内部,使纤维发生体积膨胀,并且直径方向增加的多,长度方向增加的少,而随着纤维直径的增加,纱线在织物中的屈曲程度增大,迫使织物收缩率增加。其次,织物在纺织染整加工过程中,纤维及纱线多次受拉伸作用,内部积累了较多的剩余变形和较大的应力,当水分子进入纤维内部后,使纤维大分子之间的作用力减小,内应力降低,热运动加剧,加速了纤维缓弹性变形的回复,促使织物发生收缩,而且不可逆。羊毛织物在洗染过程中,反复承受拉伸、挤压作用,产生缩绒现象而收缩。

合成纤维在纺丝过程中,为获得良好的力学性能,均受到一定的拉伸作用,而且,纤维、纱线在整个纺织染整加工过程中受到反复拉伸,当织物在较高温度下受到热作用时,纤维内应力松弛而产生收缩,导致织物收缩。对维纶织物及以维纶为主的混纺织物来说,由于维纶大分子结构具有多羟基特点,缩醛度较低的维纶制成的织物在热水中会发生较大收缩。

一、测试指标、标准及试样准备

(一)　测试指标

机织物、针织物、衬纬制品的缩水性测试有浸渍法和洗衣机法两类,毛织物规定用浸渍法测试,而其他服装和装饰织物倾向于用洗衣机法测试。浸渍法是静态的,洗衣机法是动态的,其中又分前门加料、水平滚筒洗衣机10种洗涤程序,顶部加料、垂直搅拌型洗衣机11种洗涤程序,每种程序模拟一种家庭洗涤。织物的热收缩性可用热水、沸水、干热空气或饱和蒸汽中的收缩率表示。

(二)　测试标准

(1) 洗衣机法:GB/T 8629—2017。

(2) 浸渍法:GB/T 8631—2001。

(3) 汽蒸法:FZ/T 20021—2012。

(4) 干热熨烫法:FZ/T 20014—2010。

(5) 低压干热法:GB/T 17031.2—1997。

(6) 落水变形法:GB/T 33270—2016。

(三)　试样准备

(1) 洗衣机法。取样品≥500 mm×500 mm,如幅宽<650 mm,取全幅。宽幅织物经向与纬向各做3对标记,各对标记要均匀分开,标记间距离≥350 mm,标记距试样边≥50 mm,如图3-11~图3-14所示。

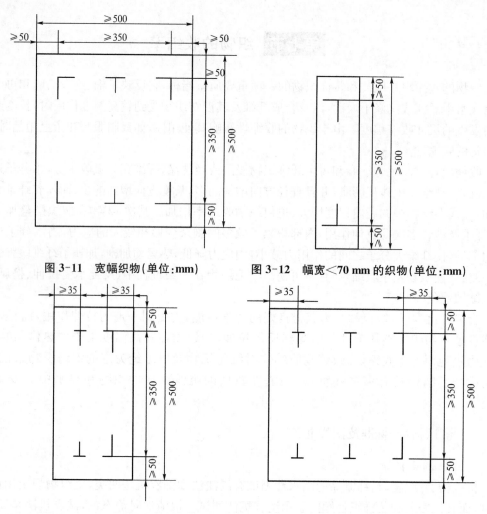

图 3-11　宽幅织物(单位:mm)　　　图 3-12　幅宽＜70 mm 的织物(单位:mm)

图 3-13　幅宽 70～250 mm 的织物(单位:mm)　　图 3-14　幅宽 250～500 mm 的织物(单位:mm)

（2）浸渍法。同洗衣机法。

（3）汽蒸法。试样尺寸为长 300 mm,宽 50 mm。经向和纬向各取 4 条试样,试样上不应有明显疵点。

（4）干热熨烫法。样品长度不得少于 20 cm,全幅,在标准大气中调湿,在距布边 10 cm 以上部位随机裁取不同经纬纱组成的试样,分别在样品的中央和旁边部位画上 70 mm×70 mm 的 2 个正方形。

（5）低压干热法。沿织物的长边和宽边平行剪取 2 块无折痕试样,试样尺寸为经(纵)向 290 mm,纬(横)向 240 mm。经(纵)向做 2 对标记,每对标记间距离为 250 mm;纬(横)向做 2 对标记,每对标记间距离为 200 mm。

（6）落水变形法。裁取 25 mm×25 mm 的试样 2 块。

二、影响织物收缩性的因素

（一）纤维的吸湿能力

纤维的吸湿性好,吸湿膨胀率大,织物的缩水率高。棉、麻、毛、丝,特别是黏胶纤维的吸湿性好,因此,这些纤维织物的缩水率大。合成纤维的吸湿性差,有的几乎不吸湿,因此,合成纤维织物的缩水率很小。

(二) 羊毛的缩绒性

羊毛纤维的缩绒性高,羊毛织物在洗涤时因缩绒引起的缩水率大。因此,在洗涤毛织物时,尽量减少搓揉、挤压,最好采用干洗,避免产生变形。

(三) 纱线捻度

纱线捻度大时,纱线结构紧密,对纤维吸湿膨胀引起的纱线直径变大有所限制。因此,纱线捻度大的织物其缩水率较小。通常,织物的经纱捻度大于纬纱捻度,因此经向缩水率大于纬向缩水率。

(四) 织物结构

织物紧度大时,其缩水率小些。若经纬向紧度不同,经纬向缩水率也有差异。一般织物经向紧度大于纬向紧度,如府绸、卡其、华达呢等织物,经向缩水率大于纬向缩水率。平布的经纬向紧度接近,因此经纬向缩水率也基本相同。如果织物结构较稀松,纱线易吸湿膨胀,织物的缩水率就大些。

(五) 生产工艺

织物在生产过程中积累的剩余变形多和内应力大时,织物的缩水率大。因此,生产中张力大,织物缩水率大。织物在后加工中,如棉织物经树脂整理,毛织物经防缩整理,织物的缩水率将明显降低。

三、试验程序

(一) 洗衣机法

1. 测试设备和材料

前门加料、水平滚筒型标准洗衣机(A 型洗衣机),其规格见表 3-18;顶部加料、垂直搅拌型标准洗衣机(B 型洗衣机),其规格见表 3-19;顶部加料、垂直波轮型标准洗衣机(C 型洗衣机),其规格见表 3-20;A1 型翻转烘干机(通风式),A2 型翻转烘干机(冷凝式),A3 型翻转烘干机(鼓风式),其规格见表 3-21;电热(干热)平板熨烫仪,悬挂干燥设施,由不锈钢或塑料制成的约 16 目的干燥架;100%棉型陪洗物(类型Ⅰ),50%聚酯纤维/50%棉陪洗物(类型Ⅱ),100%聚酯陪洗物(类型Ⅲ),其成分及规格见表 3-22。

表 3-18　前门加料、水平滚筒型标准洗衣机(A 型洗衣机)的规格

部件	项目	参数	A1 型新机型规格	A2 型新机型规格
内滚筒	直径(mm)	—	520±1	515±5
	深度(mm)	—	315±1	335±5
	净容量(L)	—	61	65
	提升片	数目(个)	3	3
		高度(mm)	53±1	50±5
		长度	延伸至内滚筒整个深度	延伸至内滚筒整个深度
		间距(°)	120	120

续表

部件	项目		参数	A1 型新机型规格	A2 型新机型规格
外滚筒	直径(mm)		—	554±1	575±5
滚筒转速	洗涤		载荷和水(r/min)	52±1	52±1
	脱水		低速甩干(r/min)	500±20	500±20
			高速甩干(r/min)	800±20	500±20
加热系统	加热功率(kW)		—	恒温控制	恒温控制
	温度控制		关机温度允差(℃)	±1	±1
			开机温度(℃)	≤(关机温度-4)	≤(关机温度-4)
旋转动作	正常转动 正常停止		时间间隔(s)	12±0.1 3±0.1	12±0.1 3±0.1
	缓和转动 缓和停止		时间间隔(s)	8±0.1 7±0.1	8±0.1 7±0.1
	柔和转动 柔和停止		时间间隔(s)	3±0.1 12±0.1	3±0.1 12±0.1
供水系统	供水		流量(L/min)	20±2	25±5
			温度(℃)	20±5	20±5
	水位控制		水位高度允差(mm)	≤3	≤3
			重复性允差(mm)	±5	±5
	排水系统		排水速率(L/min)	>30	>30

表 3-19 顶部加料、垂直搅拌型标准洗衣机(B 型洗衣机)的规格

部件	项目	参数	B 型规格
内滚筒 (转笼)	深度(mm)	—	370±1
	容积(L)	—	90.6
	搅拌棒	数量(根)	1
外滚筒 (转鼓)	顶部	直径(mm)	565±1
	底部	直径(mm)	551±1
滚筒转速	脱水	低速甩干(r/min)	399~420
		高速甩干(r/min)	613~640
加热系统	加热功率(kW)		无
旋转动作	搅拌速度	正常(冲程次数/min)	173~180
		柔和(冲程次数/min)	114~120
供水系统	供水	—	家用水龙头供水
	水位控制	高水位(mm)	356±13
		中水位(mm)	297±25
		低水位(mm)	273±25
		超低水位(mm)	178±25
	排水系统	排水速率(L/min)	43~64

表 3-20 顶部加料、垂直波轮型标准洗衣机(C 型洗衣机)的规格

部件	项目	参数	C 型规格
内滚筒 (转笼)	深度(mm)	—	440±1
	直径(mm)	—	460±1
	容积(L)	—	50
	波轮	数量(根)	1
外滚筒 (转鼓)	深度(mm)	—	510±1
	直径(mm)	—	490±1
滚筒转速	脱水	低速甩干(r/min)	500±30
		高速甩干(r/min)	(780±30)～(830±30)
旋转动作	搅拌速度	正常(r/min)	120±20
		柔和(r/min)	90±20
供水系统	漂洗供水(L/min)	—	15(家用水龙头)
	水位控制[(水的体积)/(内滚筒水的体积)](L/L)	54L[a]	(57±2)/(43±2)
		40L	(40±2)/(27±2)
	排水系统	排水速率(L/min)	27

[a] 载荷 5 kg 时水的体积为 54 L,无载荷时水的体积为 59 L,2 kg 时水的体积为 57 L。

表 3-21 翻转烘干机的规格

项目	参数	A1 型	A2 型	A3 型
干燥系统	—	通风式	冷凝式	鼓风式
温度控制	—	计时器	计时器	计时器
	—	自动	自动	自动
转鼓	容积(L)	80～130	80～130	160～200
	直径(mm)	550～590	550～590	650～700
	周边离心加速度(g/m²)	0.6～0.95	0.6～0.95	0.6～0.95
提升片	数量(个)	2 或 3	2 或 3	2 或 3
	高度(mm)	50～90	50～90	80～100
	分布	均匀	均匀	均匀
功率	输入功率(kW)	≤3.5	≤3	≤6
烘干速率	100%棉(mL/min)	≥25	≥25	≥50
	棉/聚酯纤维(mL/min)	≥20	≥20	≥40
出风温度	正常(℃)	≤80	≤80	≤80
	低温(℃)	≤60	≤60	≤60
冷却阶段	—	最少 5 min 或低于 50 ℃	最少 5 min 或低于 50 ℃	最少 5 min 或低于 50 ℃
冷凝效率	—		最小 80%	
额定容量 载装率= 载荷(kg) /容积(L)	载装率 1∶15/kg 载装率 1∶25/kg (100%棉)	5.3～8.7 3.2～5.2	5.3～8.7 3.2～5.2	10.6～13.3 6.4～8
	载装率 1∶30/kg 载装率 1∶50/kg (棉/聚酯纤维)	2.7～4.4 1.6～2.6	2.7～4.4 1.6～2.6	5.3～6.7 3.2～4.0

表 3-22 陪洗物的成分及规格

陪洗物特征	类型Ⅰ 100%棉	类型Ⅱ 50%聚酯纤维/50%棉	类型Ⅲ 100%聚酯纤维
纱线(tex)	34.3/1	40/1	—
织物结构	平纹织物	平纹织物	聚酯纤维针织物 变形丝
经密^a[根/(10 cm)]	259±20	189±20	
纬密^a[根/(10 cm)]	227±20	189±20	
织物质量^a(g/m^2)	188±10	155±10	310±20
每片尺寸(cm)	92×92(±2)	92×92(±2)	20×20(±4)
每片质量(g)	320±10	260±10	50±5
尺寸变化率(经向和纬向)(%)	±5	±5	±5
整理	烧毛,退浆,煮练,漂白,未经上浆或硬挺整理,机械预缩	—	水洗,未经上浆或硬挺整理(热固化)

2. 试剂

(1) 标准洗涤剂。标准洗涤剂 1 是不加酶的无磷洗衣粉,分为含荧光增白剂和不含荧光增白剂两种,又称为 1993AATCC 无荧光增白剂标准洗涤剂(WOB)和 1993AATCC 含荧光增白剂标准洗涤剂。标准洗涤剂 1 仅用于 B 型洗衣机。标准洗涤剂 2 是加酶的含荧光增白剂无磷洗衣粉,又称为 IEC 标准洗涤剂 A＊。标准洗涤剂 2 用于 A 型及 B 型洗衣机。标准洗涤剂 3 是不加酶的不含荧光增白剂无磷洗衣粉,又称为 ECE 标准洗涤剂 98。标准洗涤剂 3 用于 A 型及 B 型洗衣机。标准洗涤剂 4 是加酶的含荧光增白剂无磷洗衣粉,又称为 JIS K 3371(类别 1)。标准洗涤剂 4 仅用于 C 型洗衣机。标准洗涤剂 5 是无磷洗衣液,分为含荧光增白剂和不含荧光增白剂(WOB)两种,又称为 2003AATCC 含荧光增白剂标准液体洗涤剂和 2003AATCC 无荧光增白剂标准液体洗涤剂。标准洗涤剂 5 用于 B 型洗衣机。标准洗涤剂 6 是不加酶的含荧光增白剂无磷洗衣粉,又称为 SDC 标准洗涤剂类型 4。标准洗涤剂 6 用于 A 型洗衣机。

(2) 试验用水。试验用水的硬度应低于 0.7 mmol/L,洗衣机注水口处的供水压力应高于 150 kPa,注水温度应为(20±5)℃。在热带地区,最低水温应为(20±5)℃。若试验用水温度不同于该温度,宜在试验报告中注明所用水温。

3. 洗涤载荷

(1) 总洗涤载荷。对所有类型标准洗衣机,总洗涤载荷(试样和相应陪洗物)应为(2.0±0.1)kg。

(2) 陪洗物的选择。纤维素纤维产品,应选用类型Ⅰ100%棉陪洗物,合成纤维产品及混合产品应选用类型Ⅱ50%聚酯纤维/50%棉陪洗物或类型Ⅲ100%聚酯纤维陪洗物。未提及的其他纤维产品可选用类型Ⅲ100%聚酯纤维陪洗物。

(3) 试样与陪洗物的比例。如果测定尺寸稳定性,试样量应不超过总洗涤载荷的一半。若试样为一件完整成衣时,当试样和陪洗物的比例超过 1/1,报告其实际比例。

4. 测试

(1) 从表 3-23 中选择 A 型洗衣机的洗涤程序,从表 3-24 中选择 B 型洗衣机的洗涤程序,从表 3-25 中选择 C 型洗衣机的洗涤程序。

（2）若使用翻转干燥或者测定质量损失，单个试样、制成品或成衣在洗涤前要先称量。

（3）将待洗试样放入洗衣机，加足量的陪洗物，使总洗涤载荷达到(2.0±0.1)kg。应混合均匀，选择洗涤程序进行试验。

A 型洗衣机，直接加入(20±1)g 标准洗涤剂 2、标准洗涤剂 3 或标准洗涤剂 6。

B 型洗衣机，先注入选定温度的水，再加入(66±1)g 标准洗涤剂 1，或加入(100±1)g 标准洗涤剂 5；若使用标准洗涤剂 2 或标准洗涤剂 3，加入量要控制在能获得良好的搅拌泡沫，泡沫高度在洗涤周期结束时不超过(3±0.5)cm。

C 型洗衣机，先注入选定温度的水，在直接加入 1.33 g/L 的标准洗涤剂 4。

各种标准洗涤剂用量见表 3-26。

（4）完成洗涤程序后小心取出试样，注意不要拉伸或拧绞，按照相应的干燥程序进行干燥。

表 3-23　A 型洗衣机洗涤程序

程序编号	加热、洗涤和冲洗中的搅拌	洗涤				漂洗 1		漂洗 2			漂洗 3			漂洗 4		
		温度[a]（℃）	水位[b,c]（mm）	洗涤时间[d]（min）	冷却[f]	水位[b,c]（mm）	漂洗时间[d,g]（min）	水位[b,c]（mm）	漂洗时间[d,g]（min）	脱水时间[d]（min）	水位[b,c]（mm）	漂洗时间[d,g]（min）	脱水时间[d]（min）	水位[b,c]（mm）	漂洗时间[d,g]（min）	脱水时间[d]（min）
9N[h]	正常	92±3	100	15	要[i]	130	3	130	3	—	130	2	—	130	2	5
7N[h]	正常	70±3	100	15	要[i]	130	3	130	3	—	130	2	—	130	2	5
6N[h]	正常	60±3	100	15	不要	130	3	130	3	—	130	2	—	130	2	5
6M[h]	缓和	60±3	100	15	不要	130	3	130	3	—	130	2	2[j]	—	—	—
5N[h]	正常	50±3	100	15	不要	130	3	130	3	—	130	2	—	130	2	5
5M[h]	缓和	50±3	100	15	不要	130	3	130	3	—	130	2	2[j]	—	—	—
4N	正常	40±3	100	15	不要	130	3	130	3	—	130	2	—	130	2	5
4M	缓和	40±3	100	15	不要	130	3	130	3	—	130	2	2[j]	—	—	—
4G	柔和[e]	40±3	130	3	不要	130	3	130	3	1	130	2	6	—	—	—
3N	正常	30±3	100	15	不要	130	3	130	3	—	130	2	—	130	2	5
3M	缓和	30±3	100	15	不要	130	3	130	3	—	130	2	2[j]	—	—	—
3G	柔和[e]	30±3	130	3	不要	130	3	130	3	—	130	2	2[j]	—	—	—
4H	柔和[e]	40±3	130	1	不要	130	2	130	2	2	—	—	2	—	—	—

N 正常搅拌：滚筒转动 12 s，静止 3 s。

M 缓和搅拌：滚筒转动 8 s，静止 7 s。

G 柔和搅拌：滚筒转动 3 s，静止 12 s。

H 仿手洗：柔和搅拌，滚筒转动 12 s，停顿 3 s。

[a]洗涤温度即停止加热温度。

[b]机器运转 1 min，停顿 30 s 后，自滚筒底部测量液位。

[c]对于 A1 型洗衣机，采用容积法测量更为准确。

[d]时间允差为 20 s。

[e]低于设定温度 5 ℃以下的升温过程不进行搅拌，从低于设定温度 5 ℃开始升温至设定温度的过程进行缓和搅拌。

[f]冷却：注水至 130 mm 水位，继续搅拌 2 min。

[g]漂洗时间自达到规定液位时计。

[h]加热至 40 ℃，保持该温度并搅拌 15 min，再进一步加热至洗涤温度。

[i]仅适用于具有安全防护设备的实验室试验。

[j]短时间脱水或滴干。

表 3-24　B 型洗衣机的洗涤程序

程序编号	洗涤和冲洗中搅拌	总载荷（干质量）（kg）	洗涤			漂洗		脱水	
			温度（℃）	水位（mm）	洗涤时间（min）	水位（mm）	漂洗时间（min）	脱水速度（r/min）	脱水时间（min）
1B	正常	2.0±0.1	60±3	297±25	12	297±25	3	613～640	6
2B	正常	2.0±0.1	49±3	297±25	12	297±25	3	613～640	6
3B	正常	2.0±0.1	49±3	297±25	10	297±25	3	399～420	4
4B	正常	2.0±0.1	41±3	297±25	12	297±25	3	613～640	6
5B	正常	2.0±0.1	41±3	297±25	10	297±25	3	399～420	4
6B	正常	2.0±0.1	27±3	297±25	12	297±25	3	613～640	6
7B	正常	2.0±0.1	27±3	297±25	10	297±25	3	399～420	4
8B	柔和	2.0±0.1	27±3	297±25	8	297±25	3	399～420	4
9B	正常	2.0±0.1	16±3	297±25	12	297±25	3	613～640	6
10B	正常	2.0±0.1	16±3	297±25	10	297±25	3	399～420	4
11B	柔和	2.0±0.1	16±3	398.5±17.8	8	297±25	3	399～420	4

表 3-25　C 型洗衣机的洗涤程序

程序编号	洗涤和漂洗中的搅拌	洗涤				漂洗 1[b]			漂洗 2[b]		
		温度[a]（℃）	水位（L）	时间（min）	脱水时间[e]（min）	水位（L）	时间（min）	脱水时间[e]（min）	水位（L）	时间（min）	脱水时间[e]（min）
4N	正常[c]	40±3	40	15	3	40	2	3	40	2	7
4M	正常[c]	40±3	40	6	3	40	2	3	40	2	3
4G	正常[c]	40±3	40	3	3	40	2	3	40	2	≤1
3N	正常[c]	30±3	40	15	3	40	2	3	40	2	7
3M	正常[c]	30±3	40	6	3	40	2	3	40	2	3
3G	正常[c]	30±3	40	3	3	40	2	3	40	2	≤1
4H	正常[d]	40±3	54	6	2	54	2	2	54	2	≤1

[a] 洗涤用水先加热到设定温度，然后供给洗衣机。
[b] 漂洗用水由家用水龙头直接供给。
[c] 正常搅拌的一个周期按正常的搅拌速度搅拌 0.8 s，停止 0.6 s，然后反方向搅拌 0.8 s，停止 0.6 s。
[d] 4H 是仿手洗程序，一个周期指按柔和的搅拌速度搅拌 1.3 s，停止 5.8 s，然后反方向搅拌 1.3 s，停止 5.8 s。
[e] 4H 的脱水采用低速甩干，其余程序的脱水采用高速甩干。

表 3-26　标准洗涤剂用量

标准洗涤剂	洗衣机		
	A 型	B 型	C 型
1	—	(66±1)g	—
2	(20±1)g	适量	—
3	(20±1)g	适量	—
4	—	—	1.33 g/L
5	—	(100±1)g	—
6	(20±1)g	—	—

5. 干燥程序

(1) 空气干燥。选择的洗涤程序结束后,立即取出试样,从 A~E 中选择干燥程序进行干燥。若选择滴干,洗涤程序应在进行脱水之前停止,即试样要在最后一次脱水前从洗衣机中取出。

A——悬挂晾干。将脱水后的试样展平悬挂,长度方向为垂直方向,以免扭曲变形。试样悬挂在绳或杆上,在自然环境的静态空气中晾干。试样的经向或纵向应垂直悬挂,制成品应按使用方向悬挂。

B——悬挂滴干。将不经脱水的试样展平悬挂,长度方向为垂直方向,以免扭曲变形。试样悬挂在绳、杆上,在自然环境的静态空气中晾干。试样的经向或纵向应垂直悬挂,制成品应按使用方向悬挂。

C——平摊晾干。将每个脱水后的试样平摊在用不锈钢或塑料制成的水平筛网干燥架上,用手抚平较大的褶皱,不得拉伸或绞拧,在自然环境的静态空气中晾干。

D——平摊滴干。将不经脱水的试样平摊在用不锈钢或塑料制成的水平筛网干燥架上,用手抚平较大的褶皱,不得拉伸或绞拧,在自然环境的静态空气中晾干。

E——平板压烫。将试样放在平板压烫机上,用手抚平重褶皱,然后根据试样的需要,放下压头对试样压烫一个或多个短周期,直至烫平。压头设定的温度应调应适合被压烫的试样,记录所用的温度和压力。

(2) 翻转干燥。选择的洗涤程序结束后,立即取出试样和陪洗物,将其放入翻转烘干机中,按下列规定进行翻转干燥:

① 翻转烘干机时间设定。为了确定适宜的烘干条件,可在正常(较高)温度下按式(3-4)计算的烘干时间翻转试样。试验结束时,试样的最终含水率应与调试纺织品的含水率相当。

$$烘干时间 = \frac{初始质量 - 调湿质量}{烘干速率} \times 60 + 冷却时间 \qquad (3-4)$$

需要测定试样在翻转干燥期间的温度时,应在试样上固定塑料温度显示标签(热敏标签),其测温范围应在 40~90 ℃。

对于烘干机,设定滚筒出风温度最低为 40 ℃。正常织物要确保最高温度不超过 80 ℃。敏感织物最高不超过 60 ℃。开机加热直至试样烘干,停止加热后继续翻转 5 min,立即将试样取出。

② 过度烘干。过度干燥的特征是烘燥至最终含水率低于调试纺织品的含水率。根据纺织品成分,烘燥终点的最终含水率低于如下数值时视为过度干燥:

合成纤维纺织品:-2%。

纤维素纤维纺织品:-5%。

烘燥终点的最终含水率按式(3-5)计算:

$$烘燥终点 = \left(\frac{烘燥终点的载荷质量}{调湿质量} - 1 \right) \times 100\% \qquad (3-5)$$

为了确定过度干燥对尺寸测量的影响,宜在过度干燥前后分别测量试样尺寸,继续烘燥直至达到所确定的最终含水率,停止加热后继续翻转 5 min,立即将试样取出。

③翻转烘干机湿度设定。按正常或低热翻转干燥试样,直至湿度测量装置测得最终湿度

达到表 3-27 的要求,停止加热后继续翻转 5 min,立即将试样取出。

表 3-27　翻转烘干的湿度设定

翻转烘干程序	材料	翻转烘干的湿度设定(%)
1	烘干棉	0(±3)
2	合成纤维及混纺织物	2(±3)
3	熨干棉	12(±3)

6. 记录与计算

将有关试验参数及测试结果填入表 3-28。

表 3-28　洗衣机法试验记录表

洗衣机类型		洗涤程序		
干燥程序		烘干机类型		
洗涤剂类型		陪洗物		
压烫温度(℃)		压力(N)		
注水温度(℃)		试样与陪洗物比例		
试样和陪洗物总干质量(g)				
洗涤前			洗涤后	
测量次数	经向长度(mm)	纬向长度(mm)	测量次数	经向长度(mm)	纬向长度(mm)
1			1		
2			2		
3			3		
平均值			平均值		

按下式计算:

$$D = \frac{x_1 - x_0}{x_0} \times 100\% \qquad (3-6)$$

式中:D——水洗尺寸变化率,%;

　　x_0——洗涤前经向或纬向标记间的平均长度,mm;

　　x_1——洗涤后经向或纬向标记间的平均长度,mm。

计算结果精确到 0.1%,正号(+)表示伸长,负号(−)表示收缩。

(二)　浸渍法

1. 检测准备

浸渍法主要用于测定服用和装饰用纯毛、毛混纺织物的收缩性。将试样在标准大气中调湿 24 h。

2. 放入试样

将调湿后试样无张力地放在一块 600 mm×600 mm、厚 6 mm 的玻璃上,把同样规格的另一块玻璃盖在试样上,然后测量每对标记间的距离,精确到 1 mm。

3. 测试

将测量过的试样在自然状态下散开,浸入温度为(15~20)℃的水中 2 h。盛水容器深度约

100 mm，液面高出试样至少 25 mm，水中加 0.5 g/L 高效润滑剂，使试样充分浸没于水中。水为软水或硬度不超过 5/100 000 碳酸钙的硬水。取出试样时，把试样的四角向中央折叠，小心提起试样移到毛巾上，用另一块毛巾覆盖在试样上轻压，去除多余的水分，在(20±5)℃室内干燥。

将干燥后的试样移入标准大气中调湿，至达到平衡，再次测量每对标记间的距离，精确到1 mm。

4. 记录与计算

将试验结果填入表 3-29。

表 3-29　浸渍法试验记录表

测量次数	浸渍前		浸渍后		
	经向长度(mm)	纬向长度(mm)	测量次数(mm)	经向长度(mm)	纬向长度(mm)
1			1		
2			2		
3			3		
平均值 L_1			平均值 L_2		

按下式计算：

$$S = \frac{L_1 - L_2}{L_1} \times 100\% \tag{3-7}$$

式中：S——经向或纬向尺寸变化率；

　　　L_1——浸渍前经向或纬向标记间的平均长度，mm；

　　　L_2——浸渍后经向或纬向标记间的平均长度，mm。

计算结果修约到 0.1，正号(＋)表示收缩，负号(－)表示伸长。

（三）汽蒸法

1. 检测准备

将试样在温度不超过 50 ℃和相对湿度 10%～25% 的条件下预调湿 4 h 后，放置在温度(20±2)℃和相对湿度(65±2)% 的环境中调湿 24 h。在相距 250 mm 的试样两端对称地各做一个标记，量取标记间的长度为汽蒸前长度，精确到0.5 mm。

2. 放入试样

把调湿过的 4 块试样分别平放在每一层金属丝支架上。

3. 测试

试验时，蒸汽以 70 g/min(允差 20%)的速度通过

图 3-15　YG(B)742D 型汽蒸收缩测试仪

YG(B)742D 型汽蒸收缩测试仪(图 3-15)的蒸汽圆筒至少 1 min，使圆筒预热。如圆筒过冷，可适当延长预热时间。试验过程中，蒸汽阀保持打开状态。将试样放在圆筒内保持 30 s，从圆筒内移出试样，冷却 30 s 后再放入圆筒内，如此循环操作 3 次。然后把试样放置在光滑平面上冷却，经预调湿和调湿后，量取标记间的长度为汽蒸后长度，精确到 0.5 mm。

4. 记录与计算

将试验结果填入表 3-30。

表 3-30 汽蒸法试验记录表

试样编号	汽蒸前	汽蒸后
	经(纬)向长度(mm)	经(纬)向长度(mm)
1		
2		
3		
4		

按下式计算:

$$汽蒸收缩率 = \frac{汽蒸前长度 - 汽蒸后长度}{汽蒸前长度} \times 100\% \tag{3-8}$$

分别计算经纬向试样汽蒸收缩率的平均值,结果保留一位小数。

(四) 干热熨烫法

1. 检测准备

用与试样色泽相异的细线,在正方形试样的四角做标记,如图 3-16 所示。将试样在试验用标准大气中平铺,调湿至少 24 h,纯合纤产品至少调湿 8 h。

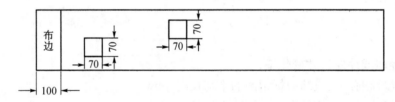

图 3-16 试样的四角标记(单位:mm)

2. 放入试样

将调湿后的试样无张力地平放在工作台上。

3. 测试

依次测量经纬向试样各对标记间的距离,精确到 0.5 mm,并分别计算出每块试样经纬向的平均距离,修约到 0.01 mm。将量程为 200 ℃的温度计放入带槽石棉板内,压上电熨斗或其他相应装置加热到 180 ℃以上,然后降温到 180 ℃。此时先将试样平放在毛毯(200 mm×200 mm双层全毛素毯)上,再压上电熨斗,保持 15 s,然后移开试样。

4. 记录与计算

将试验结果填入表 3-31。

表 3-31 干热熨烫试验记录表

测试指标	熨烫前	熨烫后
经向标记间的平均距离(mm)		
纬向标记间的平均距离(mm)		
经向尺寸变化率(%)		
纬向尺寸变化率(%)		
试样面积尺寸变化率(%)		

按下式计算：

$$R_j = \frac{L_1 - L_2}{L_1} \times 100\% \qquad (3-9)$$

$$R_w = \frac{L_1 - L_2}{L_1} \times 100\% \qquad (3-10)$$

$$S = R_j + R_W - \frac{R_j \times R_w}{100} \qquad (3-11)$$

式中：S——试样面积尺寸变化率；

R_j、R_w——分别为试样经向、纬向尺寸变化率；

L_1——试样熨烫前标记间的平均距离，mm；

L_2——试样熨烫后标记间的平均距离，mm。

正号（＋）表示尺寸减小（试样收缩），负号（－）表示尺寸增大（试样伸长）。

（五）低压干热法

1. 检测准备

压烫机由一块可加热的金属平板与一个卧式底座组成，金属平板温度可在 100～210 ℃范围内调整，底座用导热性差、热容量低的材料包覆，如低密度的纺织衬垫做支撑的硅泡沫橡胶。试样托架由光滑、热容量低的柔性薄片材料制成，尺寸应大于热平板，且四周由不妨碍金属平板与底座接触的一个轻型框架固定。将试样放置在标准大气中调湿 24 h。

2. 放入试样

平放试样，测量试验前试样上各对标记间的距离，精确到 0.5 mm。将已测量距离的试样放在试样托上。

3. 测试

将一个已调湿的试样放在试样托上，抬起金属平板，将试样及试样托在卧式底座上定位，然后压紧金属平板。金属平板温度 150 ℃，压紧金属平板 20 s，压力 0.3 kPa，取下试样，测量试验后试样上各对标记间的距离，精确到 0.5 mm。

4. 记录与计算

将试验结果填入表 3-32。

表 3-32 低压干热法试验记录表

试验温度（℃）		处理时间（s）		压力（kPa）	
试验前标记间的距离（mm）					
试验后同一标记间的距离（mm）					
干热尺寸变化率（%）					

按下式计算：

$$干热尺寸变化率 = \frac{L_1 - L_0}{L_0} \times 100\% \qquad (3-12)$$

式中：L_0——试验前试样上标记间的距离，mm；

L_1——试验后试样上标记间的距离，mm。

分别计算每个试样各向的尺寸变化率的平均值,结果修约到小数点后一位。

(六) 落水变形法

1. 检测准备

压力为(1.2±0.2)kPa 的电熨斗,200 ℃的温度计,中间带槽的石棉板,浸渍盆,标准合成洗涤剂(符合 GB/T 8629—2001),最小分度值为 1 mm 的 30 cm 钢尺,精度为 0.001 g 的天平,双夹头衣架,量杯,耐水记号笔,秒表,落水变形标准样照(GSB 16-2926—2012)。

2. 照明和评级区

悬挂式荧光灯(两排 CW 冷白色荧光灯),无挡板或玻璃,每排灯管长度至少 2 m,并排放置。观测者站在试样正前方距离观测板 1.2 m,将试样沿经向方向垂直放置在观测板上,在试样的两侧各放置一块与之观察相似的落水变形评级标准样照,以便比较评级。具体如图 3-17 所示。

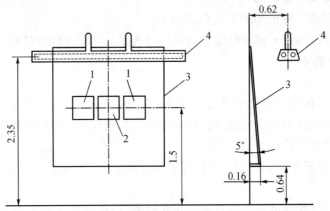

图 3-17　照明和评级区(单位:mm)

1—落水变形评级标准样照;2—试样;3—观测板(灰色);4—荧光灯

3. 试验步骤

(1) 把试样平放在桌面上,置于标准大气中调湿至少 24 h,从距布边至少 10 cm 部位,裁取 250 mm×250 mm 的无折皱试样 2 块,标注试样经纬方向及正反面。如因织物花型组织而影响织物局部落水变形时,试样应取含此花型完全组织的整数倍。

(2) 配置溶液,每 1 000 mL 水中加入 4 g 标准合成洗涤剂,浴比 1∶30。

(3) 将试样放入盛有温度为(25±2)℃的溶液的浸渍盆内,平铺浸渍 10 min(一次试验时同时浸入试样最多 6 块),然后用双手执其相邻两角,逐块提出液面(试验过程中避免造成人为折皱)。

(4) 将试样置于温度 20～30 ℃的清水中,用手执其相邻两角,在水中上下摆动,经纬向各反复操作 5 次,逐块提出液面,再在清水中清洗一次,操作同前。

(5) 试样在滴水状态下,用夹子夹住试样经向两角(试样呈自然悬垂状态,避免张力),在室温下,将试样悬挂起来晾干,晾干到与原样质量相差±2%,放置恒温恒湿室内平衡 6 h 以上。

(6) 将试样放在熨垫上,织物正面朝上,将熨斗加热在 155 ℃再降温到(150±2)℃,熨斗压在试样上,各个部位的熨烫时间为 10 s,试样各部位受力均匀,避免熨斗在试样上面来回及重复熨烫。

(7)用夹子夹住试样经向两角(试样呈自然悬垂状态,避免张力),放置恒温恒湿室(温度(20±2)℃,相对湿度(65±4)%)内平衡4h后,对照落水变形标准样照进行评级。

4.记录与计算

(1)依据落水变形评级样照评级,当试样的外观起泡程度处于标准样照两个整数等级的中间而无半个等级的标准样照时,可用两个整数之间的中间等级表示。

(2)在暗室环境内,将试样与落水变形标准样照对比进行评级。3名观察者独立地对每个试样进行评级,将3名观察者对2块试样的6个评级结果进行平均,报告平均值,精确到半级。

(3)纺织制品上花型或印花图案可能影响试样外观起泡程度的判定,评级以试样的视觉外观起泡程度为基础,不忽略花型或图案带来的影响。

(4)如果在评级的试样上有人为折痕,应当忽略。如带有人为折痕的试样与平行试样的评级结果相差1级以上,需另取试样重新试验。

将试验结果填入表3-33。

表3-33　评级记录表

试样号	1	2
评价员A评级		
评价员B评级		
评价员C评级		
平均级数		

思考题

3-1　简述影响织物折痕回复性的因素。

3-2　简述影响织物悬垂性的因素。

3-3　简述影响织物平挺性的因素。

3-4　简述影响织物的褶裥持久性的因素。

3-5　简述影响织物起毛起球、脱毛和钩丝性的因素。

3-6　简述影响织物缩率的因素。

参考文献

[1]GB/T 3819—1997,纺织品 织物折痕回复性的测定[S].

[2]GB/T 23329—2009,纺织品 织物悬垂性的测定[S].

[3]GB/T 13770—2009,纺织品 评定织物经洗涤后褶裥外观的试验方法[S].

[4]GB/T 15552—2015,丝织物试验方法和检验规则[S].

[5]GB/T 8629—2017,纺织品 试验用家庭洗涤干燥程序[S].

[6]GB/T 8631—2001,纺织品 织物因冷水浸渍而引起的尺寸变化的测定[S].

[7]FZ/T 20021—2012,织物经汽蒸后尺寸变化试验方法[S].

[8]FZ/T 20014—2010,毛织物干热熨烫尺寸变化试验方法[S].

[9]GB/T 17031.2—1997,纺织品 织物在低压下的干热效应[S].

织物的生态安全性

生态纺织品既代表了当今时代全球消费和生产的新潮流,又成为发达国家利用绿色壁垒限制进口的重要手段。我国加入 WTO 后,绿色壁垒对轻纺产品贸易的影响更为突出。我国是纺织品生产大国,纺织品又是我国出口创汇的重要商品。因此,加强对生态纺织品标准的研究,针对国际纺织品贸易出现的新形势、新情况,尽快制定有效的应对措施,是冲破国外技术壁垒和促进对外贸易发展的一个十分紧迫的问题。在当前国际贸易竞争十分激烈的形势下,要使我国纺织品对外贸易有新的发展,必须对国际贸易中出现的新情况和国外对新兴贸易设限的有关法律法规,以及世界各国的安全保护法规、生态标准、标签法规、生态环保法规、动植物卫生检疫法规等进行认真的研究,结合我国国情制定应对措施。这对于促进我国轻纺产品出口,增强企业国际市场竞争能力,促进外向型经济持续稳定发展,都具有十分重要的意义。

一、纺织品中生态毒性物质的来源

纺织品中生态毒性物质的来源是多方面的,它包括水质、大气、农药的使用、土壤的污染和纺织品生产加工过程中的化学处理及其贮存等,主要的来源是生产加工过程。

天然纤维在生长过程中从土壤和大气中吸收了重金属,由于生长环境不同,纤维中重金属的含量也有所不同。用于羊毛的媒染料的铬盐后处理剂等含有重金属,用于印染工艺的氧化剂、催化剂也含有重金属。因此,重金属的来源有多种,主要来源是某些染料。纺织品上存在的杀虫剂和除草剂等农药,一般都是在纤维生长过程中为防止病虫害和根除杂草使用后被吸收而带入纤维的,虽然经过各种处理,但仍有可能残留在产品上。在棉纺织品的直接染料或活性染料染色中,为提高耐湿摩擦色牢度,通常使用含甲醛的阳离子树脂进行后处理,由此带来了游离甲醛释放问题。在涂料印花工艺中,可能使用含有甲酯的交联剂,而涂料印花所采用的催化剂又增大了游离甲醛的释放。因此,用于纤维素纤维为主的织物的防缩防皱整理的交联剂是游离甲醛的主要来源。

二、纺织品中有害物质的分类及危害

纺织生态学研究的一个重要内容,就是要确定纺织品中哪些物质对人体有害及其危害的程度。这是一个十分复杂的课题。根据 Oeko-tex 标准 100 及相关资料,目前人们认为纺织品中对人体有害的物质可归纳为以下四大类:

（一）致癌性物质

纺织品上含有的致癌性物质主要是指使用的一些染料、助剂。实际上,大部分合成染料是以偶氮结构为基础的,其本身并无直接的致癌作用。但人们经过长期研究和临床试验,证明一些偶氮染料中可还原出的芳香胺对人体或动物有潜在的致癌性,其致癌过程包括:纺织品上的这类偶氮染料与人体长期接触时,被皮肤吸收,在某些特殊的条件下,经人体正常代谢过程分泌物质的生化作用而发生分解还原,形成致癌芳香胺,通过体内代谢作用使细胞的脱氧核糖核酸(DNA)发生改变,成为病变的诱发因素。表4-1所列的芳香胺就是致癌性物质。

表4-1　致癌芳香胺

中文名	英文名	CA 序列号
MAKⅢ,A1 类		
4-氨基联苯	4-aminobiphenyl	92-67-1
联苯胺	benzdine	92-87-5
4-氯-2-甲基苯胺	4-chloro-o-toluidine	95-69-2
2-萘胺	2-naphthylatnine	91-59-8
MAKⅢ,A2 类		
2-甲基-4[(2-甲基-苯基)偶氮]苯胺	o-aminoazotoluene	97-56-3
2-氨基-4-硝基甲苯	2-amino-4-nitrotoluluene	99-55-8
对氯苯胺	p-chloroaniline	106-47-8
2,4-二氨基苯甲醚	2,4-diaminoanisole	615-05-4
4,4′-二氨基二苯甲烷	4,4′-dia minodiphenylmethane	101-77-9
3,3′-二氯联苯胺	3,3′-dichlorobenzidine	91-94-1
3,3′-二甲氧基联苯胺	3,3′-dimethoxybenzidine	119-90-4
3,3′-二甲基联苯胺	3,3′-dimethylbenzidine	119-93-7
3,3′-二甲基-4,4′-二甲基二苯甲烷	3,3′-dimethyl-4,4′-diaminodiphenylmethane	838-88-0
2-甲氧基-5-甲基苯胺	p-cresidine	120-71-8
3,3′-二氯-4,4′-二氨基二苯甲烷	4,4′-methylene-bis-2-chloroaniline	101-14-4
4,4′-二氨基二苯醚	4,4′-oxydianiline	101-80-4
4,4′-二氨基二苯硫醚	4,4′-thiodianiline	139-65-1
邻甲基胺	o-toluidine	95-53-4
2,4-二氨基甲苯	2,4-toluylendiamine	95-80-7
2,4,5-三甲基苯胺	2,4,5-trimethylaniline	137-17-7
邻氨基苯甲醚	o-anisidine	90-04-0
2,4-二甲基苯胺	2,4-xylidine	95-68-1
2,6-二甲基苯胺	2,6-xylidine	87-62-7

还有一些染料，它们直接与人体或动物接触就会引起癌变，即致癌染料，见表4-2。

表4-2　致癌染料

染料索引名	染料索引结构号	CA 系列号	染料索引名	染料索引结构号	CA 系列号
C. I. 碱性红 9	42500	25620-78-4	C. I. 直接红 28	22120	573-58-0
C. I. 酸性红 26	16150	3761-53-3	C. I. 分散黄 3	11855	2832-40-8
C. I. 直接黑 38	30235	1937-37-7	C. I. 分散蓝 1	64500	2475-45-8
C. I. 直接蓝 6	22610	2602-46-2	—	—	—

目前，被德国及 Oeko-tex 标准 100 禁止使用的，可分解为致癌芳香胺的染料已达 118 种。纺织品中还有一些物质被怀疑为致癌物，见表4-3。

表4-3　纺织品上常见的其他可疑致癌物

化学名称	其他名称	在纺织工业中的用途
甲醛	福尔马林	防腐剂、各种 N-羟甲基树脂整理剂、缩胺型固色剂、自交联黏合剂、阻燃剂、防水剂
三-(氮杂环丙基)氧化膦	APO	阻燃剂
三-(2，3-二溴丙基)磷酸酯	TDBPP	阻燃剂
多溴联苯	—	阻燃剂

其中，人们对甲醛并不陌生。由于它具有活泼的反应性能，被广泛用作反应剂。但是，甲醛是一种被证明的有毒物质，它是多种过敏症的引发物，并可能会诱发癌症。据报道，在空气中含有 10% 以上的甲醛或聚甲醛和少量氯化氢、醋酸及水分，就有可能形成"双一氯二甲基"结构（简称 BCMF）的致癌物。甲醛对生物细胞的原生质有害，它可与生物体内的蛋白质结合，改变蛋白质结构并将其凝固。所以，含甲醛的纺织产品在人们穿着过程中会逐渐释放出游离甲醛，对呼吸道黏膜和皮肤产生强烈刺激，引发呼吸道炎症和皮炎，最典型的表现是咳嗽。另外，甲醛对眼睛的刺激也很强烈，一般当大气中的甲醛浓度达到 4.00 mg/kg 时，人的眼睛就会感到不适。

（二）环境荷尔蒙（环境激素）

环境荷尔蒙是一类对人体健康和生态环境极其有害的物质，它会严重扰乱人类和动物的内分泌与发育，使内分泌系统发生异常，所以也称为内分泌扰乱物质。环境荷尔蒙的种类很多。在纺织品上已被 Oeko-tex 标准 100 限制使用的环境荷尔蒙，有某些氯代有机载体、增塑剂、杀虫剂和重金属。

1. 氯代有机物

表4-4 列出的是氯代有机载体和氯代苯酚。这些物质被用作纺织品、皮革生产过程中的防霉剂、防腐剂、杀菌剂、阻燃剂和抗静电剂等。这些氯代物与人体接触后有致畸和致变异作用，而且生物降解性差的助剂积聚起来，会对环境产生严重影响。如五氯苯酚（PCP），它是主要的防霉剂和防腐剂，试验证明它是一种毒性化合物，具有相当大的毒性，带有致畸和致癌性，并且其自然降解过程缓慢，穿着时残留物会通过皮肤接触，在人体内产生生物累积，危害人的健康；漂洗时，它会随废水对环境产生污染，有数据表明，当表面活性剂使得水的表面张力下降

到 50 mN/m 时,鱼类就难以生存了;燃烧时,它会释放二噁英类化合物。

表 4-4　氯代有机载体和氯代苯酚

中文名	英文名	中文名	英文名
二氯苯	dichlorobenzene	三氯甲苯	trichlorotoluene
三氯苯	trichlorobenzene	四氯甲苯	tetrachlorotoluene
四氯苯	tetrachlorobenzene	五氯甲苯	pentachlorotoluene
五氯苯	pentachlorobenzene	多氯联苯	polychlorobiphenyl
六氯苯	hexachlorobenzene	五氯苯酚	pentachlorphenol
氯甲苯	chlorotoluene	2,3,5,6-四氯苯酚	2,3,5,6-Tetrachlorphenol
二氯甲苯	dichlorotoluene	—	—

2. 增塑剂

某些增塑剂是被确定的环境荷尔蒙,见表 4-5。这些物质主要通过塑料配件的形式存在于纺织品上,被儿童尤其是婴幼儿接触或吸吮后进入体内,会影响其正常发育,对身体构成危害。

表 4-5　对人体有害的增塑剂

中文名	英文名	CA 系列号
邻苯二甲酸二异壬酯	di-iso-nonylphthalate	28553-12-0
邻苯二甲酸二正辛酯	di-n-octyl phthalate	117-84-0
邻苯二甲酸二(2-乙基己酯)	di-(2-ethylhexy)-phthalate	117-81-7
邻苯二甲酸二异癸酯	di-iso-decyl-phthalate	26761-40-0
邻苯二甲酸-丁酯-苄酯	butyl-benzyl-phthalate	85-68-7
邻苯二甲酸二正丁酯	di-butyl-phthalate	84-74-2

3. 杀虫剂

表 4-6 所列是 Oeko-tex 标准 100 限制使用的杀虫剂。这些农药一般均为有机卤素化合物,具有毒性,虽经各种加工处理,但很难全部去除。这些杀虫剂对人体的毒性大小并不相同,而且与纺织品上残留量的多少有关,其中有些极易通过皮肤吸收,在体内积聚,成为导致癌变的潜在危险,如高丙体六六六被认为是一种会诱发癌症的杀虫剂。因此,世界各国都对以含氯化合物为主的有毒杀虫剂进行严格限制,并使用除虫菊酯、有机磷等易降解农药代替,这极大地降低了纺织品被农药污染的可能性。

表 4-6　限制使用的杀虫剂

中文名	英文名	CA 系列号
2,4,5-三氯苯氧基乙酸	2,4,5-T	93-76-5
2,4-二氯苯氧基乙酸	2,4-D	94-75-7
艾氏剂	aldrine	309-00-2

续表

中文名	英文名	CA 系列号
甲萘威	carbaryl	63-25-3
羟二萘基二硫醚	DDD	53-19-0，72-54-8
双氯双(氯)苯基乙烯	DDE	3424-82-6，72-55-9
双对氯苯基三氯乙烷	DDT	50-29-3，789-02-6
狄氏剂	dieldrine	60-57-1
硫丹	endosulfan	115-29-7
β-硫丹	β-endosulfan	33213-65-9
异狄氏剂	endrine	72-20-8
七氯	heptachlor	76-44-8
七氯代环氧化合物	heptachlorepoxide	1024-57-3
六氯苯	hexachlorobenzene	118-74-1
α-六六六	α-hexachlorocyclohexane	319-84-6
β-六六六	β-hexachlorocyclohexane	319-85-7
γ-六六六	γ-hexachlorocyclohexane	319-86-8
高丙体六六六	lindane	58-89-9
甲氧滴滴涕	methoxychlor	72-43-5
灭蚁灵	mirex	2385-85-5
毒杀芬	toxaphen	8001-35-2
氟乐灵	trifluralin	1582-09-8

4. 重金属

表 4-7 列出了 Oeko-tex 标准 100 限制使用的重金属种类。某些痕量重金属在小剂量时是维持生命必不可少的元素,但在高浓度时则对人体有毒害。纺织品上残留的重金属与人体接触后一旦被吸收,则倾向累积于肝、肾、心、骨骼和大脑中,当累积至一定程度后,便会对健康造成极大的损害,对儿童的伤害尤其严重,因为儿童对重金属有较高的消化吸收能力。一些服装或包袋的配件,如纽扣、拉链、泡钉等,因其在电镀后或本身就含有 Ni,在与人体长期接触中会引起皮肤严重的斑痕。

表 4-7　限制使用的重金属

名称	化学符号	在纺织品上的来源	名称	化学符号	在纺织品上的来源
锑	Sb	阻燃剂	铜	Cu	染料、纽扣等饰物
砷	As	棉花生长过程	镍	Ni	纽扣等饰物
铅	Pb	棉花生长过程	汞	Hg	棉花生长过程
镉	Cd	棉花生长过程	三丁基锡	TBT	杀菌剂、防腐剂
铬	Cr	媒染剂、染料、氧化剂、纽扣等饰物	三苯基锡	DBT	杀菌剂、防腐剂
钴	Co	催化剂、染料	—	—	—

5. 其他

在 Oeko-tex 标准 100 限制使用的环境荷尔蒙物质之外,纺织品生产过程中使用的整理剂和一些助剂中都可能含有环境荷尔蒙物质,有人把它称为"准"环境荷尔蒙,见表 4-8。

表 4-8　其他常见"准"环境荷尔蒙

中文名	英文名	用途
多溴联苯	polybrominated biphenyl	阻燃剂
烷基酚	alkyl phenol	非离子表面活性剂
双酚 A	biphenol A	树脂
二苯甲酮	benzophenone	抗紫外线整理剂
拟除虫菊酯	—	防虫整理剂

虽然当今纺织工业大量使用的烷基酚、乙烯氧化物类表面活性剂的环境荷尔蒙问题在国际上尚有争议,但美国、日本和欧盟国家都把它们列为监控和待评价的"准环境荷尔蒙物质"。实际上,上述物质中含有毒性是毋庸置疑的,它们会刺激皮肤和损伤黏膜,含氮有机物和含酚物质有致畸和致变异性的可能,氯乙烯被怀疑是致癌物质。当然,任何物质的毒性还与其浓度相关,应注意高浓度的使用安全和避免高浓度排放。

(三) 过敏物质

自然界中有许多能使人发生过敏反应的物质,如某些花粉、药品、海产品等,在纺织品上主要是一些染料和助剂。这些染料存在于纺织品上,人体接触到过敏物质后,会产生过敏现象,如皮肤红肿、湿疹等,也会影响呼吸道,严重的会引起呼吸衰竭,甚至危及生命。国际上多有报道因接触纺织品上过敏物质后发生的过敏病例。因此,国际市场规定纺织品上过敏染料的含量必须控制在 0.006% 以下。Oeko-tex 标准 100 中被禁止使用的过敏染料有 20 种,见表 4-9,这些染料全部是分散染料。

表 4-9　被禁用的过敏染料

染料索引名	染料索引结构号	CA 系列号	染料索引名	染料索引结构号	CA 系列号
C. I. 分散蓝 1	64500	2475-45-8	C. I. 分散橙 37	—	—
C. I. 分散蓝 3	61505	2475-46-9	C. I. 分散橙 76	—	—
C. I. 分散蓝 7	62500	3179-90-6	C. I. 分散红 1	11110	2872-52-8
C. I. 分散蓝 26	63305	—	C. I. 分散红 11	62015	2872-48-2
C. I. 分散蓝 35	—	—	C. I. 分散红 17	11210	3179-89-3
C. I. 分散蓝 102	—	—	C. I. 分散黄 1	10345	—
C. I. 分散蓝 106	—	—	C. I. 分散黄 3	11855	2832-40-8
C. I. 分散蓝 124	—	—	C. I. 分散黄 9	10375	6373-73-5
C. I. 分散橙 1	11080	2581-69-3	C. I. 分散黄 39	—	—
C. I. 分散橙 3	11005	730-40-5	—	—	—

据有关资料介绍,国际上公认的过敏染料有 26 种,其中 25 种为分散染料,1 种为酸性染料。其实,文献报道过的过敏染料远不止 26 种,只是有些染料的身份和过敏性有待进一步研究确认。表 4-10 列出了有关资料报道的过敏染料。

表 4-10　有关资料报道过的过敏染料

染料名称	染料名称	染料名称	染料名称
酸性黄 61	酸性红 359	碱性黑 1	活性紫 5
酸性红 118	活性蓝 21	分散蓝 153	活性红 123
双偶氮橙(直接)染料	活性黄 17	分散橙 13	活性红 238
亮绿(直接)染料	活性黑 5	碱性棕 1	活性蓝 238
活性青绿	活性橙 107	直接橙	活性红 244
中性铬红(酸性)染料	活性蓝 122	—	—

为什么被禁用的过敏染料都是分散染料？据分析,可能与它们不溶于水、具有脂溶性、容易被人体皮肤吸收有关。Oeko-tex 标准 100 中禁用的染料没有涉及活性染料,但有关资料报道中的过敏染料包括活性染料,可能因为大部分活性染料都存在水解反应,一旦一些染料没有与纤维发生化学反应,纤维上存在的浮色就有可能被人体皮肤吸收,从而发生作用,产生过敏反应。

（四）　其他有害物质

纺织品上的有害物质还包括织物酸度(pH 值)和异味等。人体的皮肤一般呈弱酸性,可以抵御病菌的入侵。因此,纺织品的 pH 值控制在中性及弱酸性对皮肤是最为适宜的。若纺织品呈较强的酸性或碱性,就会损伤皮肤,同时使纺织品自身品质受到影响。纺织品生产过程中如果使用的药剂不当,发出气味,则表明存在于纺织品上的残留量较大,这对人体的影响是很大的。Oeko-tex 标准 100 中限制使用的一些有机挥发物见表 4-11。另外,纺织品发霉会散发出霉味,表明有可能已变质。

表 4-11　限制使用的一些有机挥发物

中文名	英文名	纺织品上的来源
甲苯	toluol	涂层
苯乙烯	styrol	涂层
乙烯基环己烷	vinylcyclohexane	涂层
苯基环己烷	4-phenylcyclohexen	涂层
丁二烯	butadiene	涂层
氯乙烯	vinylchloride	涂层
芳香烃	aromatic hydrocarbons	涂层
有机挥发物	organic volatiles	涂层、涂料印花、化学整理

一些室内纺织用品如桌布、沙发、床上用品、地毯等,会释放出很多对人体有害的物质,如果室内空气不流通,有害物质积聚起来,形成很高的浓度,就会造成室内空气污染,会危害人们的健康。因此,异味必须加以限制,只能允许微量存在。

三、牢度检测常用术语

（一）　标准深度

一种公认的深度标准系列。评定染料的染色牢度,应将染料在纺织品上染成规定的色泽浓度,才能进行比较。这是因为色泽浓度不同,测得的牢度是不一样的。例如浓色试样的耐晒色牢度比淡色试样的高,耐摩擦色牢度的情况则与此相反。为了便于比较,应将试样染成一定浓度的色泽。主要颜色各有一个规范的标准浓度参比标样,其染色浓度写成"1/1"。一般染料染色样卡中所载的染色牢度都注有"1/1""1/3"等。"1/3"的染色浓度为"1/1"染色浓度的 1/3。同一标准深度的颜色,在心理感觉上是相等的,使色牢度可在同一基础上进行比较。

(二) 贴衬织物

在色牢度试验中,为判定染色物对其他纤维的沾色程度,和染色物缝合在一起形成组合试样,共同进行处理的未染色的白色织物。

(三) 蓝色羊毛标准

在耐光色牢度试验中,为评定染色物的色牢度级别,和染色物一起暴晒的蓝色羊毛织物。这些蓝色羊毛织物是用规定的染料染制而成的,具有 1～8 级的耐光色牢度。

(四) 变色

经过一定的处理后,染色物的颜色在色光、深度或鲜艳度方面的变化,或这些变化的综合结果。

(五) 沾色

经过一定的处理后,染色物上的颜色向相邻的贴衬织物上转移,对贴衬织物的沾污。

(六) 色牢度评级

根据色牢度试验时染色物的变色程度及对贴衬织物的沾色程度,对纺织品的染色牢度进行评定。如耐光色牢度为 8 级,而耐洗、耐摩擦色牢度等为 5 级。级数越高,表示色牢度越好。

(七) 评定变色用灰色样卡

在色牢度试验中,为评定染色物的变色程度而使用的标准灰色样卡,一般称为变色灰卡。

(八) 评定沾色用灰色样卡

在色牢度试验中,为评定染色物对贴衬织物的沾色程度而使用的标准灰色样卡,一般称为沾色灰卡。

第一节　织物的阻燃性

随着社会的发展,各类纺织品的消费量迅速增长,尤其是铺饰织物的需求量与日俱增。但与此同时,常用纺织纤维在未经特殊整理之前所制成的织物,基本上都属于易烧或可燃的,真正的不燃纤维只有石棉、玻璃纤维、碳纤维及特种合成纤维等。由于纺织品的易燃而导致火灾,许多生命和财产付之一炬,构成对消费者生命和财产的严重威胁。据报道,在城乡发生的火灾事故中,由于易燃性的纺织品如地毯、窗帘、床上用品等直接或间接引发的火灾事故占40%以上,造成的死亡人数占 61% 左右。为此,世界各发达国家早在 20 世纪 60 年代就对纺织品提出了阻燃要求,并制定了各类纺织品的阻燃标准和消防法规,从纺织品种类及使用场所来限制非阻燃纺织品的使用。显然,研究纺织品的可燃性,提高其耐燃性,对于确保消费者的安全,都具有重要的现实意义。

传统上,按照织物试样的放置方式不同可分为氧指数法、垂直法、火焰蔓延法、水平法、表面燃烧法、45°倾斜法等,根据织物的用途及阻燃要求选择。

一、测试指标、标准及试样准备

(一) 测试指标

阻燃性是指材料抵抗燃烧的性能。纺织品的阻燃性可以是纺织品材料本身固有的一种特性,也可以是纺织品经过一定的处理(如阻燃整理)后所获得的改善后的特性,但从安全性角度对其进行评价时,则一般没有区分的必要。纺织品耐燃性的评价项目可归纳为引燃、火焰的蔓延、能量、燃烧产物四个方面,每个方面都有许多具体的测试指标(表4-12)。这些测试项目的试验结果因试样与火焰的几何位置、火源种类等燃烧条件,以及所用的燃烧试验方法不同而异,所以它们之间的相关性不大。在表4-12所列的测试指标中,最小点燃时间、火焰蔓延时间、发烟速率、毒气逸出量、经燃烧或接触热源后材料损毁面积(或长度),对人们能否在危险出现时安全地撤离有实际意义,这些指标已越来越受到人们的重视。

表 4-12 纺织品阻燃性的评价项目与指标

评价项目	测试指标	测试指标的含义(在规定的试验条件下)
引燃	点着温度	使材料持续燃烧的最低温度
	最小点燃时间	材料暴露于点火源中获得持续燃烧的最短时间
火焰的蔓延	火焰蔓延时间	火焰在燃着的材料上蔓延规定距离所需的时间
	续燃时间	移开(点)火源后材料持续有焰燃烧的时间
	阴燃时间	当有焰燃烧终止后,或者移开(点)火源后材料持续无焰燃烧的时间
	面积燃烧速率	单位时间内材料烧着的面积
	质量燃烧速率	材料在燃烧过程中单位时间内的质量消耗或其他损失
	损毁面积	材料因受热而产生的不可逆损伤部分的总面积,包括材料损失、收缩、软化、熔融、炭化、烧毁或热解等
	损毁长度	材料损毁面积在规定方向的最大长度
	极限氧指数 LOI	氧氮混合物中材料刚好能保持燃烧状态所需要的最低氧浓度
能量	释热(实际热值)	一定量的材料燃烧时释放的热能
	释热速率	单位时间内材料燃烧时释放的热能
燃烧产物	发烟性	最大消光系数 C_s	$$C_s = 2.303\left(\frac{1}{L}\right)\lg\left(\frac{T_0}{T}\right)$$ T_0 为无烟时的可见光透过率;T 为发烟量最大时的透过率
		发烟量 C	$C = C_s V$ 或 $C = KW$ V 为烟雾体积;K 为发烟系数;W 为试样减少的质量
		发烟速率 R	$$R = \frac{dC}{dt} = K\frac{dW}{dt}$$ $\frac{dW}{dt}$ 为燃烧速率
	燃烧气的毒性	仪器分析法	毒性系数 $T = \frac{V_t}{m}\sum_{i=1}^{n}\left(\frac{C_d}{C_f}\right)i$ m 为燃烧纤维质量;V_t 为气体总体积;C_d 为毒气浓度;C_f 为对人致死浓度
		生物分析法	实验动物半数致死所需试样量

（二） 测试标准

我国在研究和吸收国际标准和工业发达国家先进标准的基础上,已正式颁布了8个适用于纺织品阻燃性评价的试验方法标准。测定燃烧性能的有GB/T 5454—1997(图4-1)、GB/T 5456—1997、GB/T 8745—2001、GB/T 8746—2001(图4-2、图4-3)共4个,它们主要用于测定未经阻燃处理织物的各种燃烧性能(如氧指数、火焰蔓延时间、最小点燃时间、续燃时间、阴燃时间等),但氧指数法对经过或未经过阻燃处理的织物均适用。测定阻燃性能的有 GB/T 5455—2014,只适用于测定经过阻燃处理的织物。测定铺地织物燃烧性能的有 GB/T 11049—2008、GB/T 11785—2005、GB/T 14644—2014。名词术语标准有 GB 5705~5707—1985 及 GB/T 5708—2001。目前,尚有烟浓度试验方法标准在制定中。

（三）试验方法和试样要求、试验设备、试验原理及适用范围

几种常用的纺织品阻燃性试验方法列于表 4-13 中,并对其试样要求、试验设备、试验原理及适用范围作重点介绍。

表 4-13　几种常用的纺织品阻燃性试验方法

试验方法	试样要求	试样调湿	试验温湿度	试验设备	试验原理	适用范围
氧指数法	158 mm×50 mm,一般经纬向各 5 块,特殊情况下经纬向各 10 块	(20±2)℃、相对湿度(65±2)%标准大气中平衡 24 h 以上。也可按照各方商定条件处理	10~30℃,相对湿度 30%~80%	氧指数测定仪(图 4-1)	用试样夹将试样垂直夹持于透明燃烧筒内,其中有向上流动的氧氮气流。点燃试样上端,观察随后的燃烧现象,并与规定的极限值比较其持续燃烧时间或损毁长度。通过不同氧浓度中一系列试样的试验,可测得维持燃烧时用氧气百分含量表示的最低氧浓度值(极限值为损毁长度 40 mm 或燃烧时间 2 min),试样中要有 40%~60%超过规定的续燃和阴燃时间或损毁长度	经阻燃处理或未经阻燃处理的各种织物,如机织物、针织物、非织造织物等
垂直方向试样火焰蔓延性能的测定	560 mm×170 mm,经纬向各 3 块。若织物两面不同,则应另取一组试样,同时试验试样正反面	(20±2)℃、相对湿度(65±2)%标准大气中平衡 8~24 h(视织物厚薄而定)	15~30℃,相对湿度 15%~80%	垂直试验箱(图 4-2)	用规定的点火器产生的规定点火火焰,按规定点火时间对垂直向上的纺织试样点火,火焰在试样上蔓延至标记线之间规定距离所用的时间,为火焰蔓延时间(以秒计)。亦可同时观察测定试样的续燃时间、阴燃时间等其他指标	单组分或多组分的服装、窗帘、帷幔等织物
垂直法(阻燃性能测定)	300 mm×80 mm,长边与经向或纬向平行,经纬向各 5 块	(20±2)℃,相对湿度(65±2)%标准大气中平衡 8~24 h,也可按各方商定条件处理	10~30℃,相对湿度 30%~80%	垂直燃烧试验仪(图 4-3)	将试样放入试样夹中后垂直悬挂于试验箱中,用点火器在试样中间正下方点燃试样,经规定时间后撤去点火器,测定续燃时间,如有阴燃,续燃熄灭后再测阴燃时间。取出试样,先沿其长方向炭化处对折,再在试样下端规定距离处钩挂与试样单位面积质量相称的重锤,用重锤的冲击作用使试样断开,其断开长度即为损毁长度	有阻燃要求的服装织物、装饰织物、帐篷织物等
垂直方向试样易点燃性能的测定	80 mm×80 mm 或 200 mm×80 mm,试样数量应保证每种试样经纬向至少获得 5 个点燃和 5 个未点燃结果	(20±2)℃,相对湿度(65±2)%标准大气中平衡 8~24 h,也可按各方商定条件处理	10~30℃,相对湿度 15%~80%	垂直试验箱	由规定的燃烧器产生规定点燃火焰,施加于垂直试样上,所测得的平均用于点燃试样的时间的最小值,即为最小点燃时间	单组分或多组分的服装、窗帘、帷幕等织物

续表

试验方法	试样要求	试样调湿	试验温湿度	试验设备	试验原理	适用范围
水平法试样火焰蔓延性能的测定	350 mm×100 mm,长边与经向或纬向平行,经纬向各5块	(20±2)℃,相对湿度(65±2)%标准大气中平衡8~24 h,也可按各方商定条件处理	15~30℃,相对湿度30%~80%	水平燃烧性能测试仪	在规定的试验条件下,对水平方向的试样点火15 s,测定火焰在试样上的蔓延距离和蔓延此距离所用的时间	经阻燃处理或未经阻燃处理的各种织物(如机织物、针织物、非织造织物等)
45°倾斜法	150 mm×50 mm,长边与经向或纬向平行,经纬向各5块	(20±2)℃,相对湿度(65±2)%标准大气中平衡8~24 h,也可按各方商定条件处理	10~30℃,相对湿度15%~80%	纺织品燃烧试验仪	在规定条件下,将试样倾斜成45°,对试样点火1 s,将试样火焰向上燃烧一定距离所需的时间,作为评定该纺织品燃烧剧烈程度的指标	单组分或多组分的服装用纺织品

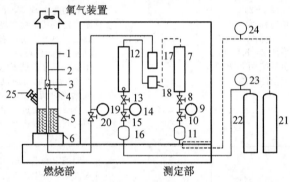

图 4-1　氧指数测定仪

1—燃烧筒　2—试样　3—试样支架　4—金属网　5—玻璃珠　6—燃烧筒支架
7—氧气流量计　8—氧气流量调节器　9—氧气压力计　10—氧气压力调节器
11,16—清洁器　12—氮气流量计　13—氮气流量调节器　14—氮气压力计
15—氮气压力调机器　17—混合气体流量计　18—混合器　19—混合气体压力计
20—混合气体供给调节器　21—氧气钢瓶　22—氮气钢瓶　23,24—减压阀　25—混合气体温度计

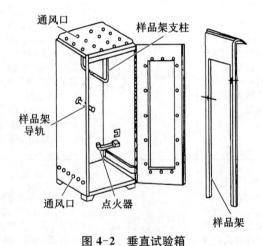

图 4-2　垂直试验箱

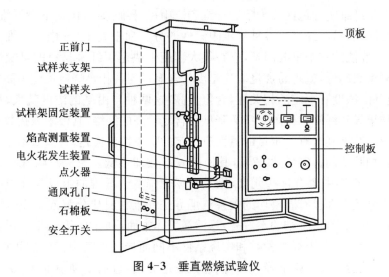

图4-3　垂直燃烧试验仪

其中标注：顶板、正前门、试样夹支架、试样夹、试样架固定装置、焰高测量装置、电火花发生装置、点火器、通风孔门、石棉板、安全开关、控制板

（四）　燃烧性能等级评定

美国联邦技术性法规16CFR1610规定了服用织物易燃性的测试方法，并对划分服用织物易燃性等级的方法作了详细的规定（表4-14）。该规定明确指出了何种易燃性织物不适用于服装制品，规定的测试方法适用于服用织物可燃性试验，但不适用于帽子、手套、袜子和服装衬里料。

表4-14　易燃性等级与划分准则

易燃性等级	划分准则	适用范围	备注
等级1 （一般易燃性）	火焰蔓延时间≥3.5 s	不含绒、软毛、毛绒簇和棉绒的织物及其他表面没有凸起纤维的织物	可用于服装制品
	火焰蔓延时间≥7 s，或表面燃烧虽然迅速（0～7 s），但火焰强度不能点燃或熔融基底	含绒、软毛、毛绒簇和棉绒的织物及其他表面没有凸起纤维的织物	—
等级2 （中等易燃性）	火焰蔓延时间为4～7 s（含基底的燃烧时间、熔融时间）	含绒、软毛、毛绒簇和棉绒的织物及其他表面没有凸起纤维的织物	可用于服装制品，但谨慎使用，因纺类织物的易燃性测试结果会随织物特性而变化
等级3 （快速剧烈燃烧）	火焰蔓延时间＜4 s	不含绒、软毛、毛绒簇和棉绒的织物及其他表面没有凸起纤维的织物	—
	火焰蔓延时间＜4 s，且火焰强度足以燃烧或熔融基底	含绒、软毛、毛绒簇和棉绒的织物及其他表面没有凸起纤维的织物	此类织物被认为是易燃性的、危险的，因其快速、剧烈的燃烧性，不能用于服装制品

二、影响织物阻燃性的因素

影响织物阻燃性的因素主要有纤维材料、织物结构、阻燃加工及使用环境等。

（一）　纤维材料

纤维材料的阻燃性是织物阻燃性的基础。纤维材料阻耐燃性与其化学组成、分子结构有直接的关系。

各种纤维由于化学组成不同，其阻燃性也不同。通常，按燃烧时引燃的难易、燃烧速度、自熄性等特征,可将纤维定性地区分为阻燃纤维和非阻燃纤维:前者包括不燃纤维和难燃纤维,后者包括可燃纤维和易燃纤维。各种纤维阻燃性的分类列于表 4-15 中。纤维大分子的含氢量是影响其燃烧性能的一个重要因素,它在很大程度上决定了纤维材料的可燃性,通常,含氢量越高,极限氧指数越低,就越易燃烧。这是因为含氢量与气相燃烧链反应中高能量的氢自由基和氢氧自由基的浓度有一定的相关性,含氢量高,这两种自由基的浓度就大,从而有利于气相燃烧反应,结果导致纤维的极限氧指数降低。含氮量高的纤维,其极限氧指数也高。天然纤维中的羊毛和蚕丝,因其含有一定量的氮而有一定的阻燃性。但是,含氮量不是影响纤维燃烧性的唯一因素,如腈纶的含氮量达 22%,其极限氧指数却很低。氯、溴、磷、硫、锑等是较为重要的阻燃元素,若纤维中含有这些元素,则其可燃性降低。纤维的组成与纤维燃烧时的发烟性、燃烧气的成分及毒性也有着密切的关系。烟雾是纤维材料热分解或不完全燃烧时产生的固体、液体小颗粒(如炭粒、凝结的水汽等)悬浮在气体中而形成的一种溶胶。其密度、颜色、微粒的粒径及组分含量等都因纤维种类和燃烧条件不同而异。火灾中发生的死亡,大多数是燃烧产生的浓烟导致能见度急剧下降,使人们迷失逃避方向,进而因缺氧而吸入一氧化碳、氰化氢、氯化氢等毒气窒息的结果。因此,纤维的发烟性和燃烧气的毒性已成为评定阻燃纤维的重要指标。

表 4-15 各种纤维阻燃性的分类

分类		燃烧特征	极限氧指数	纤维
阻燃纤维	不燃纤维	不能点燃	>35%	玻璃纤维、金属纤维、硼纤维、石棉纤维、碳纤维等
	难燃纤维	接触火焰期间能燃烧或炭化,离开火焰后自熄	26%~34%	氯纶、氟纶、偏氯纶、改性腈纶、芳纶、氨纶、芳砜纶、酚醛纤维等
非阻燃纤维	可燃纤维	容易点燃,在火焰中能燃烧,但燃烧速率缓慢	20%~25%	涤纶、锦纶、维纶、蚕丝、羊毛、醋酯纤维、大豆蛋白纤维、牛奶蛋白纤维等
	易燃纤维	容易点燃,在火焰中燃烧速率很快,且迅速蔓延	<20%	棉、麻、黏胶纤维、丙纶、腈纶、竹原纤维、Tencel、Modal、铜氨纤维等

纤维材料在高温作用下裂解的可燃性气体越少,炭化残渣量越多,其燃烧性就越低。炭化倾向与纤维化学组成和分子结构有关。通常,含氢量低、芳香化程度高的纤维裂解时炭化率高,且炭化残渣量与极限氧指数关系如下:

$$LOI = \frac{17.5 + 0.4CR}{100}$$

其中:CR 是把纤维材料加热到 850 ℃时炭化残渣量的质量分数。

这种关系只适用于不含卤素的纤维,因为卤素的存在影响其燃烧机理。

（二）织物结构

一般,织物组织结构紧密,透气性小,不易与周围的空气充分接触,氧气的可及性低,燃烧就困难。同类组织规格的织物,单位面积质量越大,越不易燃烧。织物单位面积质量越大,织物燃烧的需氧量越多,但织物周围单位时间内氧气供给量基本维持不变,因此在空气中越难燃烧。

（三）阻燃加工

阻燃加工是指降低材料在火焰中的可燃性,减慢火焰蔓延速率,当火源移去后能很快自熄,不再阴燃。要达到阻燃目的,就必须切断由可燃物、热和氧气三要素构成的燃烧循环。

阻燃加工按照生产过程和阻燃剂的引入方法，大致可分为纤维的阻燃改性和织物的阻燃整理两类。

纤维的阻燃改性方法有共聚法、共混法、接枝改性法，以及改善成纤高聚物的热稳定性法。共聚法是在成纤高聚物的合成过程中，把含有磷、卤素、硫等阻燃元素的化合物作为共聚单体（反应型阻燃剂）引入纤维大分子链中，然后再将这种阻燃性共聚物用熔融纺丝或湿纺制成阻燃纤维。目前生产的阻燃涤纶、腈纶多用此法，阻燃持久性较好。共混法是将阻燃剂加入纺丝熔体或浆液中纺制成阻燃纤维，其工艺简单，阻燃持久性不如共聚法，但比后整理好得多，产品有阻燃丙纶和阻燃黏胶纤维等。接枝改性是用射线、高能电子束或化学引发剂使纤维与乙烯基型阻燃单体发生接枝共聚而制成阻燃纤维，是一种有效且持久的阻燃改性方法。接枝改性纤维的阻燃性与接枝单体的阻燃元素种类、化学结构及接枝部位有关。接枝改性后纤维强度几乎不降低且手感较好，但成本高。改善成纤高聚物的热稳定性，能提高其裂解温度，抑制可燃气体的产生，增加炭化程度，降低纤维的可燃性。

织物的阻燃整理是通过吸附沉积、化学键合、非极性范德华力结合及黏合作用，使阻燃剂固着在织物上而获得阻燃效果的加工过程。织物的阻燃整理主要有浸轧焙烘法、吸尽法（浸渍-烘燥法）、有机溶剂法、涂布法和喷雾法等。阻燃整理工艺简单，投资少，见效快，适合开发新产品，是一种应用最广的阻燃方法，但其往往对织物色光、手感和强力有一定不良影响，且阻燃持久性较差。阻燃整理广泛应用于纤维素纤维织物，获得了优良的效果。毛、丝织物因其纤维具有优良性能，尤其是具有一定的天然阻燃性，对阻燃整理的研究和应用很少，对其进行阻燃整理的目的在于进一步提高产品档次。合成纤维织物的阻燃通常较多地采用纤维的改性方法。

（四）　使用环境及其他因素

织物最终使用时的环境因素，如环境温度、湿度等，对其燃烧性也有一定的影响。通常，织物的极限氧指数随着环境温度的升高而降低，棉织物所受的这一影响尤为显著。织物的含湿量随着环境相对湿度的上升而增加，它会明显地降低燃烧速率，抑制火焰的蔓延。相对湿度对亲水性纤维如棉、维纶的燃烧性的影响比疏水性的涤纶、丙纶更显著，这是织物上的水分吸热气化的结果。然而黏胶纤维在湿空气中燃烧得较快，其原因尚不清楚。因此，测试织物的耐燃性时，必须调湿调温，这样才能得到可重演的较精确结果。

此外，印染加工中留给织物的各种助剂如油剂、浆料、涂料，甚至染料、污染物，都会增加织物的燃烧性。

三、试验程序

垂直燃烧法试验步骤：

（1）试验要在温度 10～30 ℃、相对湿度 30%～80%的大气中进行。接通电源及热源。

（2）将燃烧试验箱前门关闭，按下电源开关，指示灯亮。将条件转换开关放在火焰高度测量位置，打开气体供给阀门，连续按点火开关，点燃点火器。按启动开关，使点火器移动，打开左侧气孔门，用火焰高度测量装置测量并用气阀调节火焰高度为（40±2）mm。然后移开火焰高度测量装置，并将条件转换开关定在试验位置。检查续燃时间计是否为零位。

（3）将点燃时间计设定于 12 s 处。

（4）将试样放入试样夹中，试样下沿应与试样夹下端平齐。打开燃烧试验箱门，将试样夹连同试样，垂直悬挂于试验箱中。

（5）关闭燃烧试验箱门，此时电源指示灯亮，按点火开关，点燃点火器。待火焰稳定 30 s 后，按启动开关，使点火器移至试样中间正下方，点燃试样，此时距试样从密封容器内取出的时间必须在 1 min 以内。

（6）12 s 后，点火器恢复原位，续燃时间计即开始工作，待续燃停止时即按计时器的停止开关。计时器上所示数值×0.1 即为续燃时间，精确至 0.1 s。如有阴燃，待续燃熄灭（无续燃时则为点火器离开试样）即启动秒表，直至阴燃熄灭再停止秒表，测出阴燃时间，在阴燃未熄灭前，试样应保持静止状态，不能移动。

（7）打开燃烧试验箱前门，取出试样夹，卸下试样，先沿其长方向炭化处对折，然后在试样下端的一侧，距离边约 6 mm 处，用钩子挂上与试样单位面积质量相适应的重锤，用手缓缓提起试样下端的另一侧，使重锤悬空，再放下，测量试样断开长度，即为损毁长度。

（8）待测完的试样移开后，应清除燃烧试验箱中的烟、气及碎片，然后测试下一个试样。

第二节 织物的抗静电性能

在织物加工和使用过程中，纤维材料之间或纤维材料与其他物体接触摩擦，都会产生带电电荷；纤维材料受压缩或拉伸，或者其周围存在带电体，或者在空气中烘干，也会产生带电电荷。若电荷不断积累而未能消除，就会造成静电现象。合成纤维的回潮率较低，体积比电阻大大高于天然纤维，其纺织制品在加工和使用中容易产生静电（表 4-16）。天然纤维及再生纤维的纺织制品有较好的抗静电性，但在干燥环境中仍会产生明显的静电现象。静电不仅使纺织品加工困难，使用中易吸尘沾污及缠附人体或衣服，而且严重的静电现象会导致放电产生火花，引起爆炸和火灾。

表 4-16 各种纤维的回潮率与体积比电阻

纤维种类	回潮率（%）	体积比电阻（$\Omega \cdot cm$）	纤维种类	回潮率（%）	体积比电阻（$\Omega \cdot cm$）
氨纶	0	10^{15}	醋酯纤维	6.5	10^{12}
涤纶	0.4	10^{14}	黏胶纤维	11	10^{7}
腈纶	2	10^{12}	棉	8	10^{7}
锦纶	4.5	10^{12}	—	—	—

一、测试指标、标准及试样准备

（一）测试指标

纺织品抵抗静电产生或积累的性能，称为抗静电性能，其评价指标主要有静电电压、静电电压半衰期、带电电荷密度、表面比电阻等。

静电电压是指在接地条件下，试样受外界作用后积聚的相对稳定的电荷所产生的电压

（V）。静电电压半衰期是指当外界作用去除后,试样的静电电压衰减到原始值一半所需的时间 $T_{1/2}$(s)。它们的测定装置为电晕放电式织物静电测试仪(图 4-4)。

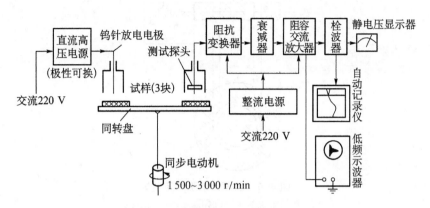

图 4-4　电晕放电式织物静电测试仪

带电荷密度是指试样摩擦起电后,经静电中和或静电泄漏,在规定条件下测得的电荷量。GB/T 12703—1991 规定测试装置为法拉第圆筒(图 4-5)。

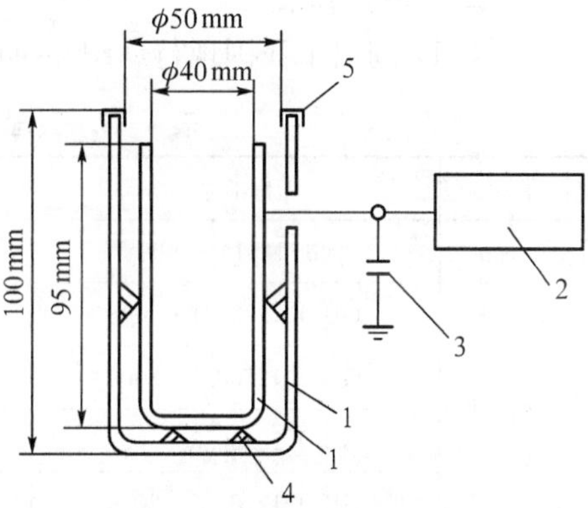

测试时,用规定的锦纶摩擦布摩擦试样(250 mm×350 mm),使试样带电后投入法拉第圆筒,测定试样的电压 U(V),由下式可得每块试样的带电电荷密度:

$$Q = \frac{CU}{A} \tag{4-1}$$

式中:Q——试样的带电电荷密度,C/m;

$\quad\;\;U$——试样的电压,V;

$\quad\;\;C$——法拉第圆筒总电容,F;

$\quad\;\;A$——试样摩擦面积,m²。

图 4-5　法拉第圆筒
1—法拉第计　2—微电流电位计
3—苯乙烯电容器　4—绝缘块　5—黏性带

表面比电阻是指两电极置于试样表面,两电极的长度和距离都为单位长度(cm)时试样所具有的电阻。

织物表面比电阻的测定装置如图 4-6 所示。测试时,给环形电极加上 $5×10$ V 或 10^3 V 的直流电压,测定通过试样表面的电流 I,根据下式计算表面比电阻 ρ(Ω):

$$\rho = \frac{2\pi U}{I\ln\left(\dfrac{D}{d}\right)} \tag{4-2}$$

式中:U——外加电压,V;

$\quad\;\;I$——两电极间电流,A;

$\quad\;\;D$——环形电极内径,cm;

$\quad\;\;d$——上电极外径,cm。

109

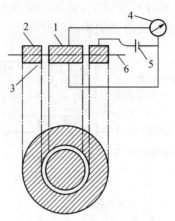

图 4-6 表面比电阻测定装置

1—上电极 2—环形电极 3—下电极
4—电流计 5—电源 6—试样

（二） 测试标准

表 4-17 列出了我国现行纺织品抗静电功能的有关标准。

表 4-17 我国现行纺织品抗静电功能有关标准

标准类别	标准号	标准名称
产品标准	GB 12014—2009	防静电服
方法标准	GB/T 12703.1—2008	纺织品 静电性能的评定 第 1 部分：静电压半衰期
	GB/T 12703.2—2009	纺织品 静电性能的评定 第 2 部分：电荷面密度
	GB/T 12703.3—2009	纺织品 静电性能的评定 第 3 部分：电荷量
	GB/T 12703.5—2010	纺织品 静电性能的评定 第 5 部分：摩擦带电电压

（三） 试样准备

依据 GB/T 12703.1—2008《纺织品 静电性能的评定 第 1 部分：静电压半衰期》，取 3 组试样，试样尺寸为 45 mm×45 mm 或其他适宜的尺寸。试样应有代表性，无影响试验结果的疵点。试样为条子、长丝和纱线时，应均匀、密实地绕在与试样尺寸相应的平板上，然后根据不同要求进行处理（如洗涤、烘干等）。操作时，应尽量避免手或其他可能沾污试样的物体与试样接触。

二、影响织物抗静电性能的因素

影响织物抗静电性能的因素很多，主要有纤维结构与导电性能、织物结构、环境温湿度、摩擦的形式与条件等。

纤维的导电机理，根据电荷载体是离子还是电子，区分为离子导电和电子导电两类。毛、丝、纤维素纤维及合成纤维的导电机理多为离子导电。研究结果表明，离子移动与纤维结构及其表面状态有关。离子大部分来源于纤维高分子以外的物质，如残留的催化剂、添加物、染料等。离子移动主要发生在无定形区，不能发生在结晶区。无定形区内的分子聚集状态对离子移动度的影响很大。在玻璃化温度以上，离子移动度急剧增大，电导率急剧增加。纤维吸附的水分的离子化,水分诱导周围不纯物质的离子化,以及纤维无定形区域的可塑化等,都能使电导率明显增加。也就是说,纤维内部缝隙及表面的吸附状态对其电导率的影响极大。此外,在非摩擦接触条件下的光、电、磁场中,纤维的感应起电率或介电常数也与纤维的取向、结晶状况有密切的关系。

一般而言,织物结构越紧密,内聚能越高,或者织物表面平滑度越低,越易受到较强烈的摩擦而使温度升高,摩擦时越易活化失去电子,从而带上正电荷。环境相对湿度对纤维和织物的抗静电性能影响显著,纤维的表面比电阻、静电电压半衰期都随着相对湿度的增高而降低。温度对纤维和织物抗静电性能的影响比相对湿度小得多。

对于极性和强极性的纤维及其织物,随着环境温度的上升,带电荷量减少。非极性和弱极性的纤维及其织物的抗静电性能受温度的影响很小,可以忽略。因此,对纤维和织物做静电测试时,必须在一定的温湿度条件下进行,如标准大气或低相对湿度($40\% \pm 2\%$, 20 ℃)。

纤维的摩擦起电首先与其材料和磨料的种类有关,可参照表4-18的带电序列判断它们所带电性,且带电序位相差越远,产生的静电越强。此外,纤维的摩擦方式、压力和速率也会影响静电的发生。通常,对称摩擦即两个接触物体的整体相互摩擦,其电荷移动量小,静电不明显;非对称摩擦即一个物体的整体与另一个物体的局部发生的摩擦[图4-7(b)和(c)],其电荷移动量大,静电显著。测试中,若作用力即正压力增加,使试样接触面积及摩擦功增加,则带电量也增加。一般来说,相对摩擦速率越大,产生的静电荷电量越大。表4-19列出了几种静电测试方法。

表4-18　部分纤维与金属摩擦接触时的带电序列

羊毛	锦纶	黏胶纤维	棉	丝	麻	醋酯纤维	聚乙烯醇纤维	涤纶	腈纶	氨纶	丙纶	乙纶	氯纶

$-$ ◀━━━━━━━━━━━━━━━━━━━━━━▶ $+$

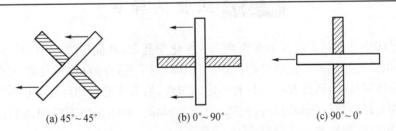

(a) 45°~45°　　　　(b) 0°~90°　　　　(c) 90°~0°

图4-7　对称摩擦与非对称摩擦

表4-19　几种静电测试方法的对比

测试方法	参考标准	适用性
静电压半衰期	GB/T 12703.1—2008	不适用于含导电纤维的织物
电荷面密度	GB/T 12703.2—2009	不适用于含导电纤维的织物
电荷量	GB/T 12703.3—2009	适用于各类织物
摩擦带电电压	GB/T 12703.5—2010	不适用于含导电纤维的织物

三、试验步骤

FY342-E-Ⅱ织物感应式静电仪操作步骤：

（1）测试前,应对仪器进行校验。

（2）对试样表面进行消电处理。

（3）将试样夹于试样夹中,使针电极与试样上表面相距(20±1)mm,感应电极与试样上表面相距(15±1)mm。

（4）打开电源进入主界面,等待2 s后进入测试界面,可直接按［运行］按钮进行测试或按［设定］按钮进入选择界面。采用定压法测试。

（5）驱动平台,待转动平稳后,在针电极上加10 kV高压。

（6）30 s后,断开高压开关,使平台继续旋转,待静电电压衰减至初始值的一半以下时即可停止试验。记录试样静电压(V)及其衰减至1/2所需要的时间即半衰期(s)。当半衰期大于180 s时,停止试验,并记录衰减时间180 s时的参与静电电压值。

（7）每个试样进行2次试验,计算平均值作为其测量结果；对3组试样进行相同试验,计算平均值作为该试样的测量；最终结果,静电电压精确至1 V,半衰期精确至0.1 s。

（8）试验结束,清理仪器。

（9）半衰期技术要求及评定,见表4-20。

表4-20 半衰期技术要求及评定

等级	A	B	C
要求	≤2.0 s	≤5.0 s	≤15.0 s

第三节 织物的异味

在纺织品印染整理加工过程中需要使用一些化学药剂,在储运过程中为了防止纺织品的霉变、虫蛀等也需要使用一些化学药剂。这些化学药剂虽然可以自然挥发掉一部分,但在织物中仍会有部分残留气味,而且有些还具有一定的毒性,给人体健康和环境保护带来危害。残留气味可分为挥发性物质气味和敏感性气味,统称为异味。异味是生态纺织品的监控和检测内容之一,是纺织品生态性的一项指标。

一、测试指标、标准及试样准备

（一）测试指标

挥发性是指液体和固体物质在一定条件下会蒸发的性能。液体物质在低于沸点的温度下或固体物质（如樟脑丸）在常温下转变为气态的现象,称为挥发。在一定温度下,液态物质的蒸气压力越大,它的挥发倾向也越大,故将一定温度下的蒸气压称为挥发度,其值大的物质称为易挥发物,小的称为难挥发物。在常温下容易挥发,具有较大的蒸气压力的物质,习惯上称为挥发物。在纺织品生产加工中使用的一些有机溶剂都是易挥发物,合成树脂中存在的一些低分子物质也属于挥发物,但由于在加工过程中已大量挥发,最终产品中有微量残留,虽然残留量很微小,对人体的健康还是会产生一定的危害。在储运过程中加入的化学药剂,随着时间的推移,其残留量逐渐减少,但同样会对人体健康和环境造成一定的危害。

在生态纺织品的检测项目中,可挥发性有机物质的检测仅限于婴幼儿用品和装饰材料中的地毯、床垫与泡沫材料复合产品。这些产品(如地毯、床垫等)中含有一层合成涂层,这些合成涂层可能含有一些单一组分的挥发性物质,因此必须检测。

单一组分的挥发性物质主要有甲苯、苯乙烯(又称乙烯基苯)、乙烯基环己烷、丁二烯、氯乙烯(又称乙烯基氯)等(表 4-21)。

表 4-21 单一组分的挥发性物质

中文名称	英文名称	CAS 号
甲苯	toluene	108-88-3
苯乙烯	styrene	100-42-5
乙烯基环己烷	vinylcyclohexane	—
丁二烯	butadiene	106-99-0
氯乙烯	vinylchloride	75-01-4

1. 甲苯

它广泛地用来代替苯作为溶剂,在纺织品加工中常用作树脂的溶剂,也用作涤纶和树脂的原料。甲苯蒸气可由呼吸道进入人体内,在血液循环中主要吸附于红细胞膜及血浆脂蛋白上,以后蓄积于含脂质较多的组织上,而且它可通过完整的皮肤被吸收,但吸收量甚微。甲苯虽易挥发,但低浓度吸入后大多在体内代谢,仅少量以原形态自呼吸道或随尿排出。甲苯主要在肝脏内代谢,其甲基部位被氧化成羧基而生成苯甲酸(约占 80%~90%),后者与甘氨酸结合成马尿酸随尿排出。甲苯在体内的代谢作用很快,一般在停止接触后 12~16 h 内绝大部分被排出,24 h 内几乎可全部排尽。但是,如果进入人体内的甲苯数量较多,会引起急性中毒,对人体中枢神经系统产生毒害作用;慢性中毒会对人的造血组织和神经系统产生损害,主要是造成障碍性贫血、白血病。致病的机理是苯抑制人体造血功能,对皮肤和黏膜有局部刺激作用。世界卫生组织已经确认苯化合物为强致癌物质。

2. 苯乙烯

它是一种透明的液体,具有芳香气味,沸点 145.2 ℃;不溶于水,能溶于甲醇、乙醇和乙醚;有毒性,化学性质活泼,能发生均聚、共聚、氧化、还原及卤化等作用,与卤化氢起加成反应;常用于制备聚苯乙烯塑料、合成纤维和离子交换树脂等,在纺织品加工中也有应用。

3. 乙烯基环己烷

它是一种无色透明的液体,常用于塑料、复合材料、涂料、胶黏剂,也可用作稀释剂和 PVC 稳定剂等,具有一定的毒性。

4. 丁二烯

古二烯又称乙烯基乙烯或 1,3 丁二烯。它是具有共轭双键的最简单的单二烯烃,是具有芳香味的无色气体,有麻醉性,不溶于水,易溶于醇或醚,可溶于丙酮、苯、二氯乙烷等,性质活泼,在氧气存在下易聚合,与其他单体共聚,可生产 ABS、MBS、SBS 等树脂,以及用作合成尼龙 66、尼龙 12 的原料,也是制取多种涂料和有机化工产品的起始原料。

5. 氯乙烯

它是一种带有甜味的麻醉性的无色气体，易液化，可溶于普通有机溶剂，如乙醇、乙醚等，不溶于水，能与卤化氢等发生加成反应。在过氧化物、偶氮二异丁腈等引发剂及光、热等作用下易聚合，也能与丙烯腈、偏氯乙烯、醋酸乙烯等共聚，主要用于制取均聚物、共聚物、偏氯乙烯及有机合成等方面。

混合组分的挥发性物质如芳香族碳氢化合物等。

（二）测试标准

国内外异味检测方法有一定差异，见表 4-22。

表 4-22　国内外异味检测方法的比较

项目	生态纺织品技术要求 （GB/T 18885—2009）	国家纺织产品基本 安全技术规范 （GB 18401—2010）	Oeko-tex 标准 200	
使用范围	除纺织地板覆盖物以外的所有纺织品	除附录 A 中规定范围以外的所有纺织品	纺织地毯、褥垫及泡沫和非面料用涂层制品	除纺织地毯、褥垫及泡沫以外的纺织品
气味类别	① 霉味 ② 高沸程石油味 ③ 鱼腥味 ④ 芳香烃气味 ⑤ 香味	① 霉味 ② 高沸程石油味 ③ 鱼腥味 ④ 芳香烃气味	1 级：无气味 2 级：轻微气味 3 级：可容忍气味 4 级：讨厌的气味 5 级：不可容忍气味	① 霉味 ② 高沸程石油味 ③ 鱼腥味 ④ 芳香烃气味
结果判定	有气味即判"不合格"，无气味即判"无异常气味"	3 人独立评判，并以 2 人一致的结果为测试结果，结果为"有异味"和"无异味"	至少 6 名检测人员独立进行	—

（三）试样准备

（1）织物试样尺寸不小于 20 cm×20 cm。

（2）纱线或纤维试样的质量不少于 50 g。

（3）抽取样品后，应立即将其放入一洁净无气味的密闭容器内保存。

二、影响织物异味检测的因素

（1）异味检测在重复性和复现性上存在问题：在重复性上表现为同一样品在同一检测条件下，不同的检测人员的检测结果截然不同，一个是有异味，而另一个却是无异味；在复现性上表现为同一样品在不同的实验室内检测，检测结果截然相反。

（2）较多的异味检测人员对于气味种类分辨不够清楚。无论是芳香烃味、高沸程石油味还是霉味，都是一大类物质所具有的气味的统称。检测人员对各种气味缺乏必要的了解，对什么是芳香烃味、高沸程石油味和鱼腥味，检验人员辨别不够清楚，经常将芳香烃味和高沸程石油味误认。

（3）各检测机构对于样品的抽取、保存、检测期限、检测环境、人员安排等没有统一的规范。

三、试验程序

（一）挥发性物质的测定

挥发性物质的测定需在一个特定尺寸的样品室内进行,将一块规定面积的织物试样置于一个有固定空气交换速率的调温调湿环境中,使空气吸湿达到平衡状态;在连续通风和持续挥发的情况下,吸取一定量的空气作为样品,使其通过一吸附剂;然后用合适的溶剂解吸萃取,用气相色谱法(MSD)检测萃取物中上述组分的含量,再对其进行定量分析。检测器选用质谱仪。

在检测挥发性物质时,纺织品中释放的有害物质会造成室内空气的污染,对检测人员的身体健康会造成一定的危害,因此检测人员须采用一定的防护措施(如戴帽子、戴口罩、穿防护服等)。有研究人员对整理后纺织品上的整理剂对室内空气的影响进行了深入研究,

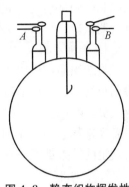

图 4-8　静态织物挥发性物质测量装置

并考察了整理工艺对纺织品上有害物质释放量的影响。他们选择了有代表性的不同纤维织物,在最大带液率状态下用相应的整理剂进行整理,将整理后的织物放在图 4-8 所示的圆形玻璃三口瓶中进行测试。采用的圆形玻璃三口瓶的容积为 12 L,测试时将试样悬挂在中间的不锈钢钩上,A 为进气孔,B 为取样孔。样品悬挂在钢钩上需要 3～7 d,使试样上的挥发性物质尽量释放到瓶内的空气中。然后取出空气样品,用 Drager 直接读出被测定织物上释放的挥发性物质的量,测定值用阈限值表示,其通常是一个数值范围,而不是一个确定的数值。负值表示无挥发性物质释放或是所释放的挥发性物质在试验误差范围内测试不到;微量表示探测管发生了一定程度的变化,而且表明挥发性物质的量太少,不足以定量分析;正值则表示挥发性物质的量在探测管可测范围内或挥发性物质的数量超过了探测管的检测范围。研究表明,织物的纤维组成、织物的组织结构、整理工艺和整理剂都会影响测试结果,这从另一个侧面提供了一个减少织物上释放挥发性物质的有效途径。

（二）可感觉的气味的测定

可感觉的气味的检测主要用于床垫、泡沫材料及非服用的大型涂覆物品(如地毯等)。新地毯在铺设好以后,会或多或少地散发出气味,这是新产品所固有的典型气味,可在几周后自然消失。由于产生气味的化合物数量巨大,可借助仪器进行分析,也可采用感官进行检测(是仪器分析的有益补充)。采用的测试标准是德国专业标准 SNV 195651,相当于德国标准 DIN 10955：2004。Oeko-tex 标准 200 中也给出了可感觉的气味的测定方法。

测定方法:将刚生产出来的和储存后的样品置于一个密封系统内,控制并记录时间、温度和湿度,检测密封系统中形成的气味增浓的情况。

评价方法:采用主观评价方法,至少由 6 人独立评判气味的浓度,分为 5 个等级。

1 级——没有气味;

2 级——微弱(轻微)的气味;

3 级——可忍受的气味;

4 级——令人讨厌的气味;

5 级——不能容忍的气味。

其中,气味的中间等级(如 2～3 级)是可以接受的。

(三) 异常气味的测定——嗅辨法

除地板纺织覆盖物外,其他纺织制品均应进行感官气味测定。测试必须在其他测试开始之前和得到试样之后立即进行。如果有必要,可以在经过储存后,用较高的温度在封闭系统中进行测试。

1. 检测原理

将纺织品试样置于规定的环境中,利用人的嗅觉来判定其所带的气味。一般由 3 人组成检测小组。为了保证试验结果的准确性,参加气味测定的人员应是经过一定培训和考核的专业人员,测试前不能吸烟、喝酒或进食辛辣刺激食物,不能化妆。由于嗅觉易于疲劳,测定过程中需经常休息。评定时,3 人中如有 2 人判定的结果一致,则以该结果作为检测的结果;如 3 人判定的结果都不一致,则须重测。

2. 检测程序

(1) 抽取试样后,应立即将其放入一洁净无气味的密闭容器内保存。

(2) 试验应在洁净的无异常气味的测试环境中进行。

(3) 将试样放于试验台上,操作者事先应洗净双手并戴上手套,双手拿起试样靠近鼻腔,仔细嗅闻试样所带的气味,如检测出下列气味中的一种或几种,即判为不合格,并记录:

霉味;高沸点石油味(如汽油、煤油味等);鱼腥味;芳香烃气味;香味。

如未检出上述气味,则在报告上注明"无异常气味"。

(4) 试验应在得到试样后 24 h 内完成。

第四节 织物中甲醛含量分析

经过各种染整加工(树脂整理、固色处理、涂料印花等)的织物,在穿着和贮存过程中,在温度和湿度的作用下,会不同程度地释放出甲醛,污染环境,刺激人体,影响健康。许多国家都对织物释放甲醛严格控制。游离甲醛通常指的是用水解作用萃取出的甲醛总量,释放甲醛则是指在一定条件下织物上以气体形式挥发出来的甲醛总量。

纺织品释放的甲醛来源:

由于某些纺织品容易起皱,或染色牢度不高,或需要满足某些特殊使用性能(如一定的阻燃性),在纺织品加工中人为地加入各种助剂。纺织品中甲醛就来自这些助剂,具有代表性的助剂种类有防缩抗皱耐熨烫整理剂、抗微生物整理剂、固色剂、阻燃剂、柔软剂、黏合剂、分散剂、防水剂等。

丝、棉、麻、黏胶等纤维素纤维制成的织物,由于纤维弹性差、易变形,所以容易起皱。为了防止这一情况的出现,通常使用防缩抗皱耐熨烫整理剂对纤维或半成品进行处理。现在公认防缩抗皱耐熨烫效果较好,同时有可能释放甲醛的防缩抗皱耐熨烫整理剂,都是分子中含有 N-羟甲基或由甲醛合成的树脂。通过 N-羟甲基与棉、麻、黏胶等纤维素纤维上的羟基反应,生成网状稳定结构的聚合物。经过防缩抗皱耐熨烫整理的织物挺括,洗后不易起皱,但是在仓库储存、商店陈列及再次加工和穿着过程中可能受到温热作用,会不同程度地释放甲醛,危害人体健康。

各国相关部门对纺织品中残留甲醛的限量规定见表 4-22。

表 4-22　各国相关部门对纺织品中残留甲醛的限量规定

国家(相关部门)	纺织品分类	限量标准(mg/kg)
日本(厚生省 1974 年 34 号令)	① 24 个月以内婴儿用品,包括尿布、尿布套、围嘴巾、内衣裤、手套、袜子、外衫、帽子、衬衣、被褥等	<0.05
	② 24 个月以上及成人用品,包括内衣裤、手套、袜子及日式布袜、假发、假睫毛、假须、袜带等的贴合计	75 以下
	③ 成人中衣,包括衬衣	300 以下
	④ 成人外衣	1 000 以下
日本(纺织检查协会)	① 2 岁以下婴幼儿服装	50 以下
	② 其他服装	300 以下
	③ 机织男女便裤、机织儿童及妇女裙	1 000 以下
日本(通产省)	① 内衣和 2 岁以下婴幼儿服装	75 以下
	② 上衣	300 以下
美国	所有纺织品和服装	1 000 以下
美国(服装业)	所有纺织品和服装	500 以下
斯洛伐克	3 岁以下婴幼儿纺织用品(包括衣服及其他纺织用品)、人造纤维丝袜	最高限额 30
芬兰(工商业专署 1987 年法例规定)	① 2 岁以下婴幼儿用品,包括内衣、尿布、襁褓、床单、纺织玩具等	不得高于 30
	② 直接接触皮肤的纺织品,包括内衣、睡衣、袜、裤、围巾、头巾、手帕、手套、床褥、被单、毛毯等	不得高于 100
	③ 不直接接触皮肤的纺织品,包括衬衣、外衣、毛衫等	不得高于 300
MUT、MST(德国纺织业签发标签)	① 内衣和 2 岁以下婴幼儿服装	限定 75
	② 上衣	限定 300
Steilmann(德国服装生产者标签)	① 2 岁以下婴幼儿服装	限定 50
	② 内衣	限定 300
	③ 上衣	限定 500
Eco-tex(澳大利亚研究机构标准)	① 内衣和 2 岁以下婴幼儿服装	限定 75
	② 上衣	限定 300
Clean Fashion(全球最大批发商之一标签)	① 内衣和 2 岁以下婴幼儿服装	最高含量 75
	② 上衣	最高含量 300
德国环保纺织品要求	① 婴儿及儿童服装	<20
	② 直接与皮肤接触的纺织品和服装	<75
	③ 不直接与皮肤接触的纺织品和服装	<300
Oeko-tex 标准 100(国际纺织品生态学研究与检测协会标准)	① 婴幼儿纺织用品和服装	20
	② 直接接触皮肤的纺织品	75
	③ 不直接接触皮肤的纺织品	300
	④ 装饰材料	300
中国(GB 18401—2010)	① 婴幼儿类,包括尿布、尿裤、内衣、围嘴儿、睡衣、手套、袜子、中衣、外衣、帽子、床上用品	≤20
	② 直接接触皮肤类,包括文胸、腹带、针织内衣、衬衫、裤子、裙子、睡衣、袜子、床单、被罩	≤75
	③ 非直接接触皮肤类,包括毛衫、外衣、裙子、裤子 室内装饰类,包括桌布、窗帘、沙发罩、床单、墙布	≤300 ≤300

一、测试指标、标准及试样准备

(一)　测试指标

甲醛的化学性质十分活泼,因此适用于甲醛的定量分析方法有多种,主要可归纳为五大类:滴定法、质量法、比色法、气相色谱法和液相色谱法。其中,滴定法和质量法适用于高浓度甲醛的定量分析,比色法、气相色谱法和液相色谱法适用于微量甲醛的定量分析。

纺织品中甲醛定量分析属超微量分析,常采用比色法。比色法即采用紫外-可见光吸收分光光度计(UV-VIS)进行分析的方法,在分析极限、准确度和重现性方面都有很明显的优越性,只是操作比较繁琐。纺织品甲醛定量分析也有采用高效液相色谱法(HPLC 技术)的,但是此方法在样品的预处理、仪器分析的技术条件、设定及它们之间的适应性方面存在一些难以协调的问题,目前未普及。

比色法根据显色剂不同可以分为:

1. 乙酰丙酮法

乙酰丙酮法是借助甲醛与乙酰丙酮在过量醋酸铵存在的条件下发生等摩尔反应,生成浅黄色的 2,6-二甲基-3,5-二乙酰吡啶,在其最大吸收波长 412～415 nm 范围内进行比色分析。此法的精密度高(可达到 0.1×10^{-16}),重现性好,显色液稳定,干扰少。

2. 亚硫酸品红法(Schiff 试剂法)

亚硫酸品红法是将品红(玫瑰红苯胺)盐酸盐与酸性亚硫酸钠和浓盐反应,生成品红-酸式亚硫酸盐,然后在强酸性(硫酸或盐酸)条件下与乙酰丙酮甲醛反应,生成玫瑰红色(偏紫)的盐,在 552～554 nm 的最大吸收波长范围内进行比色分析。该方法操作简便,但灵敏度偏低(1×10^{-6}),显色液不稳定,重现性较差,适用于较高甲醛含量的定量分析。对甲醛含量较低的织物,此法的测定结果与乙酰丙酮法有较大差异。

3. 间苯三酚法

间苯三酚法是利用甲醛与间苯三酚在碱性(2.5 mol/L 氢氧化钠)条件下生成橘红色化合物,在最大吸收波长 460 nm 处进行比色分析。此法的优缺点与 Schiff 试剂法类似。

4. 变色酸法

变色酸法是在硫酸介质中,甲醛与铬变酸(1,8-二羟基萘-3,6-二碳酸)作用,生成紫色化合物,在最大吸收波长 568～570 nm 下进行比色分析。该法的灵敏度较高,且显色液稳定性好,适用于测定低甲醛含量的织物。但该法易受干扰,适用于气相法萃取样品。

甲醛含量的测定按样品制备方式不同可分为两类:液相萃取法和气相萃取法。液相萃取法测定的是样品中游离的和经水解后产生的游离甲醛的总量,用以考察纺织品在穿着和使用过程中因出汗或淋湿等因素可能造成的游离甲醛逸出对人体的危害。气相萃取法测定的是样品在一定温湿度条件下释放出的游离甲醛含量,用以考察纺织品在储存、运输、陈列和压烫过程中所能释放出的甲醛的量,以评估其对环境和人体可能造成的危害。采用不同的预处理方法,得到的测定结果完全不同,液相萃取法的结果显然高于气相萃取法。

(二) 测试标准 (表 4-23)

表 4-23 甲醛含量检测标准

标准代码	标准名称
GB/T 2912.1—2009	纺织品 甲醛的测定 第 1 部分:游离和水解的甲醛(水萃取法)
GB/T 2912.2—2009	纺织品 甲醛的测定 第 2 部分:释放的甲醛(蒸汽吸收法)
GB/T 2912.3—2009	纺织品 甲醛的测定 第 3 部分:高效液相色谱法

（三）　试样准备

1. 纺织品游离水解的甲醛（水萃取法）测定

该方法适用于任何状态的纺织品的游离水解的甲醛的测定，游离甲醛含量检测范围为 20～3 500 mg/kg。检测时首先精确称量试样，将试样在 40 ℃水浴中萃取一定时间，以便从织物上萃取的甲醛充分被水吸收，然后将萃取液用乙酰丙酮显色，显色液用分光光度计比色，测定其甲醛含量。

（1）仪器设备。容量瓶（50、250、500 和 1 000 mL），碘量瓶或带盖三角烧瓶（250 mL），单标移液管（1、5、10 和 25 mL），刻度移液管（5 mL），量筒（10 和 50 mL），分光光度计，试管及试管架，恒温水浴锅，2 号玻璃漏斗式过滤器，天平（精确至 0.000 2 g）。

（2）试剂。乙酰丙酮（A. R.），乙酸铵（A. R.），冰醋酸（A. R.），甲醛（A. R.），双甲酮（A. R.），乙醇（A. R.）和三级水（GB/T 6682—2008）。

（3）溶液制备。

① 乙酰丙酮试剂（纳氏试剂）。在 1 000 mL 容量瓶中加入 150 g 乙酸铵，用 800 mL 水溶解；然后加 3 mL 冰乙酸和 2 mL 乙酰丙酮，用水稀释至刻度，用棕色瓶贮存。该溶液开始贮存 12 h 内颜色逐渐变深，因此使用前必须贮存 12 h。

② 双甲酮乙醇溶液。将 1 g 双甲酮（二甲基-二羟基-间苯二酚或 5,5-二甲基-环己二酮）用乙醇溶解并稀释至 100 mL，使用前现配。

③ 甲醛溶液。浓度为 37%（质量分数）。

④ 甲醛标准溶液（S1）。用水稀释 3.8 mL 甲醛溶液至 1 L（浓度约为 1 500 μg/mL），得到甲醛标准原液（S1），用 0.01 mol/L 硫酸标准溶液标定其准确浓度，记为 c_1（μg/mL）。

⑤ 甲醛标准溶液（S2）。取 10 mL 甲醛标准原液（S1）于 100 mL 容量瓶中加水定容，得到甲醛标准溶液（S2），其浓度记为 c_2（μg/mL），则 $c_2 = c_1/10$。

分别取 2、3、5、10、15 mL 甲醛标准溶液（S2）于 1 000 mL 容量瓶中加水稀释定容，用于甲醛浓度-吸光度标准工作曲线绘制。

（4）试样准备。将剪碎后的试样 1 g（精确至 10 mg），放入 250 mL 带塞子的碘量瓶或三角烧瓶中，加 100 mL 水，盖紧盖子，放入（40±2）℃水浴中（60±5）min，每隔 5 min 摇动瓶子一次，用过滤器过滤至另一碘量瓶中。如果甲醛含量太低，可以酌情增加试样量，以确保测试的准确性。

2. 纺织品释放甲醛（蒸气吸收法）的测定

依据 GB/T 2912.2—2009 中规定的方法，将一个已称取质量的织物试样悬挂在密封瓶中的水面上，再将密封瓶放入控温烘箱内至规定时间，被水吸收的甲醛用乙酰丙酮显色，显色液用分光光度计比色，测定其甲醛含量。

（1）仪器设备。玻璃广口瓶（有密封盖），小型金属丝网篮（可将织物悬于瓶内水上方），容量瓶（50、250、500 和 1 000 mL），碘量瓶或带盖三角烧瓶（250 mL），单标移液管（1、5、10 和 25 mL），刻度移液管（5 mL），量筒（10 和 50 mL），分光光度计，试管及试管架，恒温水浴锅，电热鼓风箱，天平（精确至 0.000 2 g）。

（2）试剂。乙酰丙酮，乙酸铵（A. R.），冰醋酸（A. R.），甲醛（A. R.），三级水（GB/T 6682—2008）。

（3）溶液制备。

① 乙酰丙酮试剂(纳氏试剂)。

② 甲醛溶液。浓度为 37%(质量分数)。

③ 甲醛标准原液(S1)的配制和标定。

④ 甲醛浓度-吸光度标准工作曲线的绘制。

(4) 试样准备。从样品上取至少 2 块试样,剪成小块,称取 1 g,精确至 0.001 g。

二、影响织物甲醛含量分析的因素

随着放置时间的延长,溶液中甲醛质量浓度及含量会受到一定程度的影响,具体应该放置多长时间,应根据试验环境、试验条件等因素综合考虑。

(1) 在试验条件下,放置不同时间的甲醛标准溶液,对所测溶液的吸光度有一定的影响。刚配制的甲醛标准溶液,不宜立即对其进行测定,应放置一定时间,使溶液浓度均匀,但并不意味着放置时间越长越好。

(2) 用购买的甲醛标准物质贮备溶液配制的甲醛标准系列溶液的浓度较稳定,能够减少试验操作过程中的误差,并能够提高甲醛浓度-吸光度标准工作曲线的精确度。

(3) 织物中甲醛的萃取因素对吸光度有影响,不论是甲醛含量较高还是较低的织物,影响吸光度的主次因素顺序一致,较大的是提取浸泡液的量,其次是织物质量,浸泡时间的影响较小。

三、试验程序

(一) 纺织品游离水解的甲醛 (水萃取法) 测定

(1) 用单标移液管吸取 5 mL 过滤后的水萃取液和 5 mL 甲醛标准溶液(S2)放入试管中,分别加 5 mL 乙酰丙酮溶液摇动。把试管放在(40±2)℃水浴中显色 30 min,取出后常温下放置 30 min,用 5 mL 蒸馏水加等体积的乙酰丙酮做空白对照,用 10 mm 的吸收池在分光光度计412 nm 波长处测定吸光度。

(2) 考虑到水萃取液的不纯或褪色,取 5 mL 水萃取液放入另一试管,加 5 mL 蒸馏水代替乙酰丙酮,用上述相同的方法处理并测量其吸光度,用蒸馏水做空白对照。

(3) 重复上述操作 3 次。

(4) 如果怀疑吸光值不是来自甲醛而是使用了有颜色的试剂等,可用双甲酮进行一次确认试验,因双甲酮与甲醛反应,甲醛无法与乙酰丙酮发生显色反应。具体做法:取 5 mL 水萃取液于试管中,加 1 mL 双甲酮乙醇溶液并摇动;然后把试管放入 40 ℃水浴中 10 min,加5 mL乙酰丙酮试剂并摇动;再把试管放入 40 ℃水浴中 30 min,取出后在室温下放置 30 min,测量用相同显色方法制成的对照溶液的吸光度,对照溶液用蒸馏水而不是用水萃取液,甲醛在波长412 nm 处的吸光度将消失。

(5) 结果计算。按下式校正试验样品的吸光度:

$$A = A_s - A_b - (A_d) \tag{4-3}$$

式中:A——校正吸光度;

A_s——试验样品中测得的吸光度;

A_b——空白试剂中测得的吸光度;

A_d——空白样品中测得的吸光度(仅用于变色或沾污情况下)。

依据校正的吸光度值,通过标准工作曲线查出甲醛含量(μg/mL)。

按下式计算试验样品中萃取的甲醛含量:

$$F=100\ c/m \tag{4-4}$$

式中:F——试验样品中萃取的甲醛含量,mg/kg;

c——读自标准工作曲线的水萃取液中的甲醛浓度,mg/L;

m——试样质量,g。

计算3次试验结果的平均值。

(二) 纺织品释放甲醛 (蒸气吸收法) 的测定

试验瓶底放50 mL水,用金属丝网篮或其他支持件将1块试样悬于试验瓶中水面之上,盖紧瓶盖,放入(49 ± 2)℃烘箱中20 h$\pm$15 min;取出试验瓶,冷却(30 ± 5)min,从试验瓶中取出试样和金属丝网篮或其他支持件,再盖紧瓶盖,摇动试验瓶以混合瓶侧的任何凝聚物。

将5 mL乙酰丙酮试剂移入适量试管或其他合适的烧瓶中,并在另一支试管中注入5 mL乙酰丙酮试剂做空白试验。从各试样保持瓶中吸取5 mL萃取液并加至试管中,做空白试验则加5 mL蒸馏水于试管中。混合,摇匀,将试管放入(40 ± 2)℃水浴中(30 ± 5)min,冷却,在波长412 nm处测吸光度,再用吸光度在标准工作曲线上查得对应的样品溶液中的甲醛含量(μg/mL)。

按式(4-4)计算试验样品中的甲醛含量,并计算3次试验结果的平均值。

上述两种测试方法中,如果测得的纺织品上甲醛含量不在甲醛浓度-吸光度标准工作曲线范围内,那么用于绘制标准工作曲线的甲醛标准溶液的浓度可适当调整,或者在试样准备时调整稀释比例,以获得准确的测试结果。此时,甲醛含量计算公式也应做出相应调整。

第五节 织物中邻苯二甲酸酯含量分析

增塑剂主要出现在经过聚氨酯(PU)或聚氯乙烯涂层整理的纺织产品中,以及一些由聚氯乙烯塑料制成的服装饰件上,如纽扣等。欧盟生态标准(2002/371/EC)规定:在涂层、复合和薄膜产品生产中不得使用这类增塑剂。这类增塑剂已经被确定为环境激素,儿童接触或吸吮后,容易进入体内,会影响儿童的正常发育,造成危害。

目前,欧盟、美国、日本、韩国等对与人体接触的增塑剂的禁用产品,一是含重金属的,另外一种是带苯环的。长期以来,增塑剂以邻苯类产品为主,而随着DOP(DEHP)在食品、医药工业上的应用越来越广泛,人们对其毒性也越来越重视。有人发现,当人们输入在聚氯乙烯塑料袋内储存的血液后,在人体内,特别是在肺部内,发现有DOP(DEHP)物质存在。1982年,美国国家癌症研究所对DOP(DEHP)的致癌性进行了生物鉴定,其结论是:DOP是大鼠和小鼠的致癌物,能使啮齿类动物的肝脏致癌。于是,关于DOP(DEHP)的毒性引起了全球的注意,尽管它是否会使人致癌的说法到目前仍争论不休,但由于其存在潜在的致癌嫌疑,各国都采取了相应的措施。美国环境保护总局根据国家癌症研究所的研究结果,停止了6种邻苯二甲酸酯类的工业生产,DOP(DEHP)只限于在高水分含量的食品包装上使用,肉类包装必须使用其他无毒增塑剂产品替代;瑞士已决定在儿童玩具中禁止使用DOP(DEHP);德国禁止在与人体卫生、食品相关的所有塑料制品中加入DOP(DEHP);日本禁止在医疗器械相关产品中加入DOP(DEHP),仅限于其在工业塑料制品中应用。表4-24列出了不同国家及地区对邻苯二甲酸酯含量的规定。

表 4-24　不同国家及地区对邻苯二甲酸酯含量的规定

国家及地区	限制参考	要求
欧盟	REACH 附录十七	玩具和儿童产品：DEHP＋DBP＋BBP≤0.1%（合计） 可被放入儿童口中的玩具和儿童用品：DINP＋DIDP＋DNOP≤0.1%（合计）
	高关注物质候选清单	DEHP、DBP、BBP、DIBP、DIHP、DHNUP、DnHP、DMEP、DnPP、DIPP、NPIPP、DPP、DHP≤0.1%（每件物品，每种）
美国	公共法 110-314《消费品安全改进法》(CPSIA)	玩具和儿童产品：DEHP、DBP、BBP≤0.1%（每种） 可被放入儿童口中的玩具和儿童用品：DINP、DIDP、DNOP≤0.1%（每种）
韩国	自我监督安全确认法案	婴幼儿纺织产品：DEHP＋DBP＋BBP＋DINP＋DIDP＋DNOP≤0.1%（合计）
	安全质量标志法案	婴幼儿皮革产品：DEHP＋DBP＋BBP＋DINP＋DIDP＋DNOP≤0.1%（合计） 儿童纺织品和皮革产品：DEHP＋DBP＋BBP≤0.1%（合计）
中国台湾	CNS 3478 CNS 8634 CNS 10632	塑料和皮革鞋类产品：DEHP＋DBP＋BBP＋DINP＋DIDP＋DNOP≤0.1%（合计）
	CNS 15503	儿童产品：DEHP＋DBP＋BBP＋DINP＋DIDP＋DNOP＋DEP＋DMP≤0.1%（合计）
埃及	ES 7562	玩具和儿童用品：DEHP＋DBP＋BBP≤0.1%（合计） 可被放入儿童口中的玩具和儿童用品：DINP＋DIDP＋DNOP≤0.1%（合计）
	ES 7266-4 ES 7322	儿童产品：DEHP、DBP、BBP、DINP、DIDP、DNOP≤0.1%（每种）
土耳其	土耳其官方公报第 27893 号	DEHP＋DBP＋BBP＋DINP＋DIDP＋DNOP≤0.1%（合计）

一、测试指标、标准及试样准备

（一）测试指标

根据欧、美、日、韩等的研究结果和颁布的标准，如欧洲食品安全机构 EFSA 规定，在人体内 DEHA[己二酸二（2-乙基己）酯]浓度达到 0.3 mg/kg 以上被认为是不安全的，而 DEHP 的浓度达到 0.05 mg/kg 以上就被认为是不安全的。

（二）测试标准

2014 年 5 月，国际标准 ISO 14389：2014《纺织品—邻苯二甲酸酯的测定—四氢呋喃法》正式发布，同时取代于 2014 年 7 月废止的欧洲标准 EN 15777：2009。

纺织产品中增塑剂含量的检测方法标准，常用的有 ISO 14389：2014、EN 15777：2009、CPSC-CH-C1001-09.3 和 GB/T 20388—2016，它们之间略有差别，见表 4-25。

表 4-25　4 个标准的对比

标准	ISO 14389：2014	EN 15777：2009	CPSC-CH-C1001-09.3	GB/T 20388—2016
目标邻苯二甲酸酯	DINP、DEHP、DNOP、DIDP、BBP、DBP、DPP、DIHP、DIBP、DMEP	DINP、DEHP、DNOP、DIDP、BBP、DBP	DINP、DEHP、DNOP、DIDP、BBP、DBP	DINP、DNOP、DEHP、DIDP、BBP、DBP
萃取方法	超声波破碎法	索氏萃取法	超声波降解法	超声波破碎法
萃取剂	四氢呋喃	乙烷	四氢呋喃	四氢呋喃
萃取时间	4 h	1 h	30 min	1 h
分析仪器	气象色谱-质谱联用仪	气象色谱-质谱联用仪	气象色谱-质谱联用仪	气象色谱-质谱联用仪
计算方法	基于印花/涂层的质量与整个样本质量之比	基于印花/涂层的质量与整个样本质量之比	基于整个样本质量	基于印花/涂层的质量与整个样本质量之比

（三）试样准备

主要根据 GB/T 20388—2016 的规定进行。此标准规定了采用气相色谱-质谱联用仪（GC-MS），测定纺织品中邻苯二甲酸酯的方法。

1. 试剂

（1）四氢呋喃。

（2）沉淀剂。例如：乙腈、正己烷。

（3）内标物。例如：邻苯二甲酸二环己酯（DCHP）。

（4）邻苯二甲酸二异壬酯（DINP）、邻苯二甲酸二（2-乙基己）酯（DEHP）、邻苯二甲酸二正辛酯（DNOP）、邻苯二甲酸二异癸酯（DIDP）、邻苯二甲酸丁苄酯（BBP）、邻苯二甲酸二丁酯（DBP）、邻苯二甲酸二异丁酯（DIBP）、邻苯二甲酸二戊酯（DPP）、邻苯二甲酸二 C_{6-8} 支链烷基酯（DIHP）、邻苯二甲酸二甲氧基乙酯（DMEP）。

2. 标准溶液的配制

（1）内标储备溶液配制。以沉淀剂为溶剂，将内标物配制成浓度为 1 000 mg/L 的储备溶液。

（2）标准储备溶液配制。以沉淀剂为溶剂，分别配制每种邻苯二甲酸酯的标准储备溶液，见表 4-26。

表 4-26　标准储备溶液

邻苯二甲酸酯	DCHP(IS)	DINP	DEHP	DNOP	DIDP	BBP	DBP	DIBP	DPP	DIHP	DMEP
浓度(mg/L)	1 000										

例如：称取一种邻苯二甲酸酯 50.0 mg 置于 50 mL 的容量瓶中，用沉淀剂定容，充分混匀使瓶内物质完全溶解。

3. 试样准备

取代表性试样，将其剪碎（尺寸不大于 5 mm×5 mm），混匀后称取两份，其质量各为 (0.30 ± 0.01) g，分别置于两个 40 mL 的反应瓶中。萃取时，用 PTFE 膜密封，以确保反应瓶在超声水浴萃取过程中保持密封状态。用移液管分别将 10 mL 含有 5 mg/L 内标的四氢呋喃加入每个反应瓶中。

4. 样品的提取

将反应瓶放入超声波发生器中，于 (60 ± 5)℃下萃取 1 h±5 min。取出反应瓶，静置萃取液，冷却至室温。用移液管分别向每个反应瓶中逐滴加入 20 mL 含有 5 mg/L 内标的沉淀剂。剧烈振摇反应瓶至少 30 s，静置 (30 ± 2) min，使聚合物沉淀。以不小于 700 g（离心半径 10 cm，转速 1 500 r/min）的相对离心力分离至少 10 min，使悬浮在有机相中的聚合物沉淀至瓶底，以获得澄清的有机溶液。吸取两份有机溶液至色谱进样瓶中，用于 GC-MS 分析。

二、影响邻苯二甲酸酯含量分析的因素

由于邻苯二甲酸酯主要来源于聚氯乙烯（PVC）等塑料材料中，所以要特别留意在试验过程中避免使用塑料材料，如手套、滴管、离心管等，以防将试验外的邻苯二甲酸酯带入试样，故要全部使用玻璃器具。另外，根据检测经验，很多试剂塑料瓶盖也可能引入邻苯二甲酸酯污染，因此，处理溶剂时要特别注意。

气相色谱-质谱联用定性分析通常采用 SCAN 全扫描方式采集样品色谱峰，由于不同的仪器决定了不同的色谱分离条件,所以标准中并未给出通用的最优色谱分离条件。因此,首先要通过判断色谱峰的分离度、容量因子、选择因子等来优化色谱分离条件,确定分离效果好的分离条件。然后,通过提取离子色谱可以判断色谱峰的纯度或查找目标化合物,完成分析过程。在此过程中确定最优色谱分离条件,对提高邻苯二甲酸酯含量检测的准确度有决定性作用。

在萃取液的净化过程中,必须保证样品纯净度,减少对仪器污染,避免损坏仪器,还需对GC-MS中的衬管、进样垫、分流平板、色谱柱定期进行检查和更换,提高仪器检测准确度。

在气相色谱-质谱联用仪定量分析中,用 SIM 模式扫描方式定量得到的峰面积更大,而且消除了其他在气相色谱中保留时间相同的物质的干扰,因此可提高灵敏度,使检测结果更准确。

增塑剂 DINP、DIDP 的定量分析有一定的特殊性,色谱柱分离得到的不是单一色谱峰,而是一组色谱峰群,且两者保留时间重叠。两者不能通过 SIM 模式扫描方式提取特征离子同时定量,只能通过 SCAN 全扫描方式得到总离子流图,再提取相应的特征离子峰 293、307,对它们进行准确的定量。

三、试验程序

主要根据 GB/T 20388—2016 的规定进行。

(一) 色谱分析条件

(1) 毛细管色谱柱:DB 5MS 30 m×0.25 mm×10.1 μm,或相当者。

(2) 进样口温度:300 ℃。

(3) 柱温:100 ℃(1 min) $\xrightarrow{15\ ℃/min}$ 180 ℃(1 min) $\xrightarrow{5\ ℃/min}$ 300 ℃(10 min)。

(4) 质谱接口温度:280 ℃。

(5) 质量扫描范围:35~350 amu。

(6) 进样方式:不分流进样。

(7) 载气:氦气(≥99.999%),流量 1.2 mL/min。

(8) 进样量:1 μL。

(9) 离化方式:EI。

(10) 离化电压:70 eV。

(二) 定量分析

将样品的选择离子色谱图与标准工作液的选择离子色谱图的保留时间进行比较,如果在相同的保留时间有色谱峰出现,则按表 4-27 进行定量。

表 4-27 定量选择特征离子

序号	物质名称	特征碎片离子(amu)			测定低限 (μg/g)
		目标离子	Q1	Q2	
1	邻苯二甲酸二丁酯	149	150	205	40.0
2	邻苯二甲酸丁苄酯	149	206	150	40.0
3	邻苯二甲酸二(2-乙基己)酯	119	167	279	40.0
4	邻苯二甲酸二正辛酯	279	167	261	40.0

续表

序号	物质名称	特征碎片离子(amu)			测定低限(g/g)
		目标离子	Q1	Q2	
5	邻苯二甲酸二异壬酯	293	149	127	200.0
6	邻苯二甲酸二异癸酯	307	149	141	200.0
7	邻苯二甲酸二异丁酯	149	167	223	40.0
8	邻苯二甲酸二戊酯	149	219	237	40.0
9	邻苯二甲酸二C_{6-8}支链烷基酯	265	149	99	200.0
10	邻苯二甲酸二甲氧基乙酯	149	59	207	200.0
11	邻苯二甲酸二环己酯,内标物	149	167	249	200.0

（三）结果计算

测定每种邻苯二甲酸酯和内标物的峰面积。利用校准工作曲线分别得出萃取液中单个邻苯二甲酸酯的浓度,单位为毫克每升(mg/L),对任何稀释应进行修正,并扣除空白试验的浓度。按下式计算:

$$\omega_c = \frac{V \times (b \times F - a)}{m \times 10\,000} \tag{4-5}$$

式中:ω_c——单个邻苯二甲酸酯占试样中塑化组分的质量分数,%;

　　　V——稀释前邻苯二甲酸酯溶液的总体积,mL(共 30 mL, 10 mL 用于萃取的四氢呋喃 ＋20 mL 沉淀剂);

　　　B——萃取液中单个邻苯二甲酸酯的浓度,mg/L;

　　　F——稀释因子;

　　　A——空白试验中对应邻苯二甲酸酯的浓度,mg/L;

　　　M——试样中塑化组分质量,g。

（四）邻苯二甲酸酯标准色谱图

图 4-9 和图 4-10 所示为邻苯二甲酸酯与内标物的标准色谱图。

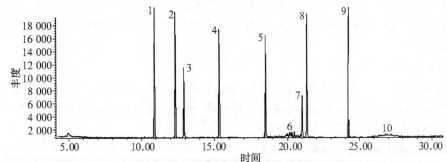

1—邻苯二甲酸二异丁酯(DIBP)　2—邻苯二甲酸二丁酯(DBP)　3—邻苯二甲酸二甲氧基乙酯(DMEP)
4—邻苯二甲酸二戊酯(DPP)　5—邻苯二甲酸丁苄酯(BBP)　6—邻苯二甲酸二C_{6-8}支链烷基酯(DIHP)
7—邻苯二甲酸二环己酯(DCHP),内标物　8—邻苯二甲酸二(2-乙基己)酯(DEHP)
9—邻苯二甲酸二正辛酯(DNOP)　10—邻苯二甲酸二异癸酯(DIDP)

图 4-9　9 种邻苯二甲酸酯与内标物的标准色谱图

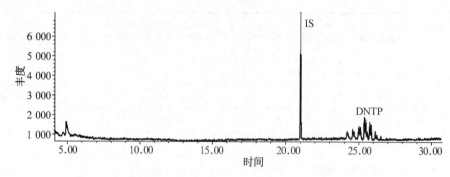

图 4-10　邻苯二甲酸二异壬酯(DINP)与内标物的标准色谱图

第六节　织物禁用偶氮染料

一、禁用偶氮染料的检测

（一）禁用偶氮染料的检测简介

纺织服装使用了含有禁用芳香胺的偶氮染料之后，在与人体的长期接触中，染料中的芳香胺可能被皮肤吸收，并在人体内扩散。这些染料在人体正常代谢所发生的生化反应条件下，可能发生还原反应，进而分解出致癌芳香胺。致癌芳香胺经过活化作用，改变人体的 DNA 的结构，最终引起人体病变和诱发癌症。

1994 年 7 月，德国政府首次以立法的形式，禁止生产、使用和销售可还原出致癌芳香胺的偶氮染料，以及使用这些染料的产品。随后，荷兰政府和奥地利政府发布了相应的法令。我国于 2003 年发布 GB 18401—2003，正式将禁用偶氮染料列入其中。目前，禁用偶氮染料的监控已成为国际纺织品服装贸易中最重要的品质控制项目之一，也是生态纺织品最基本的质量指标之一。

（二）禁用偶氮染料的检测标准

近年来，欧盟对纺织品实施了严格的保护措施，提出了越来越严格的生态要求和社会责任问题，陆续发布的包括禁用染料和其他化学品的法规已形成欧盟所有成员的统一行动规范。欧盟是我国纺织品出口的主要市场之一，为此，有必要全面了解对欧盟有关生态纺织品法规及技术标准的信息。

1. 欧盟 67/648/EC 指令

欧盟发布的 67/648/EC 指令，是一个欧盟国家禁止在纺织品和皮革制品中使用可裂解并释放出某些致癌芳香胺的偶氮染料的法令。该指令与德国政府法规不同的是，增加了邻氨基苯甲醚和氨基偶氮苯，共 22 个致癌芳香胺。

2. 欧盟 2001/C96E/18 指令

欧盟发布的 2001/C96E/18 指令，进一步明确规定了列入控制范围的纺织品。该指令还规定了 3 种禁用染料的测试方法，要求致癌芳香胺的检出量不得超出 30 mg/kg。3 种检测方法分别为 35LMBGB 82.02-2:1998（纺织日用品）、B82.02-3:1997（皮革）、B82.02-4:1998（聚酯）。该指令列入的致癌芳香胺中减少了对氨基偶氮苯，只有 21 种。

3. 欧盟 2002/61/EC 指令

欧盟发布的 2002/61/EC 指令,将对氨基偶氮苯重新列入致癌芳香胺,同时对它的测试方法进行了评估,重申致癌芳香胺的最大限量为 30 mg/kg,并开始在所有成员国实施禁用偶氮染料。

欧盟关于因致癌芳香胺而禁用涉嫌染料的法令,滞后于德国政府法规和 Oeko-tex 标准 100。根据目前的情况,禁用涉嫌染料已在国际纺织品贸易中全面展开。因此,禁用含致癌芳香胺偶氮染料已成为一个全球性的行动。

Oeko-tex 标准 100 是 1992 年德国 Hohenstein 研究协会和维也纳－奥地利纺织品研究协会制定的,此后每年修订,是使用最广泛的纺织品生态标志,它根据科学知识前沿,对纱线、纤维及各类纺织品的有害物质含量规定了限度。

Oeko-tex 标准 100 涉及 24 种禁用芳香胺化合物,见表 4-28。

表 4-28　Oeko-tex 标准 100 规定的 24 种禁用偶氮染料

序号	中文名	英文名	CAS 号
1	4－氨基联苯	4-aminobiphenyl	92－67－1
2	联苯胺	benzidine	92－87－5
3	4－氯－2－甲基苯胺	4-chloro-2-methylaniline	95－6－2
4	2－萘胺	2-naphthylamine	91－59－8
5	4－氨基－3，2′－二甲基偶氮苯(邻氨基偶氮甲苯)	4′-amino-2，3′-dimethylazobenzene(o-aminoazotoluene)	97－56－3
6	2－氨基－4－硝基甲苯	2-Amino-4-nitrotoluene	99－55－8
7	2,4－二氨基苯甲醚	2，4-diaminoanisole	615－05－4
8	4－氯苯胺	4-chloroaniline	106－47－8
9	4,4′－二氨基二苯甲烷	4，4′-diaminodiphenylmethane	101－77－9
10	3,3′－二氯联苯胺	3，3′-dichlorobenzidine	91－94－1
11	3,3′－二甲氧基联苯胺	3，3′-dimethoxybenzidine	119－90－4
12	3,3′－二甲基联苯胺	3，3′-dimethylbenzidine	119－93－7
13	3,3′－二甲基－4,4′－二氨基二苯甲烷	4，4′-diamino-3，3′-dimethyldiphenylmethane	838－88－0
14	2－甲氧基－5－甲基苯胺	2-methoxy-5-methylaniline	120－71－8
15	4,4′－亚甲基－二(2－氯苯胺)	4，4′-methylene-bis (2-chloroaniline)	101－14－4
16	4,4′－二氨基二苯醚	4，4′-oxydianiline	101－80－4
17	4,4′－二氨基二苯硫醚	4，4′-yhiodianiline	139－65－1
18	2－甲基苯胺	o-toluidine	95－53－4
19	2,4－二氨基甲苯	2，4-diaminotoluene	95－80－7
20	2,4,5－三甲基苯胺	2，4，5-trimethylaniline	137－17－7
21	2－甲氧基苯胺	o-anisidine (2-methoxyaniline)	90－04－0
22	4－氨基偶氮苯	4-aminoazobenzene	60－09－3
23	2,4－二甲基苯胺	2，4-dimethylaniline	95－68－1
24	2,6－二甲基苯胺	2，6-dimethylaniline	87－62－7

二、测试标准及试验准备

（一）测试标准

织物中禁用偶氮染料的检测，目前常用测试标准有 GB/T 17592—2011、EN 14362-1:2012、EN 14362-3:2012、ISO 17234-1:2015 和 ISO 17234-2:2011 等。几种测试标准的比较见表 4-29。

表 4-29　几种测试标准的比较

标准号	GB/T 17592—2011	EN 14362-1	ISO 17234-1	In-house Method
取样制样	1 g 样品，剪碎成 5 mm×5 mm，若需氯苯回流，则剪成合适尺寸	1 g 样品，剪碎，若需氯苯回流则剪成合适尺寸	1 g 样品，剪碎，加入 20 mL 正己烷，40 ℃超声 20 min 脱脂，倒掉正己烷，样品放置过夜	1 g 样品，剪碎
回流抽提	加入 25 mL 氯苯，悬空回流 30 min，冷却至室温	加入 25 mL 氯苯，悬空回流 30 min，冷却至室温	—	加入 25 mL 氯苯，回流 30 min，冷却
旋转蒸发	旋蒸至近干，用 2 mL 甲醇转移	用 2 mL 甲醇转移	—	旋蒸至近干，用 2 mL 甲醇转移
恒温水浴	加入 17 mL 预热至 70 ℃的柠檬酸缓冲溶液，加盖摇匀，70 ℃水浴 30 min	加入 2 mL 甲醇和 15 mL 预热至 70 ℃的柠檬酸缓冲溶液，加盖摇匀，70 ℃水浴 30 min	加入 17 mL 预热至 70 ℃的柠檬酸缓冲溶液，加盖摇匀，70 ℃水浴（25±5)min	加入 11 mL 预热至 70 ℃的柠檬酸缓冲溶液，70 ℃水浴 30 min
还原裂解	加入 3 mL 保险粉溶液，摇匀，70 ℃水浴 30 min，取出后 2 min 内冷却至室温	加入 3 mL 保险粉溶液，摇匀，70 ℃水浴 30 min，取出后用冷水 2 min 内冷却至室温	加入 1.5 mL 保险粉溶液，70 ℃水浴 10 min；再加 1.5 mL 保险粉溶液，70 ℃水浴 10 min；取出后 2 min 内冷却至室温	加入 3 mL 保险粉溶液，摇匀，70 ℃水浴 30 min，取出后 2 min 内冷却至室温
液液萃取	将反应液倒入提取柱内，吸附 15 min，用 20 mL 乙醚洗提，共 4 次，收集提取液	在反应液中加入 10%氢氧化钠溶液 0.2 mL，振摇；然后将反应液倒入提取柱内，吸附 15 min，用 10、60 mL 叔丁基甲醚洗提，收集提取液	将反应液倒入提取柱内，吸附 15 min，加入 1 mL 20%氢氧化钠溶液，用 15、20、40 mL 叔丁基甲醚洗提，收集提取液	加入 7 g 氯化钠，1 mL(2 mol/L)氢氧化钠，摇匀；再准确加入 2.0 mL 乙酸乙酯，用力振摇 2 min，静置使其分层
旋转蒸发	在 35 ℃以下旋转蒸发至将近 1 mL，再用氮气缓慢吹干	在 50 ℃以下旋转蒸发至将近 1 mL，再用氮气缓慢吹干	在 50 ℃以下旋转蒸发至将近 1 mL，再用氮气缓慢吹干	—
定容待测	取 1.0 mL 含内标的甲醇溶液润洗烧瓶，移入色谱瓶中，进行 GC-MS 测试	取 2.0 mL 含内标的乙腈溶液润洗烧瓶，移入色谱瓶中，进行 GC-MS 测试	取 2.0 mL 甲醇润洗烧瓶，移入色谱瓶中，进行 GC-MS 测试	取上层有机相约 1 mL，移入色谱瓶中，进行 GC-MS 测试

（二）试验准备

参照 GB/T 17592—2011 的规定进行。

1. 试剂准备

（1）乙醚。使用前取 500 mL 乙醚，用 100 mL 硫酸亚铁溶液（5%水溶液）剧烈振摇，弃去水层，置于全玻璃装置中蒸馏，收集 33.5～34.5 ℃馏分。

（2）甲醇。

（3）柠檬酸盐缓冲液(0.06 mol/L，pH=6.0)。取 12.526 g 柠檬酸和 6.320 g 氢氧化钠，溶于水中，定容至 1 000 mL。

(4)连二亚硫酸钠水溶液(200 mg/mL)。临用时取干粉状连二亚硫酸钠($Na_2S_2O_4$含量＞85％),新鲜制备。

2. 标准溶液配制

(1)芳香胺标准储备溶液(1 000 mg/L)。用甲醇将芳香胺标准物质分别配制成浓度约1 000 mg/L的储备溶液,新鲜配制。

(2)芳香胺标准工作溶液(20 mg/L)。从标准储备溶液中取 0.20 mL 置于容量瓶中,用甲醇定容至 10 mL,新鲜配制。

(3)混合内标溶液(10 μg/mL)。用甲醇将下列内标化合物配制成浓度约 10 μg/mL 的混合溶液,新鲜配制:

① 萘-d8CAS,编号 1146-65-2;

② 2,4,5-三氯苯胺 CAS,编号 636-30-6;

③ 蒽-d10,CAS 编号 1719-06-8。

(4)混合标准工作溶液(10 μg/mL)。用混合内标溶液芳香胺标准物质分别配制成浓度约 10 μg/mL 的混合标准工作溶液,新鲜配制。

3. 试样的制备和处理

取有代表性试样,剪成约 5 mm×5 mm 的小片,混合。从混合样中称取 1.0 g,精确至0.01 g,置于反应器中,并加入 17 mL 已预热至(70±2)℃的柠檬酸盐缓冲溶液,将反应器密闭,用力振摇,使所有试样浸于液体中,再置于已恒温至(70±2)℃的水浴中保温 30 min,使所有的试样充分润湿。然后,打开反应器,加入 3.0 mL 连二亚硫酸钠溶液,并立即密闭振摇,再将反应器置于(70±2)℃水浴中保温 30 min,取出后 2 min 内冷却至室温。

4. 萃取、浓缩

(1)萃取。用玻璃棒挤压反应器中试样,将反应液全部倒入提取柱内,吸附 15 min,用 20 mL 乙醚洗提反应器中的试样,重复四次,每次需混合乙醚和试样,然后将乙醚洗液滗入提取柱中,控制流速,收集乙醚提取液于圆底烧瓶中。

(2)浓缩。将上述收集的盛有乙醚提取液的圆底烧瓶置于真空旋转蒸发器上,于 35 ℃左右的低真空下浓缩至近 1 mL,再用缓氮气流驱除乙醚溶液,使其浓缩至近干。

三、影响织物禁用偶氮染料检测的因素

(一) 制样

欧盟标准明确规定,对于由不同颜色或组分组成的样品,若颜色和材料是可分的,则必须分开检测,但国家标准在这方面未做具体规定。按国家标准,在试样制取过程中,染色织物无需经剥色而分开检测;而印花织物,不同花型如果颜色不同,则应分别进行检测。

(二) 预润湿、还原

织物样品在密闭容器内用保险粉(连二亚硫酸钠)和柠檬酸盐缓冲溶液(pH=6),于 70℃进行直接还原处理,此步是偶氮染料检验中的关键步骤之一。织物如果还原不充分,会影响最后的定量结果。在标准中没有规定保险粉应该现配现用,而实际上保险粉在湿气、氧气中很容易分解,配好后的保险粉溶液放置不到 5 min 就出现了明显的损失,放置 1 d 后有效组分几乎全都消失。故在实际还原过程中,应该掌握好配液时间,织物在 70 ℃下预润湿 30 min,直接加入配好的溶液。

（三）定性分析方法

为避免杂质、干扰物和异构体的影响，必须同时采用两种或两种以上的色谱方法进行定性分析。事实上，杂质干扰和异构体的误认是经常发生的，采用多种色谱方法可有效避免此类问题的发生。气相色谱/质谱法和高效液相色谱法在对芳香胺的分离效果上有一定的互补性，芳香胺异构体在这两种色谱法上的保留行为是不完全相同的。因此对于这些质谱特性和光谱特性都很相似的芳香胺同分异构体，可以利用它们在两种不同色谱方法上的色谱保留行为的差异加以鉴别

（四）定量方法的选择

国家标准规定可以采用 GC/FID 或 GC/NPD 技术，以外标法进行定量（色谱条件与定性分析相同）。欧洲标准规定，必须使用 HPLC/DAD 或 GC/MS 方法，但若用 GC/MS 方法定量，则必须采用内标法。

四、试验程序

（一）色谱分析条件

（1）毛细管色谱柱：DB5MS，30 m×0.25 mm×0.1 μm，或相当者。

（2）进样口温度：250 ℃。

（3）柱温：60 ℃（1 min）$\xrightarrow{12\,℃/min}$ 210 ℃ $\xrightarrow{15\,℃/min}$ 230 ℃ $\xrightarrow{3\,℃/min}$ 250 ℃ $\xrightarrow{25\,℃/min}$ 280 ℃。

（4）质谱接口温度：270 ℃。

（5）质量扫描范围：35～35 amu。

（6）进样方式：不分流进样。

（7）载气：氦气（≥99.999%），流量为 1 mL/min。

（8）进样量：1 μL。

（9）离化方式：EI。

（10）离化电压：70 eV。

（二）定性分析

准确移取 1.0 mL 甲醇，加入浓缩至近干的圆底烧瓶中，混匀，静置。然后，分别取 1 μL 芳香胺标准工作溶液（20 mg/L）与试样溶液，一起注入色谱仪，按色谱分析条件操作，通过比较试样与标样的保留时间及特征离子进行定性。

（三）GC/MSD 分析方法

准确移取 1.0 mL 混合内标溶液（10 μg/mL），加入浓缩至近干的圆底烧瓶中，混匀，静置。然后，分别取 1 μL 混合内标溶液（10 μg/mL）与试样溶液，一起注入色谱仪，按色谱分析条件操作，选用选择离子方式进行定量。

（四）结果计算

按下式计算试样中各种芳香胺的含量：

$$X_i = \frac{A_i \times C_i \times V_i}{A_s \times m} \tag{4-6}$$

式中：X_i——试样中组分 i 的含量，μg/g（即 mg/kg）；

A_i——试样中组分 i 的峰高（或峰面积）；

A_s——处理过的标准工作液中组分 i 的峰高(或峰面积)

c_i——处理过的标准工作液中组分 i 的浓度,μg/mL;

V_i——样液定容体积,mL;

m——试样质量,g。

(五) 结果表示

1. 定性分析

对 GC/MS 的总离子流图上的每一组分进行质谱图解析,有标准参考物出峰保留时间的则可在相应的保留时间处处理质谱图,依据 20 种芳香胺的标准图谱可做出某芳香胺存在与否的判断(表 4-30)。

2. 定量分析

根据上述公式计算得到某芳香胺的含量,结果以"mg(芳香胺)/kg(产品)"表示。计算结果表示到个位数。低于测定低限时,试验结果为未检出,测定低限为 5 mg/kg。

表 4-30　致癌芳香胺定性选择特征离子

序号	中文名	CAS 号	特征离子(amu)
1	4-氨基联苯	92-67-1	169
2	联苯胺	92-87-5	184
3	4-氯-2-甲苯胺	95-69-2	141
4	2-萘胺	91-59-8	143
5	4-氨基-3,2′-二甲基偶氮苯(邻氨基偶氮甲苯)	97-56-3	—
6	2-氨基-4-硝基甲苯	99-55-8	—
7	2,4-二氨基苯甲醚	615-05-4	127
8	4-氯苯胺	106-47-8	138
9	4,4′-二氨基二苯甲烷	101-77-9	198
10	3,3′-二氯联苯胺	91-94-1	252
11	3,3′-二甲氧基联苯胺	119-90-4	244
12	3,3′-二甲基联苯胺	119-93-7	212
13	3,3′-二甲基-4,4′-二氨基二苯甲烷	838-88-0	226
14	2-甲氧基-5-甲基苯胺	120-71-8	137
15	4,4′-亚甲基二(2-氯苯胺)	101-14-4	266
16	4,4′-二氨基二苯醚	101-80-4	200
17	4,4′-二氨基二苯硫醚	139-65-1	216
18	2-甲基苯胺	95-53-4	107
19	2,4-二氨基甲苯	95-80-7	122
20	2,4,5-三甲基苯胺	137-17-7	135
21	2-甲氧基苯胺	90-04-0	123
22	4-氨基偶氮苯	60-09-3	—
23	2,4-二甲基苯胺	95-68-1	121
24	2,6-二甲基苯胺	87-62-7	121

第七节 织物的酸碱性

在纺织品的染整加工过程中会有一系列的酸碱处理,如棉织物退浆、精练、漂白和丝光处理都在碱性条件下进行,而羊毛的炭化和染色多数在酸性条件下进行,所以,经印染加工的织物有一定的酸碱度,即 pH 值不等于 7。人体正常皮肤的 pH 值为 5.5~6.5,呈弱酸性,如果外界酸碱度过高,超出皮肤适宜的 pH 值范围,会对皮肤产生刺激和腐蚀作用,甚至引发皮肤炎症,还可能对人体的汗腺系统及神经系统造成损害。因此,为了消费者的健康和安全,服用纺织品在正式投入市场之前,要很好地控制其 pH 值,以达到符合人体要求的合适范围。Oeko-tex 标准 100 国际生态纺织品标准中规定婴儿服装和与皮肤直接接触纺织品的 pH 值为 4.0~7.5,不直接接触皮肤的纺织品和装饰装饰材料的 pH 值为 4.0~9.0。

一、测试指标、标准及试样准备

(一) 测试指标

pH 值是指纺织品酸碱程度的量化指标,用水萃取液中氢离子浓度的负对数值表示。对于通常的水溶液:pH=7,呈中性;pH<7,呈酸性,pH 值越小,表示酸性越强;pH>7,呈碱性,pH 值越大,表示碱性越强。

(二) 测试标准

依据 GB/T 7573—2009 进行测试。

(三) 试剂准备

所有试剂均为分析纯。

(1) 蒸馏水或去离子水,至少满足 GB/T 6682—2008 三级水的要求,pH 值为 5.0~7.5。第一次使用前应检验水的 pH 值。如果 pH 值不在规定的范围内,可用化学性质稳定的玻璃仪器重新蒸馏或采用其他方法,使水的 pH 值达标。酸或有机物质,可以通过蒸馏 1 g/L 的高锰酸钾和 4 g/L 的氢氧化钠溶液的方式去除。碱(如氨存在时)可以通过蒸馏稀硫酸去除。如果蒸馏水不是三级水,可在烧杯中以适当的速率将 100 mL 蒸馏水煮沸(10±1)min,盖上盖子冷却至室温。

(2) 氯化钾溶液,0.1 mol/L,用蒸馏水或去离子水配置。

(3) 缓冲溶液,用于测定前校准 pH 计,可参照表 4-31 的规定制备,其 pH 值与待测溶液相近。推荐使用的缓冲溶液 pH 值在 4、7 和 9 左右。

表 4-31 缓冲溶液的制备

缓冲溶液名称	浓度 (mol/L)	pH 值	制备
邻苯二甲酸氢钾缓冲溶液	0.05	4.0	称取 10.21 g 邻苯二甲酸氢钾,放入 1 L 容量瓶中,用去离子水或蒸馏水溶解后定容至刻度。该溶液在 20 ℃ 的 pH 值为 4.00, 25 ℃ 的 pH 值为 4.01
磷酸二氢钾和磷酸氢二钠缓冲溶液	0.08	6.9	称取 3.9 g 磷酸二氢钾和 3.54 g 磷酸氢二钠,放入 1 L 容量瓶中,用去离子水或蒸馏水溶解后定容至刻度。该溶液在 20 ℃ 的 pH 值为 6.87,25 ℃ 的 pH 值为 6.86
四硼酸钠缓冲溶液	0.01	9.2	称取 3.80 g 四硼酸钠十水合物,放入 1 L 容量瓶中,用去离子水或蒸馏水溶解后定容至刻度。该溶液在 20 ℃ 的 pH 值为 9.23, 25 ℃ 的 pH 值为 9.18

（四）　试样准备

（1）从批样中选取有代表性的实验室样品，其数量应满足全部测试样品。将试样剪成约 5 mm×5 mm 的碎片，以便能够迅速润湿。

（2）避免污染和用手直接接触试样。每个试样准备 3 个平行样，每个称取(2.00±0.05)g。

二、影响织物酸碱性分析的因素

（一）　振荡时间对 pH 值测试结果的影响

厚度较小的织物振荡 1 h 其 pH 值变化均在 0.1 以内，小于 0.2，基本稳定；而厚度较大的织物振荡 1 h 其 pH 值仍有不同程度的变化，振荡 2 h 与振荡 1 h 的 pH 值差异均超过 0.2，振荡 2 h 后基本稳定。

（二）　振荡时三角瓶密封性对 pH 值测试结果的影响

酸性和接近中性的样品在不同条件下的 pH 值差异均在 0.2 以下，即振荡过程中容器的密封性能的影响不大，可以忽略；而碱性样品在加玻璃塞的情况下测得的 pH 值比不加玻璃塞时高 1.6，加橡胶塞的情况下测得的 pH 值比不加橡胶塞时高 1.5，即振荡过程中容器是否密封及塞子的密封性能的影响较大。

（三）　萃取液静置过程对 pH 值测试结果的影响

酸性和接近中性的样品在加和不加橡胶塞的情况下静置 8 h，pH 值变化均在 0.2 以内，结果基本稳定。碱性样品在加橡胶塞的情况下静置 4 h，pH 值变化小于 0.2，基本稳定，静置 8 h 后 pH 值变化为 0.3，对测试结果有一定的影响；在不加橡胶塞的情况下静置 1 h pH 值变化达 0.3，超过了 0.2，静置 8 h 后又下降了 1.7，极不稳定。

三、试验程序

（一）　水萃取液的制备

在室温下（一般控制在 10～30 ℃范围内）制备 3 个平行样的水萃取液：

在具塞烧瓶中加入 1 份试样和 100 mL 蒸馏水（或去离子水）或氯化钾溶液，盖紧瓶塞，充分摇动片刻，使试样完全湿润。将烧瓶置于机械振荡器上振荡 2 h±5 min(如果实验室能够确认振荡 2 h 与振荡 1 h 的试验结果无明显差异，可振荡 1 h)，记录萃取液的温度。

（二）　水萃取液 pH 值的测量

（1）在萃取液温度下用 2 种或 3 种缓冲溶液校准 pH 计。

（2）把玻璃电极浸没到同一萃取液（水或氯化钾溶液）中数次，直到 pH 示值稳定。

（3）将第一份萃取液倒入烧杯中，迅速把电极浸没到液面下至少 10 mm 的深度，用玻璃棒轻轻地搅拌溶液，直到 pH 示值稳定(本次测试值不记录)。

（4）将第二份萃取液倒入另一个烧杯中，迅速地把电极（不清洗）浸没到液面下至少 10 mm 的深度，静置，直到 pH 示值稳定并记录。

（5）取第三份萃取液，迅速地把电极（不清洗）浸没到液面下至少 10 mm 的深度，静置，直到 pH 示值稳定并记录。

（6）记录的第二份萃取液和第三份萃取液的 pH 值作为测量值。

（三）　计算

如果 2 个 pH 测量值之间的差异（精确到 0.1）大于 0.2，则另取试样重新测试，直到得到 2

个有效的测量值,计算其平均值,结果保留一位小数(表4-32)。

表 4-32　织物酸碱性测试记录表

试验仪器		执行标准	
试验温度		相对湿度	
样品名称			
试样号		pH 值	
一		—	
二			
三			
平均值(保留一位小数)			

（四）　差异指数

如果所测得的 pH 值小于 3 或大于 9,可按下列方法测定差异指数:

取 10 mL 萃取液于烧杯中,加入 90 mL 蒸馏水或去离子水。然后按照上述方法测定稀释后萃取液的 pH 值,精确至 0.1。萃取液的 pH 值和稀释萃取液的 pH 值之间的差值,即为差异指数。差异指数不能大于 1,当纺织品含有强酸或强碱同时未经弱酸或弱碱中和时,差异指数会较高。

（五）　注意事项

采用本方法测试纺织品水萃取液的 pH 值时,应注明电极的类型、所使用的三级水的 pH 值和实验室温度。

第八节　织物中可萃取重金属

一、织物中可萃取重金属检测简介

纺织品经某些染化料等处理后所残余的重金属离子,超过一定浓度后,会对人体产生不良的影响。纺织品中重金属的来源比较复杂,可分为前原生期和后加工期两个污染阶段。

前原生期是对天然植物纤维和动物纤维类织物而言的。对所有织物来说,重金属主要来源于后加工期,是织物加工过程中使用的某些染料和助剂,如各种金属络合染料、媒介染料、酞菁结构染料、固色剂、催化剂、阻燃剂、后整理剂等,以及用于软化硬水、退浆、精练、漂白、印花等工序的各种金属络合剂等。对天然纤维织物而言,重金属还可能来自环境污染,如植物纤维生长过程中铅、镉、汞、砷等重金属通过环境迁移和生物富集而被污染,动物纤维所含的痕量铜来源于生物合成。

英国率先规定了纺织品上重金属残留的分析方法;德国规定纺织品加工中禁止使用含 Hg、Sb、As、Pb、Cd 等重金属的阻燃剂;1991—1992 年,国际纺织品生态环境研究与测试协会正式发布了 Oeko-tex 标准 100/200,规定了纺织品上重金属检测项目及限定值(表4-33)。我国参考 Oeko-tex 标准 100 对纺织品上重金属离子的最高允许极限值的要求,制定了 GB/T

17593.1—2006,用原子吸收分光光度法测定纺织品上残余重金属离子如镉、钴、铬、铜、镍、铅、锌的游离量和总量,为控制纺织品上残余重金属离子含量提供了可靠依据。此方法科学合理,简便易行,既适用于各种纺织品上镉、钴、铬、铜、镍、铅和锌的游离量和总量的同时测定,也适用于其中一个元素的单独测定(表4-34)。

表4-33　纺织品中重金属的检测项目及限定值

可萃取重金属 (mg/kg)	I 婴幼儿用	II 直接与皮肤接触	III 不直接与皮肤接触	IV 装饰材料
锑(Sb)	30.0	30.0	30.0	30.0
砷(As)	0.2	1.0	1.0	1.0
铅(Pb)	0.2	1.0	1.0	1.0
镉(Cd)	0.1	0.1	0.1	0.1
铬(Cr)	1.0	2.0	2.0	2.0
铬(CrVI)	低于检出限			
钴(Co)	1.0	4.0	4.0	4.0
铜(Cu)	25.0	50.0	50.0	50.0
镍(Ni)	1.0	4.0	4.0	4.0
汞(Hg)	0.02	0.02	0.02	0.02

表4-34　Oeko-tex Standard 100 限制使用的重金属及其来源

名称	化学符号	在纺织品上的来源	名称	化学符号	在纺织品上的来源
锑	Sb	阻燃剂	铜	Cu	染料、纽扣等饰物
砷	As	棉花生长过程	镍	Ni	纽扣等饰物
铅	Pb	棉花生长过程	汞	Hg	棉花生长过程
镉	Cd	棉花生长过程	三丁基锡	TBT	杀菌剂、防腐剂
铬	Cr	媒染剂、染料、氧化剂、纽扣等饰物	三苯基锡	DBT	杀菌剂、防腐剂
钴	Co	催化剂、染料	—	—	—

二、测试标准及试样准备

纺织品上重金属的检测方法有多种。事实上,纺织品上可能含有的重金属绝大部分并不处于游离状态,对人体不会造成损害。按照 Oeko-tex 标准 200,纺织品上重金属统一为可萃取重金属。可萃取重金属是模仿人体皮肤表面环境,以人工酸性汗液从纺织品上萃取下来的重金属,可采用原子吸收分光光度法(AAS)、等离子发射光谱法(ICP)或(比色)分光光度法进行定量分析。列入生态纺织品检测项目的重金属包括锑(Sb)、砷(As)、铅(Pb)、镉(Cd)、铬(Cr)、钴(Co)、铜(Cu)、镍(Ni)和汞(Hg)。样品如果不是天然纤维织物或其混纺织物,则不必对砷和汞进行检测。对于金属辅料,以及经过电镀的塑料辅料,萃取时必须用几层未经过染色的化学惰性纺织材料(如聚酯纤维、聚丙烯纤维)包裹,以免因磨损等造成分析误差。

（一）测试标准

国内使用的测试方法有原子吸收分光光度法、电感耦合等离子体原子发射光谱法、分光光度法、砷、汞原子荧光分光光度法,有关标准见表 4-35。表 4-36 比较了常用的几种国内外相关标准。

表 4-35　国内纺织品上重金属测试标准

标准代码	标准名称
GB/T 17593.1—2006	纺织品 重金属的测定 第 1 部分:原子吸收分光光度法
GB/T 17593.2—2007	纺织品 重金属的测定 第 2 部分:电感耦合等离子体原子发射光谱法
GB/T 17593.3—2006	纺织品 重金属的测定 第 3 部分:六价铬 分光光度法
GB/T 17593.4—2006	纺织品 重金属的测定 第 4 部分:砷、汞原子荧光分光光度法

表 4-36　纺织品上重金属测试标准比较

标准号	测定金属形式		前处理形式	前处理条件	测试方法
BS 6810-2	可溶性金属	所有金属（除 Cr 外）	0.07 mol/L 盐酸萃取	0.07 mol/L 盐酸,调节 pH 值 ≤1.5（羊毛或聚酰胺）,振荡 1 h	ICP-AES
	总金属量	所有金属	湿法灰化	BS 6648	—
		所有金属（除 Hg 外）	干法灰化	马弗炉中,温度低于 450 ℃,直至灰化	—
BSEN 681-1	可溶性金属	所有金属（除 Cr 外）	0.07 mol/L 盐酸萃取	0.07 mol/L 盐酸,调节 pH 值 ≤1.5（羊毛或聚酰胺）,振荡 1 h	AAS 比色法
		可溶性铬	0.05 mol/L 四硼酸二钠溶液萃取	0.05 mol/L 四硼酸二钠溶液（pH=9.2）,（40±2）℃下振荡 30 min	比色法
	重金属总量	所有金属	湿法灰化	BS 6648	AAS 比色法
		所有金属（除 Hg 外）	干法灰化	马弗炉中,温度低于 450 ℃,直至炭化	
Oeko-tex 标准 200	重金属总量	Pb、Cd	湿法消解	酸	AAS
	可萃取金属	所有金属	人造酸性汗液提取	ISO 105-E04（测试页Ⅱ）规定的人造酸性汗液	ICP-AES 比色法
	六价铬	Cr(VI)	人造酸性汗液提取	人造酸性汗液	比色法
GB/T 17593	可萃取重金属（除六价铬外）	CD、Co、Cr、Cu、Ni、Pb、Sb、Zn、As、Cd、Co、Cr、 Cu、 Ni、Pb、Sb	—	人造酸性汗液,（37±2）℃水浴,振荡 60 min	AAS ICP-AES
	可萃取六价铬	Cr(VI)	人造酸性汗液提取	人造酸性汗液,（37±2）℃水浴,振荡 60 min,用二苯基碳酰二肼显色	比色法
	可萃取砷、汞	As、Hg	—	人造酸性汗液,（37±2）℃水浴,振荡 60 min,将其转化成适宜价态,再加入硼氢化钾还原	AFS

（二）　试样准备

取有代表性样品,剪碎至 5 mm×5 mm 以下,混匀;称取 4 g 试样,2 份,精确至 0.01 g,置于具塞三角烧瓶中;在烧瓶中加入 80 mL 酸性汗液,将试样充分浸湿,放入恒温水浴振荡器中振荡 60 min 后取出,静置冷却至室温,过滤后作为样液供分析使用。

三、纺织品上可萃取重金属影响因素

（1）滤液放置时间。滤液放置 48 h 对测试结果的影响很小。

（2）萃取后等待过滤时间。6 h 内测试结果均符合要求。

（3）萃取时间。45～75 min 内萃取,测试结果均符合要求。

（4）料液比。以 1：20 的料液比作为基准做精密度判定,Cr 和 Sb 的测试结果均符合判定,Ni 在 1：10 的料液比时的测试结果不符合判定。料液比在 1：20～1：50 范围内,3 种元素的测试结果都可以接受。

（5）样品的尺寸。平均测试浓度随着样品尺寸减小而增大,可以认为样品剪得越小,萃取越充分。以 5 mm×5 mm 作为基准做精密度判定,得到的结果显示在 1.25 mm×1.25 mm～20 mm×20 mm 范围内,所有的值均符合判定要求。

（6）振荡频率。随着振荡速率的增大,平均测试浓度变大,即振荡速率越大,萃取越充分。以 60 次/min 作为基准做精密度判定,在 30～120 次/min 范围内,测试结果符合判定。

（7）萃取温度。随着萃取温度的增加,平均测试浓度显著增加。萃取温度越高,分子运动越快,萃取越充分。以 37 ℃作为基准做精密度判定,30～37 ℃的测试结果符合判定要求。

四、纺织品上重金属离子游离量的测定方法

（一）　原理

根据标准,试样分别以人工酸性、碱性汗液和唾液萃取,然后用石墨炉原子吸收分光光度计或火焰原子吸收分光光度计,分别用镉、钴、铬、铜、镍、铅和锌空心阴极灯做光源,在对应的原子吸收光谱波长 228.8、240.7、357.9、324.7、232.0、283.3 和 213.9 nm 处,测量萃取液的吸光度,对照标准工作曲线确定各重金属含量,计算出纺织品中镉、钴、铬、铜、镍、铅和锌的游离量。试样中共存的杂质元素均不干扰测定。

（二）　仪器设备

石墨炉原子吸收分光光度计或火焰原子吸收分光光度计,附有镉、钴、铬、铜、镍、铅和锌空心阴极灯。容量瓶(100、1 000 mL),具塞三角烧瓶(250 mL),单标移液管(1、2、5 和 10 mL),量筒(10 和 50 mL),恒温水浴锅,漏斗式过滤器,天平(精确至 0.000 2 g)。

（三）　试剂

硝酸,盐酸,L-组氨酸盐酸盐-水合物,氯化钠,磷酸二氢钠二水合物,氢氧化钠、磷酸氢二钠十二水合物(以上试剂均为 A.R.),以及纯的镉、钴、铜、镍、铅和锌与二级水。

（四）　溶液制备

（1）硝酸(1+1)。

（2）盐酸(1+1)。

（3）酸性汗液。在 1 000 mL 蒸馏水中,加入 0.5 g L-组氨酸盐酸盐-水合物,5 g 氯化钠,2.2 g 磷酸二氢钠二水合物,配成酸性汗液。用 0.1 mol/L 的氢氧化钠溶液调整试液 pH 值至

5.5。试液需现配现用。

（4）碱性汗液。在 1 000 mL 蒸馏水中,加入 0.5 g L-组氨酸盐酸盐-水合物,5 g 氯化钠,5 g 磷酸氢二钠十二水合物或 2.5 g 磷酸氢二钠二水合物,配成碱性汗液。用 0.1 mol/L 的氢氧化钠溶液调整试液 pH 值至 8.0。试液需现配现用。

（5）唾液。0.07 mol/L 盐酸。

（6）2 mol/L 盐酸。

（7）0.1 mol/L 氢氧化钠。

（8）单元素标准储备溶液。单元素标准储备溶液可使用标准物质或按如下方法配制:

① 镉(Cd)标准储备溶液(100 μg/mL)。称取 0.203 g 氯化镉,溶于水,移入 1 000 mL 容量瓶中,稀释至刻度。

② 钴(Co)标准储备溶液(100 μg/mL)。称取 2.630 g 无水硫酸钴,加 150 mL 水,加热至溶解,冷却,移入 1 000 mL 容量瓶中,稀释至刻度。

③ 铬(Cr)标准储备溶液(100 μg/mL)。称取 0.283 g 重铬酸钾,溶于水,移入 1 000 mL 容量瓶中,稀释至刻度。

④ 铜(Cu)标准储备溶液(100 μg/mL)。称取 0.393 g 硫酸铜,溶于水,移入 1 000 mL 容量瓶中,稀释至刻度。

⑤ 镍(Ni)标准储备溶液(100 μg/mL)。称取 0.448 g 硫酸镍,溶于水,移入 1 000 mL 容量瓶中,稀释至刻度。

⑥ 铅(Pb)标准储备溶液(100 μg/mL)。称取 0.160 g 硝酸铅,用 10 mL 硝酸溶液(1+9)溶解,移入 1000 mL 容量瓶中,稀释至刻度。

⑦ 锑(Sb)标准储备溶液(100 μg/mL)。称取 0.274 g 酒石酸锑钾,溶于盐酸溶液(10%),移入 1 000 mL 容量瓶中,用盐酸溶液(10%)稀释至刻度。

⑧ 锌(Zn)标准储备溶液(100 μg/mL)。称取 0.440 g 硫酸锌,溶于水,移入 1 000 mL 容量瓶中,稀释至刻度。

⑨ 标准工作溶液(100 μg/mL)。分别移取适量镉、铬、铜、镍、铅、锑、锌、钴标准储备溶液中的一种或几种,置于加有 5 mL 浓硝酸的 100 mL 容量瓶中,用水稀释至刻度,摇匀,配制成浓度为 10 μg/mL 的单标或混标标准工作溶液。

（五） 测定

将标准工作溶液用水逐级稀释成适当浓度的系列工作溶液。分别在 228.8(Cd)、240.7(Co)、357.9(Cr)、324.7(Cu)、232.0(Ni)、283.3(Pb)、217.6(Sb)、213.9 nm(Zn)波长处,用石墨炉原子吸收分光光度计,按浓度由低至高的顺序测定系列工作溶液中镉、钴、铬、铜、镍、铅、锑的吸光度;或用火焰原子吸收分光光度计,按浓度由低至高的顺序测定系列工作溶液中铜、锑、锌的吸光度。然后以吸光度为纵坐标,元素浓度(mg/mL)为横坐标,绘制工作曲线。

按相应波长上测定空白溶液和样液中各待测元素的吸光度,从工作曲线上计算出各待测元素的浓度。

（六） 结果计算

试样在酸性、碱性汗液及唾液中镉、钴、铬、铜、镍、铅、锌的游离量(μg/g)计算公式如下:

$$C'(Cd, Co, Cr, Cu, Ni, Pb, Zn) = \frac{(C - C_0) \times V}{m} \tag{4-7}$$

式中：C——自工作曲线上查得的试样溶液中镉、钴、铬、铜、镍、铅、锌的浓度，μg/mL；

$\qquad$ C_0——自工作曲线上查得的随同试样空白溶液中镉、钴、铬、铜、镍、铅、锌的浓度，

$\qquad\qquad$ μg/mL；

$\qquad$ V——试样溶液的总体积，mL；

$\qquad$ m——试样的质量，g。

所得结果应修约至两位小数。取平行测定结果的算术平均值作为测定结果，同一试验平行测定结果之相对标准偏差不大于 10%。

五、纺织品上重金属离子总量的测定方法

试样用硫酸、硝酸湿法灰化后，用硝酸溶解残渣，将试样溶液喷入空气-乙炔火焰中，分别用镉、钴、铬、铜、镍、铅和锌空心阴极灯做光源，在对应的原子吸收光谱仪波长 228.8、240.7、357.9、324.7、232.0、283.3 和 213.9 nm 处，测量其吸光度，对照标准曲线确定各重金属离子的含量。试样中共存的杂质元素均不干扰测定。

（一）仪器设备

石墨炉原子吸收分光光度计或火焰原子吸收分光光度计，附有镉、钴、铬、铜、镍、铅和锌空心阴极灯。容量瓶（100、1 000 mL），具塞三角烧瓶（250 mL），单标移液管（1、2、5 和 10 mL），量筒（10、50 mL），恒温水浴锅，漏斗式过滤器，天平（精确至 0.000 2 g）。

（二）试剂

高氯酸（70%），硫酸（98%），硝酸（68%），以及纯的镉、钴、铜、镍、铅和锌与二级水。

（三）溶液制备

(1) 硝酸（1+1）。

(2) 盐酸（1+1）。

(3) 镉、钴、铜、镍、铅和锌标准贮存溶液。称取纯镉、钴、铜、镍、铅和锌各 1.000 g（精确至 0.000 1 g），分别置于一组 100 mL 烧杯中，各加入 20 mL 硝酸，微热至溶解完全，冷却，准确移入 1 000 mL 容量瓶中，用二级水稀释至刻度，摇匀。上述溶液 1 mL 分别含 1 000μg 镉、钴、铜、镍、铅、锌。

(4) 铬标准贮存溶液。称取纯铬 1.000 g（精确至 0.000 1 g），置于一组 100 mL 烧杯中，加入 20 mL 盐酸，微热至溶解完全，冷却，准确移入 1 000 mL 容量瓶中，用二级水稀释至刻度，摇匀。上述溶液 1 mL 含 1 000 μg 铬。

(5) 镉、钴、铬、铜、镍、铅和锌混合标准溶液。分别移取 20 mL 镉、钴、铜、镍、铅、锌标准储存溶液和 20 mL 铬标准贮存液，置于 1 000 mL 容量瓶中，用二级水稀释至刻度，摇匀。此溶液 1 mL 分别含 20 μg 镉、钴、铬、铜、镍、铅和锌。

（四）试样准备

从样品上随机剪取质量约 4 g 的试样六份，剪碎到 0.5 mm×0.5 mm 以下，精确称至 0.000 1 g，各取两份分别进行酸性、碱性汗液和唾液试验，供平行试验。

将试样置于 150 mL 烧杯中，加入 20 mL 98% 浓硫酸和几滴 68% 硝酸，一起加热，在加热的同时，加入一滴 70% 高氯酸，煮沸混合物，直至不再产生黄绿色的烟雾（氯气）为止。不断重复滴加高氯酸，直至溶液变成澄清，然后蒸发除去过量的硫酸，蒸至湿盐状。取下冷却，加入 5 mL 硝酸（1+1），微热，溶解残渣，将溶液移入 25 mL 容量瓶中，用二级水稀释至刻度，摇匀。

（五）空白试验

随同试样做空白试验。

（六）标准工作曲线的绘制

（1）镉、钴、镍和锌工作曲线的绘制。分别移取 0.00、1.00、2.00、3.00、4.00、5.00 mL 镉、钴、镍和锌的混合标准溶液于一组 100 mL 容量瓶中，分别加入 20 mL 硝酸(1+1)，用二级水稀释至刻度，摇匀。以二级水调零，分别测量镉、钴、镍和锌的吸光读数，减去试剂空白，分别以镉、钴、镍和锌的浓度为横坐标，吸光度读数为纵坐标，绘制工作曲线。

（2）铬、铜和铅工作曲线的绘制。分别移取 0.00、5.00、10.00、15.00、20.00、25.00 mL 铬、铜和铅混合标准溶液于一组 100 mL 容量瓶中，分别加入 20 mL 硝酸(1+1)，用二级水稀释至刻度，摇匀。以二级水调零，分别测量铬、铜和铅的吸光读数，减去试剂空白，分别以铬、铜和铅的浓度为横坐标，吸光度读数为纵坐标，绘制工作曲线。

（七）测定

在火焰原子吸收分光光度计上，于波长 228.8、240.7、357.9、324.7、232.0、283.3、213.9 nm 处，先在空气-乙炔火焰中，以二级水调零。然后，按需分别测量试样中镉、钴、铬、铜、镍、铅和锌的吸光度读数，从工作曲线上查出相应的镉、钴、铬、铜、镍、铅和锌的量。

（八）结果计算

试样中镉、钴、铬、铜、镍、铅、锌的总量($\mu g/g$)计算公式如下：

$$C'(\text{Cd, Co, Cr, Cu, Ni, Pb, Zn}) = \frac{(C - C_0) \times V}{m}$$

式中：C——自工作曲线上查得的试样溶液中镉、钴、铬、铜、镍、铅、锌的浓度，$\mu g/mL$；

C_0——自工作曲线上查得的随同试样空白溶液中镉、钴、铬、铜、镍、铅、锌的浓度，$\mu g/mL$；

V——试样溶液的总体积，mL；

m——试样的质量，g。

所得结果应保留两位小数。取平行测定结果的算术平均值作为测定结果，同一试验平行测定结果之相对标准偏差不大于 10%。

注意：

使用石墨炉原子吸收分光光度计或火焰原子吸收分光光度计测定纺织品上重金属含量时，应将仪器调节至最佳工作状态后测定，由于仪器的最佳工作条件随仪器型号不同或其他因素而异，故不作具体规定。

如试样中镉、钴、铬、铜、镍、铅和锌的含量较高时，可将需测定的试样溶液稀释至适当浓度后再测定。

思考题

4-1 简述纺织品中生态毒性物质的来源。

4-2 简述纺织品中有害物质的分类及危害。

4-3 简述影响纺织品阻燃性的因素。

4-4 简述影响纺织品抗静电性能的因素。

4-5 简述影响织物酸碱性分析的因素。

4-6 简述纺织品中可萃取重金属的影响因素。

参考文献

［1］GB 18401—2010,国家纺织产品基本安全技术规范[S].

［2］GB/T 2912.1—2009,纺织品 甲醛的测定 第1部分:游离和水解的甲醛(水萃取法)[S].

［3］GB/T 2912.2—2009,纺织品 甲醛的测定 第2部分:释放的甲醛(蒸汽吸收法)[S].

［4］GB/T 2912.3—2009,纺织品 甲醛的测定 第3部分:高效液相色谱法[S].

［5］GB/T 7573—2009,纺织品 水萃取液 pH 值的测定[S].

［6］GB/T 12703.1—2008,纺织品 静电性能的评定 第1部分:静电压半衰期[S].

［7］GB/T 12703.2—2009,纺织品 静电性能的评定 第2部分:电荷面密度[S].

［8］GB/T 12703.3—2009,纺织品 静电性能的评定 第3部分:电荷量[S].

［9］GB/T 12703.4—2010,纺织品 静电性能的评定 第4部分:电阻率[S].

［10］GB/T 12703.5—2010,纺织品 静电性能的评定 第5部分:摩擦带电电压[S].

［11］GB/T 12703.6—2010,纺织品 静电性能的评定 第6部分:纤维泄漏电阻[S].

［12］GB/T 12703.7—2010,纺织品 静电性能的评定 第7部分:动态静电压[S].

［13］GB/T 20944.1—2007,纺织品 抗菌性能的评价 第1部分:琼脂平皿扩散法[S].

［14］GB/T 20944.2—2007,纺织品 抗菌性能的评价 第2部分:吸收法[S].

［15］GB/T 20944.3—2008,纺织品 抗菌性能的评价 第3部分:振荡法[S].

［16］GB/T 17592—2011,纺织品 禁用偶氮染料的测定[S].

项目五

织物色牢度

织物色牢度是指印染到织物上的色泽耐受外界影响的程度。纺织品在穿着和保管中会因光、汗、摩擦、洗涤、熨烫等原因发生褪色或变色现象,影响服装的外观美感。所以,色牢度是织物质量的重要指标。

一、色牢度分类

织物颜色变化的程度可用色牢度表示。根据导致变色的介质不同,织物色牢度包括以下几种:

(一) 耐摩擦色牢度

耐摩擦色牢度是指染色织物经过摩擦后的掉色程度,可分为干态摩擦和湿态摩擦。耐摩擦色牢度差的织物使用寿命会受到限制。

(二) 耐皂洗色牢度

耐皂洗色牢度是指染色织物经过水洗或皂洗后色泽变化的程度。通常以原样和试样褪色后的色差来进行评判。耐皂洗色牢度差的织物宜干洗,若进行湿洗,则需加倍注意洗涤条件,如洗涤温度不能过高、时间不能过长等。

(三) 耐汗渍色牢度

耐汗渍色牢度是指染色织物在沾浸汗液后的掉色程度。耐汗渍色牢度差的服装容易在腋下等部位发生褪色。由于人工配制的汗液成分不尽相同,因而汗渍色牢度一般除单独测定外,还与其他色牢度结合起来考核。

(四) 耐熨烫色牢度

耐熨烫色牢度是指染色织物在熨烫时出现的变色或褪色程度。服装在制作和穿着中,应选择适宜的熨烫温度。

(五) 耐光色牢度

耐光色牢度是指织物受日光作用变色的程度。其测试方法可采用自然阳光照晒或日光机照晒,将照晒后的试样褪色程度与标准色样进行对比。耐光色牢度差的织物切忌在阳光下长时间曝晒,宜于放在通风处阴干。

织物的色牢度是织物服用性能中比较重要的指标,例如,洗涤色牢度不仅影响这一件服装,还会使同洗的服装发生沾色等,因此在纺织品贸易中是重点考核的项目之一。

二、牢度检测常用术语

（一）标准深度

一种公认的深度标准系列,评定染料的染色牢度应将染料在纺织品上染成规定的色泽浓度才能进行比较。这是因为色泽浓度不同,测得的牢度是不一样的。例如浓色试样的耐晒牢度比淡色的高,耐摩擦牢度的情况则与此相反。为了便于比较,应将试样染成一定浓度的色泽,主要颜色各有一个规范的所谓标准浓度参比标样。这个浓度写成"1/1"染色浓度,一般染料染色样卡中所载的染色牢度都注有"1/1""1/3"等染色浓度。"1/3"的浓度为 1/1 标准浓度的 1/3。同一标准深度的颜色,在心理感觉上是相等的,使色牢度等可在同一基础上进行比较。

（二）贴衬织物

在色牢度试验中,为判定染色物对其他纤维的沾色程度,和染色物缝合在一起形成组合试样共同进行处理的未染色的白色织物。

（三）蓝色羊毛标准

在耐光色牢度试验中,为评定染色物的色牢度级别,和染色物一起暴晒的蓝色羊毛织物。这些蓝色羊毛织物是用规定的染料染制而成的,具有一到八级的耐光色牢度。

（四）变色

经过一定的处理后,染色物的颜色在色光、深度或鲜艳度方面的变化,或这些变化的综合结果。

（五）沾色

经过一定的处理后,染色物上的颜色向相邻的贴衬织物上转移,对贴衬织物的沾污。

（六）色牢度评级

根据色牢度试验时,染色物的变色程度及对贴衬织物的沾色程度,对纺织品的染色牢度进行评定。如耐光色牢度为八级,而耐洗、耐摩擦等为五级。级数越高,表示色牢度越好。

（七）评定变色用灰色样卡

在色牢度试验中,为评定染色物的变色程度而使用的标准灰色样卡。一般称为变色灰卡。

（八）评定沾色用灰色样卡

在色牢度试验中,为评定染色物对贴衬织物的沾色程度而使用的标准灰色样卡。一般称为沾色灰卡。

第一节　织物耐摩擦色牢度

耐摩擦色牢度是指染品受到摩擦时保持不褪色、不变色的能力。耐摩擦色牢度分为干摩擦色牢度和湿摩擦色牢度两种。干摩擦色牢度是指用标准白布与染品进行摩擦后染品的褪色及沾色情况;湿摩擦色牢度是指用含湿率 95％～105％的标准白布与染品进行摩擦后染品的褪色及沾色情况。

一、测试原理、标准及试样准备

（一）测试原理

将被测织物及标准白布分别与标准褪色样卡和沾色样卡进行对比,评定出褪色牢度和沾色牢度。耐摩擦色牢度与耐洗色牢度一样,分为五级九档,其中五级最好,一级最差。织物的摩擦褪色是在摩擦力的作用下染料脱落而引起的。湿摩擦除了外力作用外,还有水的作用,因此湿摩擦色牢度一般比干摩擦色牢度低一级左右。

(二) 测试标准

GB T 3920—2008。

(三) 试样准备

(1) 试样的制备方法有两种:

① 如试样是织物或地毯,必须有两组尺寸不小于 50 mm×200 mm 的样品。每组两块,一块的长度方向平行于经纱,用于经向的干摩擦和湿摩擦测试;另一块的长度方向平行于纬纱,用于纬向的干摩擦和湿摩擦测试。当测试有多种颜色的纺织品时,应细心选择试样的位置,使所有颜色都被摩擦到。若各种颜色的面积足够大时,必须全部取样。

② 若试样是纱线,则将其编结成织物,并保证试样尺寸不小于 50 mm×200 mm;亦可将纱线平行缠绕于与上述试样尺寸相同的纸板上,制成一薄层,一面做干摩擦测试,一面做湿摩擦测试。

(2) 摩擦用布。摩擦用布(符合 GB/T 7568.2—2008)应采用经退浆、漂白、不含任何整理剂的棉织物。将其剪成 50 mm×50 mm 的正方形,用于圆形摩擦头;或剪成 25 mm×100 mm 的长方形,用于长方形摩擦头。

(3) 检测用水采用三级水。

(4) 滴水网。直径为 1mm 的不锈钢丝网,网孔宽约 20 mm,或耐水洗砂纸。

(5) 设备。耐摩擦色牢度试验仪(图 5-1),它具有两种不同尺寸的摩擦头(一种是长方形摩擦头,尺寸为 19 mm×25.4 mm,适用于绒类织物及地毯;另一种是圆形摩擦头,直径(16±0.1)mm,适用于其他纺织品),摩擦头的垂直压力为(9±0.2)N,直线往复动程为(104±3)mm。

(6) 评定变色用灰色样卡和评定沾色用灰色样卡。

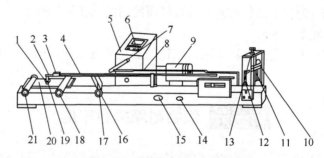

图 5-1　耐摩擦色牢度试验仪

1—套圈　2—摩擦头球头螺母　3—重块　4—往复扁铁　5—减速箱　6—计数器　7—曲轴
8—连杆　9—电动机　10—压轮　11—滚轮　12—摇手柄　13—压力调节螺钉　14—启动开关
15—电源开关　16—撑柱捏手　17—撑柱　18—右凸轮捏手　19—摩擦头　20—试样台　21—左凸轮捏手

二、影响织物摩擦色牢度的因素

织物摩擦色牢度差主要是由织物表面浮色及纤维内部的染料发生扩散造成的,本质上是由染料在纤维内部的扩散难易程度和染料与纤维之间的直接性大小决定的。

（一）内因分析

1. 染料

活性染料由于分子结构复杂，与纤维间的直接性较大，不容易向纤维内部扩散，且一部分染料会发生水解，导致织物表面浮色较多，摩擦色牢度较差。为提高织物的湿摩擦色牢度，应该选择种类、分子大小和分子结构合适的染料。

2. 纤维

丝光棉织物的摩擦色牢度较普通棉织物好，这一方面是因为丝光棉纤维内部的无定形区较普通棉纤维大，且丝光棉纤维的孔隙大，染料较容易扩散到纤维内部；另一方面是因为丝光棉纤维表面光滑，横截面一般为椭圆形或圆形，织物表面摩擦因数低。

3. 织物

织物表面光洁，组织结构平整或摩擦因数低，也可以改善摩擦色牢度。例如，与厚重紧密的织物相比，轻薄疏松织物的摩擦色牢度较高；磨毛布、灯芯绒等织物在测试时其表面的毛絮会沾在白布上，导致湿摩擦色牢度等级下降。

（二）外因分析

1. 染色温度

对于活性染料，升高染色温度，可以加快反应速率，但水解速率的增加幅度通常大于反应速率，这导致纤维表面浮色较多，不利于摩擦色牢度的改善。

2. 染液 pH 值

活性染料上染纤维素纤维时，染液 pH 值越高，纤维和染料间的电荷斥力越大，染料与纤维间的直接性降低；同时，染料水解速率加快，虽然染料和纤维的反应速率提高，但水解速率的增加更显著，固色率降低，织物表面浮色增多，摩擦色牢度变差。

3. 染料用量

一般情况下，染料用量不能超过染色饱和值的 10%。染深色时，如果染料用量过多，过量的染料非但不能上染和固着，反而会堆积在织物表面，使织物表面浮色较多。当织物受到摩擦力，以及在水的溶解作用下，这些未固着的染料会脱落，并沾附在白布上，影响织物的摩擦色牢度。

4. 助剂种类和用量

对于活性染料，一般采用阳离子固色剂来封闭其阴离子水溶性基团，以降低染料的水溶性，防止染料在水中电离、溶解而从织物上脱落。某些固色剂除与染料形成离子键外，还会与纤维发生作用，在纤维表面形成立体网状的聚合物薄膜，进一步封闭染料，增加布面的平滑度，降低摩擦因数，进一步提高摩擦色牢度。

为避免纤维表面的浮色染料在摩擦时轻易脱落，有印染厂在后续拉幅整理中使用有机硅或氧化聚乙烯乳液，赋予织物平滑性，并在纤维表面成膜，降低布面的摩擦因数。合适的助剂对织物摩擦色牢度的提高有很大帮助，但是助剂的用量应该适中，过量的助剂可能会与染料形成复合物，使染料聚集在纤维表面，难于向纤维内部扩散，反而使摩擦色牢度变差。

三、试验程序

将试样平铺在耐摩擦色牢度试验仪的底板上，用夹紧装置将试样两端固定，使试样的长度方向与仪器的动程方向一致。

（一）干摩擦

将试样固定在耐摩擦色牢度试验仪的摩擦头上，使摩擦用布的经向与摩擦头运行方向一致。在试样的长度方向上，开机后，往复动程为 100 mm，摩擦头垂直压力为 9 N，分别测试试样经向和纬向。试样和摩擦布须在标准大气中调湿，试验应在标准大气中进行。

（二）湿摩擦

湿摩擦试验中，摩擦用布必须用二级水浸湿，取出并放在滴水网上均匀滴水，或使用轧液辊挤压，使其含水率达到 95%～105%。其他操作与干摩擦试验基本相同。湿摩擦试验结束后，将湿摩擦布用放在室温下晾干。

四、结果评定

(1) 用灰色样卡评定试样经纬向干、湿摩擦的沾色级别。

(2) 写出检测报告。

第二节 织物耐皂洗色牢度

耐皂洗色牢度是指染色织物在皂洗过程中褪色和变色的情况。将纺织品试样与规定的贴衬织物缝合在一起，置于皂液或肥皂和无水碳酸钠的混合液中，在耐皂洗色牢度试验机上经过特定的洗涤程序后，再经过清洗和干燥，以原样为参照，用灰色样卡或仪器评定试样变色和贴衬沾色。

耐皂洗色牢度试验常用的仪器有 SW-12、SW-8 或 SW-4 耐皂洗色牢度试验机。耐皂洗色牢度检测方法仅适用于检测洗涤对纺织品色牢度的影响。

一、测试原理、标准及试样准备

（一）测试原理

耐皂洗色牢度一般需测试原样褪色和白布沾色两项指标。原样褪色是指染色织物在皂洗前后的色泽变化情况。白布沾色是指与染色织物同时皂洗的白布因染色织物的褪色而沾染的情况。测试时，将纺织品试样与一块或两块规定的白色贴衬织物缝合，放于皂液中，在规定的时间和温度条件下，经机械搅拌，再经冲洗、干燥。此时试样上的染料发生褪色，并沾污白色贴衬织物。用灰色样卡评定试样的变色和贴衬织物的沾色情况。耐洗色牢度共分 5 级 9 档，其中 5 级最好，1 级最差。

（二）测试标准

目前，我国纺织品耐洗色牢度试验标准 GB/T 3921—2008 是对 GB/T 5713—1997 的修订，GB/T 12490—2014 是对 GB/T 12490—2007 的修订（表 5-1）。

GB/T 3921—2008 适用于家庭用所有类型纺织品耐洗涤色牢度的测试，评级工具为标准灰色样卡或光谱测色仪，洗涤剂选择不含荧光增白剂的肥皂，需要时可加入无水碳酸钠。

GB/T 12490—2014 适用于家庭用纺织品耐家庭和商业洗涤色牢度的测试，评级工具为标准灰色样卡，洗涤剂选择不含荧光增白剂的 MTCC 标准洗涤剂 WOB 或 ECE 标准洗涤剂，需要时可加入无水碳酸钠或次氯酸钠（锂）。

表 5-1 耐洗色牢度标准

项目	国家标准	AATCC标准
纺织品 色牢度试验 耐皂洗色牢度	GB/T 3921—2008	AATCC 107—2007
纺织品 色牢度试验 耐家庭和商业洗涤色牢度	GB/T 12490—2014	

因此,在进行耐洗色牢度试验之前,一定要明确待检测产品适用的方法和标准,否则检验结果没有可比性。我国的国家标准和行业标准中,耐洗色牢度的沾色主要考核纺织品中主要组分和次要组分的沾色;而在出口贸易中,买方经常利用最易沾色的锦纶或蚕丝贴衬来考核纺织品的耐洗沾色效果。因此,对于待检测的同一种产品,所采用的测试方法不同,其检测结果往往大相径庭。

（三）试样准备

(1)试样的制备方法有两种:

① 如试样是织物,取 40 mm×100 mm 的试样两块。一块正面与一块 40 mm×100 mm 多纤维贴衬织物相贴合,另一块夹于两块 40 mm×100 mm 单纤维贴衬织物之间,分别沿一短边缝合,制成两个组合试样。

② 如试样是纱线或散纤维,可将纱线编成织物,再按织物试样制备;也可取纱线或散纤维制成一薄层,用量约为贴衬织物总量的一半。将一块试样夹于一块 40 mm×100 mm 多纤维贴衬织物和一块 40 mm×100 mm 染不上颜色的织物之间,另一块夹于两块 40 mm×100 mm 单纤维贴衬织物之间,分别沿四边缝合,制成两个组合试样。

(2)试剂。

① 肥皂,含水率不超过 5%,成分含量按干燥质量计,应符合下列要求:

游离碱(以碳酸钠计):0.3%(最大);游离碱(以氢氧化钠计):0.1%(最小);总脂肪物:850 g/kg(最小);制备肥皂混合脂肪酸冻点:30 ℃(最高);碘值:50(最大);不含发光增白剂。

② 皂液,每升水含 5 g 肥皂和 2 g 无水碳酸钠。

③ 如果需要,可用合成洗涤剂 4 g/L 代替皂片 5 g/L。

(3)贴衬织物。贴衬织物需两块,每块尺寸为 40 mm×100 mm。第一块用试样的同类纤维制成,第二块则由表 5-2 规定的纤维制成。如果试样是混纺或交织品,第一块由主要含量的纤维制成,第二块由次要含量的纤维制成。

表 5-2 耐洗色牢度试验用贴衬织物

第一块贴衬织物	第二块贴衬织物		
	方法一~三	方法四	方法五
棉纤维	羊毛	黏胶纤维	黏胶纤维
羊毛	棉纤维	—	—
丝	棉纤维	棉纤维	—
亚麻	棉纤维	棉或黏胶纤维	棉或黏胶纤维
黏胶纤维	羊毛	棉纤维	棉纤维
醋酯纤维	黏胶纤维	黏胶纤维	—
聚酰胺纤维	羊毛或黏胶纤维	棉或黏胶纤维	棉或黏胶纤维

续表

第一块贴衬织物	第二块贴衬织物		
	方法一～三	方法四	方法五
聚酯纤维	羊毛或棉纤维	棉或黏胶纤维	棉或黏胶纤维
聚丙烯腈纤维	羊毛或棉纤维	棉或黏胶纤维	棉或黏胶纤维

备一块不上色的织物(如聚丙烯纤维织物),10 粒不锈钢球,评定变色用灰色样卡和评定沾色用灰色样卡。

适用的检测设备有 SW-12A(图 5-2)、SW-8 和 SW-4 耐洗色牢度试验机等。

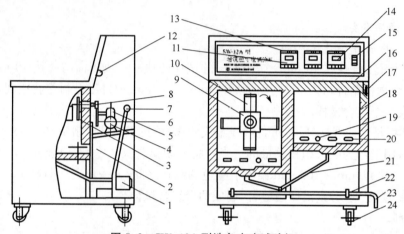

图 5-2　SW-12A 耐洗色牢度试验机

1—排水泵　2—加热保护器　3—被动齿轮　4—电动机　5—减速器　6—电动机副齿轮　7—排水接口
8—主动齿轮　9—旋转架　10—试杯　11—工作室温度控制仪　12—时间继电器　13—蜂鸣器
14—预热室温度控制仪　15—排水开关　16—门盖　17—电源开关　18—保温层　19—温度传感器
20—管状加热器　21—排水管道　22—排水管接口　23—水管　24—走轮

二、影响织物耐洗色牢度的因素

印染织物的耐洗色牢度和染料的化学结构有关,与染料和纤维的结合情况也有关,还与皂洗的条件有关。通常情况下,含水溶性基团的染料比不含水溶性基团的染料的耐洗色牢度差,染料分子中含亲水基团越多其耐洗色牢度越低。如酸性、直接染料含有较多的水溶性基团,耐皂洗色牢度较低;而还原、硫化等染料不含水溶性基团,耐洗色牢度较高。染料与纤维的结合力越强,耐洗色牢度也越高。如酸性媒染、酸性含媒染料和直接铜盐染料,由于金属离子的介入,加强了染料和纤维之间的结合,耐洗色牢度提高。再如活性染料,在固色时和纤维发生了共价键结合,染料成为纤维的一部分,因此耐洗色牢度较高。此外,同一种染料在不同纤维上的耐洗色牢度不同。如分散染料在涤纶上的耐洗色牢度比在锦纶上高,这是因为涤纶的疏水性强,结构紧密。

耐洗色牢度与染色工艺有密切的关系。如果染料染着不良,浮色去除不净,会导致耐洗色牢度下降。皂洗的条件对织物的耐洗色牢度也有很大影响。洗涤时温度越高,时间越长,作用力越大,皂洗褪色、沾色越严重。

三、试验程序

织物根据产品种类与要求,选择表 5-3 所示的五种测试方法中的一种。蚕丝、黏胶纤维、羊毛、锦纶织物可采用方法一;棉、涤纶、腈纶织物可采用方法三。将预先准备好的组合试样放在容器内,注入已预热至规定温度的皂液(浴比 1∶50),在规定温度下处理一定时间。

表 5-3　五种测试方法

条件	试验温度(℃)	处理时间(min)	皂液组成	备注
方法一	40±2	30	标准皂片 5 g/L	—
方法二	50±2	45	标准皂片 5 g/L	—
方法三	60±2	30	标准皂片 5 g/L 无水碳酸钠 2 g/L	—
方法四	95±2	30	标准皂片 5 g/L 无水碳酸钠 2 g/L	加 10 粒 不锈钢球
方法五	95±2	240	标准皂片 5 g/L 无水碳酸钠 2 g/L	加 10 粒 不锈钢球

注:如需要,可用合成洗涤剂 4 g/L 和无水碳酸钠 1 g/L 代替标准皂片 5 g/L。

取出组合试样,用冷水清洗两次;然后在流动冷水中冲洗 10 min,挤去水分,拆开组合试样,使试样和贴衬仪由一条短边缝线连接(如需要,断开所有缝线);展开组合试样,悬挂在不超过 60 ℃的空气中干燥。

四、结果评定

(一)用灰色样卡评定试样的原样变(褪)色和贴衬织物的沾色情况。

(二)写出检测报告。

第三节 织物耐汗渍色牢度

耐汗渍色牢度是指纺织品受汗渍浸渍后保持不褪色、不沾色的能力。耐汗渍色牢度测试所用仪器为汗渍牢度仪。

一、测试原理、标准及试样准备

(一) 测试原理

测试时将纺织品试样与规定的贴衬织物缝合在一起,放入人工汗液中浸透,去除多余试液后,在试验装置中按规定压力、温度、时间处理,然后将试样和贴衬织物分别干燥,用灰色样卡评定试样变色和贴衬织物的沾色情况。

(二) 测试标准

耐汗渍色牢度是各类纺织品的主要测试项目之一,也是强制性国家标准 GB 18401—2016 规定的考核指标,在我国境内生产、销售和使用的服用和装饰用纺织品,必须符合其要求。此外,耐汗渍色牢度也是 GB/T 18885—2009 规定的测试项目之一。目前,我国使用的纺织品耐汗渍色牢度标准为 GB/T 3922—2012,它与国际标准 ISO 105-E04:2015 等效。

（三） 试样准备

（1）试样的制备方法有三种：

① 如试样是织物,取 100 mm×40 mm 试样一块,夹在两块贴衬织物之间,或与一块织物相贴合并沿一短边缝合,形成一个组合试样。整个试验需要制备两个试样。

印花织物试验时,其正面分别与两块贴衬织物的一半相接触,剪下另一半,交叉覆盖于试样背面,缝合两条短边;或与一块多纤维贴衬织物相贴合,缝合一条短边。如不能包括全部颜色,需制备多个组合试样。

② 如试样是纱线,将纱线编成织物,再按织物试样制备;或将纱线缠绕制成一薄层,用量约为贴衬织物总量的一半,夹于两块贴衬织物之间,或夹于一块 100 mm×40 mm 多纤维贴衬织物和一块同尺寸染不上颜色的织物之间,沿四边缝合,将纱线固定,形成一个组合试样。整个试验需要两个组合试样。

③ 如试样是散纤维,取其量约为贴衬织物总量的一半。将散纤维梳压成 100 mm×40 mm 的薄片,夹于两块单纤维贴衬织物之间,或夹于一块 100 mm×40 mm 多纤维贴衬织物和一块同尺寸染不上颜色的织物之间,沿四边缝合。将纤维固定,形成一个组合试样。整个试验需制备两个组合试样。

（2）试剂。试验用试剂分碱液和酸液两种类型,分别用蒸馏水配制,现配现用。

① 碱液,每升含 L-组氨酸盐酸盐-水合物 0.5 g、氯化钠 5 g、磷酸氢二纳十二水合物 5 g 或磷酸氢二纳二水合物 2.5 g,用 0.1 mol/L 的氢氧化钠溶液调整试液 pH 值至 8。

② 酸液,每升含 L-组氨酸盐酸盐一水合物 0.5 g、氯化钠 5 g、磷酸二氢钠二水合物 2.2 g,用 0.1 mol/L 的氢氧化钠溶液调整试液 pH 值至 5.5。

（3）贴衬织物。每个组合试样需两块贴衬织物,每块尺寸为 100 mm×40 mm,第一块用试样的同类纤维制成,第二块由表 5-4 规定的纤维制成;如果试样是混纺或交织品,则第一块用主要含量的纤维制成,第二块用次要含量的纤维制成。

表 5-4　耐汗渍色牢度试验用贴衬织物

第一块	第二块	第一块	第二块
棉纤维	羊毛	醋纤	黏胶纤维
羊毛	棉纤维	聚酰胺纤维	羊毛或棉纤维
丝	棉纤维	聚酯纤维	羊毛或棉纤维
麻	羊毛	聚丙烯腈纤维	羊毛或棉纤维
黏胶纤维	羊毛	—	—

适用的试验设备有 SYG 7001 汗渍色牢度仪和 YG(B) 631 汗渍色牢度仪(图 5-3)。恒温箱保温在(37±2)℃,无通风装置。评定变色用灰色样卡和评定沾色用灰色样卡。

二、影响织物耐汗渍色牢度的因素

（一） 染料浓度

不同颜色的活性染料,随着其染色浓度的上升,织物的耐汗渍色牢度会有一定程度的增加。活性染料对汗液的成分有一定的敏感性,碱性汗液对其的影响大于酸性汗液。

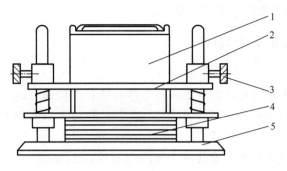

图 5-3 YG(B)631 汗渍色牢度仪

1—重锤 2—弹簧压架 3—紧定螺钉 4—夹板 5—座架

（二）pH 值

织物表面的酸碱性对织物性能有较大的影响。纯棉织物在后整理加工过程中，一般需要通过丝光和水洗，其表面的酸碱度变化较大。织物的酸碱度在一定程度上会影响其耐汗渍色牢度。

织物表面呈现中性时，其耐汗渍色牢度最佳，随着织物表面的酸碱度调整变化，其耐汗渍色牢度都呈现一定幅度的下降。当织物表面为酸性时，其耐酸性汗渍色牢度下降幅度明显；当织物表面为碱性时，其耐碱性汗渍色牢度下降幅度明显。出现这种规律的原因可能是，织物表面的酸碱物质增强或减弱了测试过程中酸碱对织物的作用，导致织物耐汗渍色牢度发生变化。

以多种颜色进行配色后染色，所得织物的耐汗渍色牢度不同，在实际应用过程中会存在差异，由表现最差的染料决定。

三、试验程序

在浴比为 1∶50 的酸性液、碱性液中分别放入一个组合试样，使其完全润湿，然后在室温下放置 30 min。必要时可稍加揿按和拨动，以保证试样能良好而均匀地渗透。取出组合试样，倒去残液，用两根玻璃棒夹去组合试样中多余的试液后，放在试样板上，用另一块试样板刮去过多的试液，并将试样夹在两块试样板中间，使试样受压 12.5 kPa。用同样的方法放置另一个试样，但酸性液和碱性液试验用仪器应分开。把带有两个组合试样的仪器放在恒温箱中，于 (37±2)℃ 温度下压放 4 h。取出试样，拆去组合试样上的缝线（保留一条短边）后展开，并悬挂在温度不高于 60 ℃ 的空气中干燥。

四、结果评定

（1）分别评定酸、碱溶液中试样的变色级数和贴衬织物的沾色级数。

（2）写出检测报告。

第四节 织物耐熨烫升华色牢度

耐熨烫升华色牢度是指染色织物在存放中发生的升华现象的程度，主要用于表示各类有色纺织品的颜色耐高温作用及耐热压和热滚筒加工的能力，为合理选用染料和确定印染工艺参数提供依据,也可用来检测印染成品质量。

一、测试原理、标准及试样准备

(一) 测试原理

耐熨烫升华色牢度主要是针对分散染料染色和印花织物而言的。测试时,将试样与一块或两块规定的贴衬织物相贴合,与加热装置紧密接触,在规定温度和压力下受热后,试样上染料发生不同程度的升华转移,导致原样变色和白布沾色,用灰色样卡评定试样的变色和贴衬织物的沾色情况。耐熨烫升华色牢度共分5级,1级最差,5级最好。

(二) 测试标准

织物耐熨烫升华色牢度测试标准见表5-5。

表5-5　织物耐熨烫升华色牢度测试标准

国家标准	国际标准
GB/T 6152—1997《纺织品 色牢度试验 耐热压色牢度》	ISO 105/P01:1993
GB/T 5718—1997《纺织品 色牢度试验 耐干热(热压除外)色牢度》	AATCC 133:2013

(三) 试样准备

(1) 织物类。取试样尺寸为40 mm×100 mm。

(2) 纱线类。将纱线紧紧绕在一块40 mm×100 mm的热惰性材料上,形成一个仅及纱线厚度的薄层。

(3) 散纤维类。取足量散纤维,充分梳压后,制成40 mm×100 mm的薄层,并缝在一块棉贴衬织物上。

(4) 标准棉贴衬织物。40 mm×100 mm若干(视检测项目定)。

二、影响织物耐熨烫升华色牢度的因素

分散染料在涤纶纤维上的耐熨烫升华色牢度与染料的热迁移性能和升华性能有关。染料的这些性能又与染料的分子结构、染料与纤维分子间的作用力、纤维性质等因素有关。此外,分散染料的耐熨烫升华色牢度与纤维表面浮色有很大关系,表面浮色越多,耐熨烫升华色牢度越差。

染料的分子结构是决定其耐熨烫升华色牢度的最主要因素,在染料分子结构中引入极性基团或增大染料的分子量,都会提高染料的熨烫色牢度。分子结构大,染料分子间的作用力较大,染料受热升华需要较多的能量,不易升华;相反,结构简单,染料分子间的作用力较小,染料受热容易升华,耐熨烫升华色牢度较低,熨烫处理后染色织物的颜色变化程度较大。

分散染料与纤维分子间的作用力是决定染色产品耐熨烫升华色牢度的另一个因素。分散染料与涤纶纤维分子间的作用力大,染料分子在纤维内部的扩散比较困难,染料的扩散系数较小,使染料分子难以从纤维内部向外扩散,染料的耐熨烫升华色牢度较好。

分散染料在涤纶纤维上的耐熨烫升华色牢度随纤维直径减小而降低。纤维直径小,染料从纤维内部向外热迁移时所经过的路径短,而染料用量较大,因此,当超细纤维染色织物在熨烫时,染料较容易从纤维内部向纤维表面迁移,而且随染料扩散系数的增大,染料向外迁移的速度加快,迁移量增多,导致染色织物的熨烫变色牢度和沾色牢度降低。此外,超细纤维的比

表面积较大,纤维对染料的吸附能力强,染色后纤维表面的浮色不易清洗干净,这也是超细纤维染色织物的耐熨烫升华色牢度较低的一个重要原因。

涤纶纤维经碱减量处理后,染色织物的耐熨烫升华色牢度会降低。碱减量处理后,纤维直径变小,表面产生斑痕,使纤维比表面积增大,在同样的染料热迁移速度下,会有更多的染料从纤维内部迁移至纤维表面。碱减量处理对熨烫时染色织物的沾色牢度影响不大。

三、试验程序

可采用熨烫升华色牢度仪,如图 5-4 所示。

(1) 在加热装置上依次衬垫石棉板、羊毛法兰绒和干的未染色棉布。

(2) 选择合适的加压温度,分为(110±2)、(150±2)、(200±2)℃三档,按不同检测要求进行下列操作:

① 干压:把干试样置于加热装置的下平板衬垫上,放下加热装置的上平板,使试样在规定温度下受压 15 s。

② 潮压:把干试样置于加热装置的下平板衬垫上,取一块湿的棉标准贴衬织物,用水浸湿后再经挤压或甩水,使之含有与自身质量相当的水分,然后将其放在干试样上,放下加热装置的上平板,使试样在规定温度下受压 15 s。

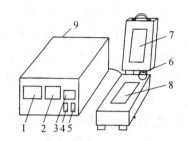

图 5-4　YG605 型熨烫升华色牢度仪

1—上块温控仪　2—下块温控仪
3—时间控制器　4—预热/测试选择开关
5—熨烫/升华选择开关　6—计时开关
7—上加热块　8—下加热块　9—电源开关

③ 湿压:将试样和一块棉标准贴衬织物,用水浸湿后再经挤压或甩水使,之含有与自身质量相当的水分后,把湿试样置于加热装置的下平板贴衬垫上,再把湿标准棉贴衬织物放在试样上,放下加热装置的上平板,使试样在规定温度下受压15 s。

(3) 试验结束,立即用灰色样卡评定试样的变色级别。

第五节　织物耐光色牢度

耐光色牢度是指染色织物在日光、人造光等光源照射下保持原来色泽的能力。按一般规定,耐光色牢度的测定以太阳光为标准。但在实验室中,为了便于控制,一般用人工光源,必要时加以校正。最常用的人工光源是疝气灯光,也有用炭弧灯的。染色织物在光的照射下,染料吸收光能,能级提高,分子处于激化状态,染料分子的发色体系发生变化或遭到破坏,导致染料分解而发生变色或褪色现象。日晒褪色是一个比较复杂的光化学变化过程,它与染料结构、染色浓度、纤维种类、外界条件等都有关系。

一、测试原理、标准及试样准备

(一) 测试原理

耐光色牢度是指染色织物受光照时保持不褪色、不变色的能力分为 8 级,其中 8 级最好,1 级最差。耐光色牢度通常采用耐晒牢度测试仪,按相应标准进行测试。测试时,将试样与蓝色标样放在一起同时进行光照,然后根据试样的褪色情况与哪个标样相当来评定耐光色牢度等级。

（二）测试标准

依据 GB/T 8426—1998 和 GB/T 8427—2008 进行测试。

（三）试样准备

除了采用我国的蓝色羊毛标准 1-8 来测定耐光色牢度外，还可采用美国的蓝色羊毛标准 L2～L9。

（1）仪器设备：耐光色牢度仪（氙弧灯）、评级用光源箱、评定变色用灰色样卡等。

（2）试验材料：蓝色羊毛标准、试样。

评定耐光色牢度前，将试样放于暗处，在室温下平衡 24 h。试样尺寸可以按试样数量、设备的试样夹形状和尺寸确定。

若采用空冷式设备，对同一块试样进行逐段分期暴晒。通常，试样尺寸不小于 45 mm×10 mm，每段暴晒尺寸不应小于 10 mm×8 mm。将试样紧附于硬卡上，若为纱线则紧密卷绕在硬卡上或平行排列后固定于硬卡上，若为散纤维则梳压整理成均匀薄层后固定于硬卡上。为了便于操作，可将一或几块试样和相同尺寸的蓝色羊毛标准按图 5-5 或图 5-6 排列，置于一张或多张硬卡上。

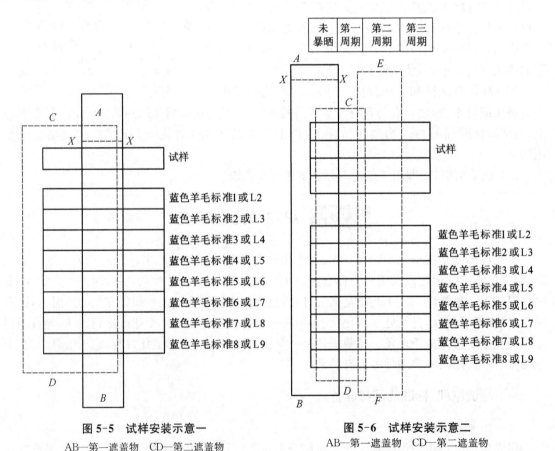

图 5-5　试样安装示意一

AB—第一遮盖物　CD—第二遮盖物

图 5-6　试样安装示意二

AB—第一遮盖物　CD—第二遮盖物

EF—第三遮盖物

若采用水冷式设备，试样夹上宜放置约 70 mm×120 mm 的试样。不同尺寸的试样可选用与试样相配的试样夹。如果需要，试样可放在白纸卡上，蓝色羊毛标准必须放在白纸卡背衬上进行暴晒。遮板必须与试样和蓝色羊毛标准的未暴晒面紧密接触,使暴晒和未暴晒部分界限分明,但不可过分紧压。试样尺寸和形状应与蓝色羊毛标准相同,因为对暴晒和未暴晒部分目测评级时,面积较大的试样对照面积较小的蓝色羊毛标准会出现评定偏高的误差。

试验绒毛织物时,可在蓝色羊毛标准下垫衬硬卡,使光源至蓝色羊毛标准的距离与光源至试样表面的距离相同,但必须避免遮盖物将试样未暴晒部分的表面压平。绒毛织物试样的暴晒尺寸应不小于 50 mm×40 mm。

二、影响织物耐光色牢度的因素

(一) 染料母体

耐光色牢度取决于染料的母体,即发色共轭体系。染料按母体可分为偶氮型(包括杂环偶氮型)、金属络合型、蒽醌型、酞菁型等。活性染料有 70% 以上属偶氮型,耐光色牢度较差。蒽醌型、酞菁型染料的耐光色牢度较好。

(二) 染料活性基

染料活性基对织物上染后的耐光色牢度也有影响。按活性基不同,染料可分为均三嗪型、卤代嘧啶型、乙烯砜基型、双活基型等。活性基不同,染料的光色牢度不同,如乙烯砜基型的耐光稳定性较好,一氯均三嗪和二氯均三嗪型的耐光氧化牢度尚可。同时,活性基的位置不同,耐光稳定性也不同,如含有双异种活性基的红色染料,当两个异种活性基为间位时,光色牢度为 5 级;当两个异种活性基为对位时,耐光色牢度为 4~5 级。与单活性基染料相比,双活性基染料与纤维的反应概率增加,染料的固色率和利用率提高。

(三) 染料浓度

试样的耐光色牢度随染料浓度变化而变化。一般用同一种染料对同一种纤维染色,耐光色牢度会随染料浓度增加而提高。染料浓度增加,使纤维上大颗粒聚集体的比例提高,聚集体颗粒愈大,单位质量染料暴露于空气、分等作用下的面积愈小,耐光色牢度愈高。但有个别染料,随着染料浓度变化,耐光色牢度无显著变化。

(四) 拼色

服装面料的颜色大多通过三原色拼色才能获得。实施拼色时,各组分染料的耐光色牢度一般不同,如果其中一种染料的耐光色牢度不高,会影响混合色的耐光色牢度。

三、试验程序

(1) 将装好的试样夹安放于设备的试样架上,呈垂直状排列。试样架上的所有空档,要用未装试样而装有硬卡的试样夹全部填满。

(2) 开启氙灯,在预定的条件下,对试样(或一组试样)和蓝色羊毛标准同时进行暴晒。其方法和时间以能否对照蓝色羊毛标准评定出每块试样的耐光色牢度为准。

① 方法一:此方法最精确,一般在评级有争议时采用,其基本特点是通过检查试样来控制暴晒周期,所以每块试样需配备一套蓝色羊毛标准。

将试样和蓝色羊毛标准按图 4-14 排列,将遮盖物 AB 放在试样和蓝色羊毛标准的中段的1/3 处。在规定条件下暴晒,不时提起遮盖物 AB,检查试样的光照效果,直至试样的暴晒和未暴晒部分之间的色差达到灰色样卡 4 级。用遮盖物 CD 遮盖试样和蓝色羊毛标准的左侧的1/3 处,继续暴晒,直至试样的暴晒和未暴晒部分的色差达到灰色样卡 3 级。

如果蓝色羊毛标准 7 的褪色比试样先达到灰色样卡 4 级,此时暴晒即可终止。因为当试样具有等于或高于蓝色羊毛标准 7 级耐光色牢度时,则需要很长时间的暴晒才能达到灰色样卡 3 级的色差。再者,当耐光色牢度为蓝色羊毛标准 8 级时,这样的色差就不可能测得。所以,当蓝色羊毛标准 7 产生的色差等于灰色样卡 4 级时,即可在蓝色羊毛标准 7~8 级的范围内进行评定。

② 方法二:此方法适用于大量试样同时测试,其基本特点是通过检查蓝色羊毛标准来控制暴晒周期,只需用一套蓝色羊毛标准对一批具有不同耐光色牢度的试样进行试验,可以节省蓝色羊毛标准的用料。

将试样和蓝色羊毛标准按图 4-15 排列。用遮盖物 AB 遮盖试样和蓝色羊毛标准全长的 1/5,按规定条件进行暴晒。不时提起遮盖物 AB,检查蓝色羊毛标准的光照效果。当能观察出蓝色羊毛标准 2 的变色达到灰色样卡 3 级时,对照蓝色羊毛标准 1、2、3 所呈现的变色情况,初评试样的耐光色牢度。

将遮盖物 AB 重新准确地放在原先位置上继续暴晒,直至蓝色羊毛标准 3 的变色与灰色样卡 4 级相同。再按图 5-6 所示放上遮盖物 CD,重叠盖在遮盖物 AB 上,继续暴晒,直到蓝色羊毛标准 4 的变色达到灰色样卡 4 级为止。然后按图 5-6 所示放上遮盖物 EF,其他遮盖物仍保留于原位,继续暴晒,直至下列任何一种情况出现为止:①蓝色羊毛标准 7 的色差达到灰色样卡 4 级;②最耐光的试样的色差达到灰色样卡 3 级。

③ 方法三:该方法适用于核对与某种性能规格是否一致,允许试样只与两块蓝色羊毛标准一起暴晒,一块按规定为最低允许色牢度的蓝色羊毛标准和另一块更低的蓝色羊毛标准。连续暴晒,直到后一块蓝色羊毛标准上达到灰色样卡 4 级(第一阶段)或 3 级(第二阶段)的色差。

④ 方法四:该方法适用于检验是否符合某一商定的参比样,允许试样只与这块参比样一起暴晒。连续暴晒,直到参比样达到灰色样卡 4 级或 3 级的色差。

(3) 当试样的暴晒和未暴晒部分的色差达到灰色样卡 3 级后,停止试验,进行耐光色牢度的评定。

(4) 移开所有遮盖物,试样和蓝色羊毛标准露出试验后的两个或三个分段面,其中有的暴晒过多次,连同至少一处未受到暴晒的,在标准光源箱中对照比较试样和蓝色羊毛标准的变色。

试样的耐光色牢度为显示相似变色(试样暴晒和未暴晒部分间的目测色差)的蓝色羊毛标准的号数。如果试样所显示的变色在两个相邻蓝色羊毛标准的中间,而不是接近的两个相邻蓝色标准中的一个,应评判为中间级数,如 4~5 级等。如果不同分段面的色差得出了不同的评定等级,可取其算术平均值作为试样耐光色牢度,以最接近的半级或整级表示。当级数的算术平均值为 1/4 或 3/4 时,则评定结果应取其邻近的高半级或 1 级。如果试样颜色比蓝色羊毛标准 1 更易褪色,则评为 1 级。

思考题

5-1 简述影响织物摩擦色牢度的因素。

5-3 简述影响织物耐皂洗色牢度的因素。

5-4 简述影响织物耐汗渍色牢度的因素。

5-5 简述影响织物耐热压色牢度的因素。

5-6 简述影响织物耐光色牢度的因素。

参考文献

[1] GB/T 3920—2008,纺织品 色牢度试验 耐摩擦色牢度[S].

[2] GB/T 3921—2008,纺织品 色牢度试验 耐皂洗色牢度[S].

[3] GB/T 3922—2013,纺织品 色牢度试验 耐汗渍色牢度[S].

[4] GB/T 6152—1997,纺织品 色牢度试验 耐热压色牢度[S].

[5] GB/T 5718—1997,纺织品 色牢度试验 耐干热(升华)色牢度[S].

[6] GB/T 8426—1998,纺织品 色牢度试验 耐光色牢度:日光[S].

[7] GB/T 8427—2008,纺织品 色牢度试验 耐人造光色牢度:氙弧[S].

项目六

织物舒适性检测

织物舒适性是指它们在穿着环境中与人发生联系时,能满足人们生理、心理需要,从而产生舒服适意感觉的特性。穿着舒适性不同于织物的基本属性,而是某些基本属性依不同权重组合的综合特性。客体(织物)在穿着过程中与主体(人)的相互联系,可以从两方面进行考察和评价:从主体角度评价这种联系是否满足个体或群体的生理、心理需要,这是舒适感问题,是主体的感觉;考察客体在这一联系中是否具有满足主体的生理、心理需要的特性,这是舒适性问题,是客体的属性。舒适感与舒适性是密切关联的。穿着舒适性除了取决于织物的基本属性以外,还与穿着者的生理、心理状况,以及所处环境状态有关。

由于穿着舒适性定义的模糊和不确定,对其进行测试、判断时,存在一些问题。特别是舒适感与人的生理及心理感觉紧密结合在一起,这给评价带来了很大困难。穿着舒适性的评价方法虽然有很多,但概括起来可归为三种。

一、客观测量法

人们试图用物理试验方法来测量织物的基本性能,并将其转化成一定的指标来评价其穿着舒适性。这种方法较为客观,可以消除人的个性、心理、生理等主观因素差异的影响,且数据间有良好的一致性,但与人体的真实感觉有一定的差距。因此,纯物理指标只有与相应的人体感觉结合起来分析才有意义。物理指标的测量对于间接地了解或预测织物的穿着舒适性,是不可缺少的。

二、主观分析法

测试真人在一定条件的环境中穿着不同服装时的舒适感觉。这种方法更接近人体的实际穿着舒适感,接近程度取决于被测试者的代表性及样本量,测试时用于描述舒适感的语言和信息处理方法,以及测试环境和人体代谢率的重复性等因素。提高这种方法可信度的关键,在于如何消除被测试者的个性、心理、生理等主观因素差异的影响。主观分析法需要空调室或环境仓等较好的条件,测试中要花费很大的人力、物力和财力,这使它在实际应用中受到了明显的限制。

三、主观与客观结合分析法

为吸取上述两种方法的优点,避免它们的缺点,人们进一步探讨了主观与客观相结合的方法。该法是先寻找出能客观反映织物穿着舒适性的性能指标,再采用数学方法,使这些性能指标与人的主观感觉建立关系,用于评价或预测其穿着舒适性。

织物物理性能的测量虽然无法代替人体穿着试验时舒适感的测试,但随着服装穿着舒适性与织物物理性能之间的一系列关系的研究,人们有可能借助各种试验方法对穿着舒适性进行评价。目前主要用物理试验方法来测量纺织品的基本性能,并将其转化成一定的指标,用于评价纺织品的穿着舒适性。

随着生活质量的提高,人们对家居饰品的欣赏水平和家用纺织品面料的要求有了根本的改变,考虑的主要因素已经从家用纺织品的使用寿命,如面料的耐磨、结实等性能指标,转向家用纺织品的观赏性、舒适性和功能性。这是家用纺织品消费走向成熟的标志,也是设计者应该考虑的新型家用纺织品"以人为本"的设计理念。

家用纺织品作为温馨舒适的休息环境中的软装饰,应该具有装饰美化、防寒保暖等功能。家用纺织品的这些功能与人的生理和心理需求密切相关。家用纺织的品舒适性与纺织品的相关因素密不可分,其舒适性能包括触觉舒适、温度舒适和湿度舒适三方面。

第一节 织物保暖性

织物保持被包覆热体温度的能力称为织物的保暖性(也称保温性)。织物保暖性主要与寒冷季节或低温环境中使用的被服及保温衬垫料等的保暖性有关。羊毛衫、棉毛衫、秋冬服装面料、毛毯、毡呢、棉絮、羽绒、合纤填料、人造毛皮等,都要求具有较好的保暖性。织物保暖实质上是在织物两面有温差的条件下,从温度较高的一面向温度较低的一面传递热量的过程。织物的绝热性越好,其保暖作用越明显。

一、测试指标及试样准备

(一)测试指标

表示织物保暖性的指标有热导率 U、克罗值 I_{clo}、保温率(绝热率) T 等。

1. 热导率

它是指传热方向的织物厚度为 1 m,面积为 1 m²,两个平行表面之间的温差为 1 ℃时,1 s 内所传导的热量,单位为瓦每米摄氏度[W/(m·℃)]。热导率越小,表示织物的导热性越差,保暖性就越好。织物的热导率不是一个常量。织物是纤维的集合体,它的保暖性取决于组成织物的纤维性状、纤维间静止空气和水分含量,即纤维的热导率越小,纤维间静止空气越多和水分越少时,织物的保暖性就越好。

2. 克罗值

在室温 21 ℃,相对湿度小于 50%,风速不超过 10 cm/s(无风)的条件下,受试者静坐不动或从事轻度劳动,其基础代谢作用产生的热量约为 210 kJ/(m²·h),感觉舒适并维持体表平均温度为 33 ℃时,所穿衣服的保温值定义为 1 clo。1 clo=0.155 ℃·m²/W。克罗值越大,织物的保暖性越好。

3. 保温率

它是指无试样时的散热量和有试样时的散热量之差与无试样时的散热量之比的百分率。保温率越大,织物的保暖性越好。

(二)试样准备

将被测试样品放在温度为(20±2)℃,相对湿度为(65±2)%的标准条件下进行调湿处理。

一般织物至少平衡 24 h。在每份样品上取 3 块试样,试样尺寸为 30 cm×30 cm,试样要求平整无折皱。

二、提高织物保暖性的途径

影响织物保暖性的因素很多,主要有组成织物的纤维性状、织物的几何结构及后整理。所以,提高织物保暖性主要从以下几个方面考虑:

(一)纤维材料选择

纤维直径与织物保暖性有直接的关系,纤维直径越小,比表面积越大,织物保暖性越好;纤维为中空纤维时,织物的保暖性较好;纤维的回潮率大,织物的保暖性变差;纤维弹性越好,织物的保暖性越好;纤维的热导率越小,织物保暖性越好,各种纤维的热导率见表 6-1。异形中空三维卷曲纤维的结构特殊,且具有优异的弹性回复性能,其织物的保暖性较好。

表 6-1　纤维的热导率

纤维名称	[W/(m·℃)]	纤维名称	[W/(m·℃)]
棉	0.071～0.073	涤纶	0.084
羊毛	0.052～0.055	腈纶	0.051
蚕丝	0.05～0.055	丙纶	0.221～0.302
黏胶纤维	0.055～0.071	氯纶	0.042
醋酯纤维	0.05	静止空气	0.027
锦纶	0.244～0.337	水	0.697

注:室温(20 ℃)下测量。

(二)织物设计

空气和纤维的导热性差异很小,因此对织物的热传递性能来说,织物结构比纤维材料更重要。织物中的空气含量称为含气量,一般用一定体积中气孔容积的比例表示。通常,织物所用纱线线密度越大,纱与纱之间的气孔容积越大,织物含气量也越大;织物密度小则气孔大,含气量也越大;织物组织的交织点越多,含气量越大,如平纹组织的含气量大于斜纹、缎纹组织。织物中含气量越大,织物的保暖性越好。织物的厚度越厚,织物的保暖性越好;织物的表观密度越大,织物的保暖性越差;织物的紧度越大,织物的保暖性越好;织物单位面积质量增加时,热量的散失变少,织物的保暖性变好。

(三)红外线放射物质的应用

红外线很容易被物体吸收,转化为物体的内能,有显著的热效应。所以,制成远红外织物可提高其保暖性。一是在织物后整理过程中,把远红外陶瓷微粉加到整理剂中,得到远红外织物;二是采用共混纺丝法,把远红外陶瓷微粉均匀地添加到纺丝原液中,纺出含有远红外陶瓷微粉的高聚物纤维,制成远红外织物。

三、试验程序

测定织物保暖性的方法有恒温法、冷却速率法、热流计平板法和热脉冲法四种,最常用的是恒温法。

(一)恒温法

此法又称为平板式恒定温差散热法,常用的仪器是 YG606 型平板式织物保温仪,适用于测定各种纺织制品的保温性。将试样覆盖于试验板上,试验板及底板和周围的保护板均以电热控制在相同的温度,并以通断电的方式保持恒温,使试验板的热量只能通过试样方向散发,测定试验板在一定时间内保持恒温所需要的加热时间,计算试样的保温率、热导率和克罗值。因织物的保暖性受很多因素的影响,所以要求试样进行调湿处理,测试环境温湿度条件较高。

1. 设置

观察实验室温度是否达到(20±2)℃,相对湿度为(65±2)%;根据试样的厚度和回潮率预置预热时间,一般为 30~60 min;预置上限温度为 36 ℃,下限温度为 35.9 ℃;预置循环次数,一般为 5 次。

2. 复核

按功能按钮"Ⅰ",复核拨盘设置的上、下限温度是否与显示值相符;按功能按钮"Ⅱ",复核拨盘设置的预热时间及循环次数是否与显示值相符。

3. 做空白试验

按"启动"按钮,3 块加热板的加热指示灯亮,这时试验板、保护板、底板开始加热。按"温区"按钮,循环检查各温区的温度变化有无异常。待各加热板加热至设定值时,仪器自动进行空白试验,时间显示器将进行累加秒时间计数。当空白试验结束后,时间显示器显示"t tu"标志,但本次空白试验无效,仅作为开机的预热试验。待 30 min 后,按"复位"键,再按"启动"按钮,这时正式进行空白试验,待时间显示器再次显示"t tu"标志时停止。

4. 测试

打开有机玻璃罩门,将试样平放在试验板上,四周放平,关上小门。按"启动"按钮,进行第一块试样的试验,试验自动进行。先按照预热时间预热(预热时间按设定值倒计数),然后进行 5 次循环试验,直至时间显示器显示"t tu"标志,表示本次试验结束。

打开小门,取出试验过的第一块试样,换上第二块试样,关上小门,按"启动"按钮,重复以上过程。待 3 块试样的试验结束,打印机自动打印 3 块试样的试验结果及其算术平均值。

打印每块试样的保温率 T、热导率 U、克罗值 I_{clo},并打印出 3 次测试数据的算术平均值。

(二)冷却速率法

冷却速率法也称为自然降温法(管式定时升温降温法),将试样包覆在试样架上,盖上外罩,使加热管升温一定时间,然后定时降温散热,或用试样将热体完全包覆,让热体自然冷却,测试过程采用计算机进行控制和数据处理,直接测定并自动计算显示保温率、热导率和克罗值。此法不适用于少量的硬挺织物。

(三)热流计平板法

此法是将试样夹在热源和冷源(具有高导热性和热容的吸热装置)两块平板之间,热源和冷源保持不同温度,用薄的圆平板热流传感器测定热流量。

(四)热脉冲法

此法是将温度梯度所引起的一系列热波通过试样,根据热波的衰减来计算通过试样的热流。

第二节 织物透湿性

织物的透湿性是指织物透过水蒸气的能力。服装用织物的透湿性是服装舒适、卫生的一项重要性能。它直接关系到织物排放汗汽的能力,当人体皮肤表面散热蒸发的水汽不易透过织物陆续排出时,会在皮肤与织物之间形成高湿区域,使人感到闷热不适。无论在夏天还是冬天,人体都会不断地散发汗汽,若汗汽能很快地通过织物散发出去,人体就会感到舒适。特别是内衣和运动服、鞋布、防护工作服、休闲服等,应具有很好的透湿性。

织物透湿的实质是水的液相或气相传递,当织物两边的水汽压力不同时,水汽会从高压一边透过织物流向另一边。水汽在织物中的传递有三种方式。

第一种是由于汗液在皮肤表面蒸发,当接近皮肤一侧的织物材料与皮肤之间空气层的水蒸气分压大于周围环境的水蒸气分压时,气相水分主要通过织物内纱线间、纤维间的空隙,从分压高的一边向分压低的一边扩散。

第二种是由于纤维中含有亲水基团,在亲水基团未被水分子占满之前,纤维不断地吸附织物与皮肤间空气层的水汽分子(纤维自身的吸湿能力),然后因各处含湿量差异,带有热量的水分子在纤维内传递并向外发散。研究表明,水分子在纤维内扩散比在空气中扩散慢得多,而且吸湿性纤维材料的湿传递或蒸发热传递性能并不明显地高于弱吸湿性和非吸湿性纤维。因此,相对于第一种水分传递方式来说,第二种方式显得不那么重要。吸湿的重要性在于它能缓和服装内小气候的突然变化,并直接从接触湿皮肤中吸收一定的水分。

第三种是由于织物中的纱线及纤维结构中存在毛细管,液相水分可通过毛细管作用从织物的一面传递到另一面,使热量传到织物的另一面。此种传递又称芯吸传递。在服用过程中,作用于织物的液相水分,可能是自然水(如雨水、露水、雪等),也可能是人体表面分泌的汗液。对前者来说,要求织物具有优良的防水性。对后者而言,织物的吸水(吸汗)性和透气性要好。热天服用的织物因芯吸传递可促进快干,且在含湿量较高时可促进散热,因而十分重要。但冷天服用的织物因汗液不足以充满其中的毛细管而形成连续的毛细管道,较难发生芯吸传递。

一、测试指标、标准及试验准备

(一)测试指标

表征织物透湿性的指标为透湿量。透湿量指织物两面分别在恒定的水蒸气压条件下,规定时间内通过单位面积织物的水蒸气的量,单位为"$g/(m^2 \cdot d)$"。

(二)测试标准

依据 GB/T 12704.1—2009 和 GB/T 12704.2—2009 进行测试。

(三)试验准备

织物透湿量仪、透湿杯、电子天平、胶带、吸湿剂、蒸馏水、标准筛、干燥剂(无水氯化钙),孔径为 0.63、2.5 mm 的标准筛各一个。试样直径为 70 mm,每种样品取 3 个试样。

二、提高织物透湿性的途径

(一)纤维原料的选择

根据织物透湿性机理可知,吸湿性好的纤维制成的织物透湿性好,如天然纤维和再生纤维素纤维织物,其中苎麻织物的吸湿性最好,不仅吸湿量大,而且吸湿放湿速度快。合成纤维大都吸湿性也差,其织物的透湿性也差。芯吸性好的纤维,其织物的透湿性也好。异形截面的纤维,其织物的透湿性好。

（二）纱线结构设计

捻度低、结构松、径向分布中吸湿性好的纤维向外转移的织物，其透湿性较好。对于包芯纱来说，若吸湿性好的纤维包覆于纱的外表面，有利于吸湿，其织物的透湿性好。

（三）织物结构设计

对于服用织物来说，织物的透湿性取决于织物的厚度和组织的紧度，它们决定了织物中孔隙通道的长度、大小及多少。织物结构松散时，织物的透湿性好。多数织物的透湿性都随着织物厚度的增加而下降。当经纬纱线密度保持不变而经密或纬密增加时，织物的透湿性下降；若织物密度不变而经纬纱线密度减小，则织物透湿性增加。此外，从织物组织来看，透湿性大小顺序应是平纹组织＜斜纹组织＜缎纹组织。

（四）织物后整理

棉、黏胶纤维织物经树脂整理后透湿性下降；织物表面涂以吸湿层可明显改善其透湿性。

三、试验程序

织物透湿性测试方法常用的有吸湿法和蒸发法两种，用透湿杯进行测试，适用于各类织物。测试时，把盛有吸湿剂或水，并封以织物试样的透湿杯放置于规定温度和湿度的密封环境中，根据一定的时间内透湿杯(包括试样和吸湿剂或水)质量的变化计算出透湿量。

（一）吸湿法

在清洁、干燥的透湿杯内装入吸湿剂，并使吸湿剂成一平面。吸湿剂装填高度距试样下表面位置 3～4 mm。将试样测试面向上，放置在透湿杯上，装上垫圈和压环，旋上螺帽，用胶带从侧面封住压环、垫圈和透湿杯，组成试验组合体。将试验组合体水平放置在温度 38 ℃、相对湿度 90％、气流速度 0.3～0.5 m/s 的试验箱内，平衡 0.5 h 后取出。迅速盖上对应杯盖，放在 20 ℃ 左右的硅胶干燥器中平衡 30 min，按编号逐一称量，每个组合体称量时间不超过 30 s。拿去杯盖，迅速将试验组合体放入试验箱内，1 h 后取出，按规定称量。每次称量组合体的先后顺序应一致。

（二）蒸发法

在清洁、干燥的透湿杯内注入 10 mL 水，将试样的测试面向下，放置在透湿杯上，装上垫圈和压环，旋上螺帽，再用胶带从侧面封住压环、垫圈和透湿杯，组成试验组合体。将试验组合体水平放置在已达到规定试验条件(温度 38 ℃、相对湿度 2％、气流速度 0.5 m/s)的试验箱内，平衡 0.5 h 后，按编号在箱内逐一称量，精确至 0.001 g。经过 1 h 试验后，再次按同一顺序称量。如需在箱外称量，称量时杯子的环境温度与规定试验温度的差异须不大于 3 ℃。

试样透湿率按下式计算：

$$WVT = \frac{\Delta m - \Delta m'}{At} \qquad (6-1)$$

式中：WVT——透湿率，g/(m² · h)或 g/(m² · 24 h)；

Δm——同一试验组合体两次称量之差，g；

$\Delta m'$——空白试样的同一试验组合体两次称量之差，g(不做空白试验时，$\Delta m' = 0$)；

A——有效试验面积，m²；

t——试验时间，h；

样品的透湿率为三个试样的透湿率平均值,修约至三位有效数字。

第三节 织物透气性

织物通过空气的程度称为织物的透气性。透气性对服装用织物有重要意义。夏季服装用织物应具有较好的透气性,使穿着者感觉到凉爽适意;冬季外衣用织物应具有较小的透气性,使衣服中贮存较多的静止空气,防风保温。某些特殊用途的织物,如降落伞、船帆及宇宙飞行服等,要求具有高度的密封不透气性。

一、测试指标和标准

(一)测试指标

表示织物透气性的指标有透气量和透气率。透气量是指织物两面在规定的压差下,单位时间内流过织物单位面积的空气的体积,其单位为"$m^3/(m^2 \cdot s)$"。透气率是指在规定的试样面积、压降和时间下,气流垂直通过试样的速率,其单位为"mm/s"。根据 GB/T 5453—1997,现用透气率来表示织物的透气性,透气量和透气率在数值上是相等的。

(二)测试标准

目前,常用透气性测试标准主要有 ASTM D 737:2012、ISO 9237:1995、GB/T 5453—1997 和 JIS L1096:2010。其中,GB/T 5453—1997 等效于 ISO 9237:1995。JIS L1096:2010 分为 A 法和 B 法,A 法采用弗雷泽型(Frazir)透气度测试仪,压差为 125 Pa,测量 5 次,求平均值;B 法采用格利型(Gurley)透气度测试仪,测量在特定压差下,300 mL 空气透过织物所用的时间,透气率用时间表达,单位为"s",此法适用于毛织物。由于 JISL 1096:2010 要求采用特定的仪器,在日常检测中不常用。常用的纺织品透气性测试方法为 ASTM D 737:2012 和 GB/T 5453—1997。

二、织物透气性的影响因素

(一)纤维材料的影响

对组织结构和厚度相似的棉、麻、羊毛、锦纶、涤纶 5 种纤维织物进行透气性测试,结果发现,棉、麻、羊毛等天然纤维织物的透气性好于绵纶和涤纶等合成纤维织物,这说明不同的纤维材料对其透气性有重要影响。

(二)织物组织结构的影响

织物组织结构也是影响织物透气性的一个重要因素。一般来说,不同组织结构的织物,其透气性大小顺序为透孔织物>缎纹织物>斜纹织物>平纹织物。这是因为平纹织物的经纬线交织次数最多,纱线间孔隙较小,透气性也较小;透孔织物纱线间空隙较大,透气性也较大。由于织物组织结构与密度的变化,引起浮长增加时,织物的透气率也增加。织物的经纬纱细度不变,经密或纬密增加,织物的透气性下降;织物密度不变,而经纬纱细度减小,织物的透气性增加。一定范围内,纱线的捻度增加,纱线单位体积质量增加,纱线直径和织物紧度降低,织物的透气性提高。

(三)后整理加工的影响

织物染色之后一般都要经过后整理,而不同的后整理加工对织物的透气性也有影响。比如,织物经液氨整理后,纤维变细,中空腔管和孔隙变小,织物透气性下降;经三防整理的织物,因为将整理剂涂覆在织物表面,并与纤维发生化学反应,在纱线表面交联成膜,在阻止水、油进入纤维内部或纤维之间的同时,也降低了空气的透过量。另外,织物经砂洗、磨毛等整理后,表面绒毛增加,使其透气性减小。

（四）水洗次数的影响

水洗次数对织物透气性的影响与织物的缩水率直接相关。织物在加工过程中,纱线受到多次拉伸,造成应力集中。织物在水的作用下,内应力得到松弛,纤维、纱线的缓弹性变形回复,使织物的尺寸、密度和紧度发生变化,造成织物透气率降低。一般,织物在5次洗涤过程中的缩水率变化最明显,而后趋于平缓,所以透气性会在5次洗涤处有一个转折点。随着洗涤次数的增加,纤维逐渐被磨损,结构变疏松,纱线间隙增大,透气性逐渐增大。

三、试验程序

织物透气性的测试是在规定的压差条件下,测定一定时间内垂直通过试样给定面积的气流流量,计算出透气率。气流速率可直接测出,也可通过测定流量孔径两面的压差换算而得到。

（一）试验准备

数字式织物透气量仪如图6-1所示,试验面积一般为20 cm²,或根据需要选择5、50、100 cm²的试验面积,试样两侧的压力差:服用织物100 Pa,产业用织物200 Pa,也可根据协商选用50或500 Pa的压力差。

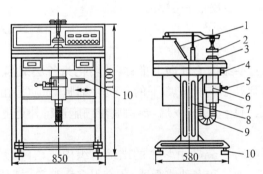

图 6-1　数字式织物透气量仪

1—显示面板　2—试样压头　3—试样直径定值圈　4—备件抽屉
5—门锁装置　6—门盖　7—流量筒体　8—工字支架　9—吸风软管
10—压紧手柄　11—机脚

（二）测试

将试样夹持在试样圆台上,调节压头高低,扳下加压手柄,压紧试样。测试点应避开试样布边及折皱处,夹样时使试样平整且不变形。为防止漏气,应在试样圆台一侧垫上垫圈,对柔软织物应套上试样绷紧压环。接通电源,启动吸风机,并逐渐增大风量,使压力降稳定在规定值上。1 min后记录气流流量或由仪器显示窗直接记录试样的透气率。

在同样的条件下,在同一样品的不同部位重复测定至少10次,计算透气率的算术平均值。

第四节 织物触觉舒适性

人在睡眠时大部分皮肤被寝具覆盖,被、毯、床单和枕巾等给予人体皮肤的刺激和感觉,直接影响人对家用纺织品舒适性能的认同程度。人体接触纺织品时,通过皮肤的接触点感觉到柔软或硬挺、光滑或粗糙、柔润或硬涩、疲软或有弹性。柔软、光滑、柔润和有弹性的织物使人体感觉舒适。这些感觉是织物对皮肤接触点的刺激而引起的大脑的知觉反应,所以首先应该了解人体皮肤的结构和纺织品对皮肤的刺激作用。

一、皮肤结构

皮肤包裹人体,是最大的人体器官,人体皮肤面积约 $1.6\sim2$ m^2,厚度为 $2\sim$ 3 mm。皮肤具有保护人体、调节体温、感受外界刺激和分泌排泄功能。皮肤由表皮、真皮和皮下组织构成.其中有大量的毛细血管、感觉神经末梢、毛发。汗腺和皮质腺。皮肤结构如图 6-2 所示。

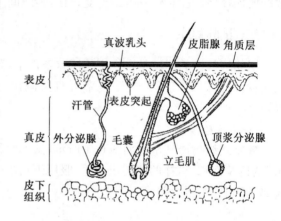

图 6-2 皮肤的结构

(一)表皮

表皮是皮肤的最外层,是角质化的复层平上皮,厚度小于 1 mm。表皮最底层是基底层,然后依次是棘层、颗粒层、透明层和角质层。表皮的基底层由分裂增殖能力很强的矮柱状细胞组成,这些细胞不断向上推移,并转化为各层细胞;棘层由 $4\sim10$ 层突起的较大细胞组成;颗粒层细胞开始转化成扁平的角质化细胞;角质层由多层扁平的角质细胞组成。表层的细胞不断衰亡、脱落,变成皮屑,再由底层细胞进行补充更新。

(二)真皮

真皮在表皮下面,厚度约 2 mm,由紧密的结缔组织构成,有较大的弹性和柔韧性。真皮中间含有丰富的毛细血管、神经和多种感受器,还有很多汗腺和皮脂腺等皮肤附属器。

(三)皮下组织

皮下组织(或称皮下脂肪)在真皮下面,含有大量的脂肪。皮下脂肪具有分散和减弱外界冲击的作用,防止身体损伤。同时,皮下脂肪还有隔热、调节体温、储存能量的作用。

(四)汗腺

汗腺是人体汗水的分泌通道,可以分为大汗腺和小汗腺。大汗腺分布在腋下和下腹部,分泌物为黏稠状乳液,有特殊的气味。人体皮肤上分布着 200 万～300 万个小汗腺,手心和脚掌部位较多。人体的汗液 99%是水,1%是无机盐、有机尿素等,主要通过小汗腺分泌。

(五)皮脂腺

皮脂腺位于毛囊与立毛肌之间,由毛根部开口分泌皮脂,皮脂有滋润、保护皮肤和毛发的功能。人体头部、面部、前胸及后背有较多的皮脂腺,四肢和手脚部位较少。皮肤上密布着各种感觉点,可以感知触摸、热、冷、痛的感觉:触摸敏感点分布在手指和嘴唇部位;冷感觉点和热感觉点分布在全身各个部位,冷感觉点比热感觉点多,而且比热感觉点敏感。

二、纺织品对皮肤的刺激

(一)瞬时接触刺激

人体皮肤接触织物瞬间,会有凉或暖的感觉。这种凉爽或温暖的触觉与织物和皮肤接触面积有关。因为织物的温度小于皮肤温度,所以皮肤与织物接触面积大则感觉凉爽,接触面积小则感觉温暖。光滑、密实、表面平整的织物会使人感觉到凉,因为这样的织物与人体皮肤接触面积大,接触部位的皮肤温度下降,使大脑形成冷的知觉。表面有毛羽的短纤维织物,表面有毛绒的织物,松软、低密度的织物,给人温暖的感觉。长丝织物则触感阴凉。涤纶、锦纶、蚕丝针织物都有光滑凉爽的触觉,棉纱、棉/氨纶、绢丝织物表面有毛羽,腈纶、羊毛织物的纱线蓬松,都有温暖的触觉。

(二)刺痒的感觉

柔软细腻的触觉给人舒适温馨的感觉,这与纤维细度、刚度有关。粗糙和硬涩的织物在外力作用下,会挤压和摩擦人体皮肤。纤维直径大于 $40~\mu m$,并且具有一定刚度,就能够刺入皮肤,使人产生刺痛和刺痒感。蚕丝是常用纤维中最细的,$100\sim300$ 根平行排列其宽度仅 $1~mm$;棉纤维则为 $60\sim80$ 根。这么细的纤维头端伸出织物表面,对人的皮肤没有任何刺激,贴身使用蚕丝和棉针织物会感觉很舒适。羊毛纤维粗细不匀,40 根纤维平行排列其宽度为 $1~mm$,粗的纤维会刺激皮肤,人会感到刺痒,羊毛织

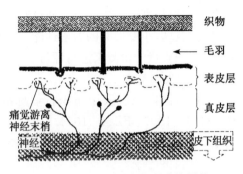

图 6-3　纤维毛羽对人体皮肤的刺激

物要经过柔软整理才能贴身使用。经过树脂整理、防羽整理的寝具,粗硬的毛巾和浴巾,都会使人产生刺痒感。纤维毛羽对人体皮肤的刺激如图 6-3 所示。

(三)湿黏附的刺激

人由于运动而出汗,或者由于天气炎热而出汗,寝具或坐垫被浸湿而黏附在皮肤上,会限制人体的活动和皮肤的透气性能,使人感到闷热不适。

(四)整理剂的刺激

经过抗皱、阻燃、防污和增白等功能整理的家用纺织品能释放出游离甲醛,不仅会产生刺激性气味,还会引起瘙痒、浮肿、红斑、丘疹等皮肤疾病。经过荧光增白整理的服装,如果荧光增白剂的浓度较大,易黏附在皮肤上,也会刺激皮肤而引起皮炎。

(五)染料的刺激

染料与织物结合没有达到足够的染色牢度,在汗渍、水、摩擦和唾液的作用下,会从织物上脱落,通过皮肤或食道影响人的健康,并且刺激皮肤。

(六)洗涤剂的刺激

家用纺织品洗涤后,合成洗涤剂的残留会刺激皮肤而引起不适,使用不当或清洗不净,也会引起皮肤过敏反应。

(七)污物的刺激

由于人体皮肤渗出汗和分泌液,加上皮屑脱落,长期使用的寝具会附着汗垢和污物,这些

脏污发生氧化、分解,生成氨等刺激性物质,刺激皮肤。汗与皮脂在皮肤表面形成的酸性保护膜,能够抑制皮肤表面的微生物繁殖,氨的产生会弱化保护膜,促进霉菌繁殖,成为某些皮肤病的诱因。脏污的分解和微生物的繁殖,还会产生臭味,影响人的情绪。

三、触觉与手感检测

人们购买家用纺织品时,除了观察纺织品的外观效果外,会用手触摸,这时纺织品会给予人手一种刺激,反映到人的大脑,就会使人产生各种感觉,这就是手感,或称为狭义的织物风格。广义的织物风格是一个包含物理、生理和心理因素的非常复杂的抽象概念,包括视觉风格和触觉风格。视觉风格是织物的材质、肌理、花型图案、色彩和光泽等织物表面特征,刺激人的视觉而产生的生理和心理的综合反应。触觉风格即手感。

手感是人手触摸、抓握织物时,织物的某些物理力学性能通过人脑所产生的生理和心理综合效果。触摸的手感检测会受到一些人为因素的影响,会因人的喜好而有差异,也会由于人体皮肤的敏感程度而产生差异。通过对手触摸织物所包含的力与织物变形的分析可知,织物的手感与织物微小变形时的力学性能密切相关,可以通过对织物伸长、剪切、弯曲、压缩、表面摩擦、厚度和质量的检测来进行评价。

(一)检测标准

目前,国内一般采用纺织行业标准 FZ/T 01054—2012、FZ/T 01054.3—1999、FZ/T 01054.4—1999、FZ/T 01054.5—1999、FZ/T 01054.6—1999、FZ/T 40001—1992 及台湾标准 CNS L 3084。国际上有美国试验与材料协会标准 ASTM D 4032:1994、英国国家标准 BS 3356:1990 等。

(二)检测原理

1. 手感

日本川端教授把织物风格分成三个层次,精选 200 种织物,由专家用感观评价出织物的基本风格值 HV 和综合风格值 THV,然后用 KES 检测系统测量织物的基本物理量,建立基本物理量与基本风格之间的转换式,以及基本风格值与综合风格值的转换式。用 KES 检测系统测量织物的几项物理指标,利用转化计算 HV 和 THV,然后进行织物风格评价,THV 值越大,织物的综合风格越好。织物风格的评价原理如图 6-4 所示。

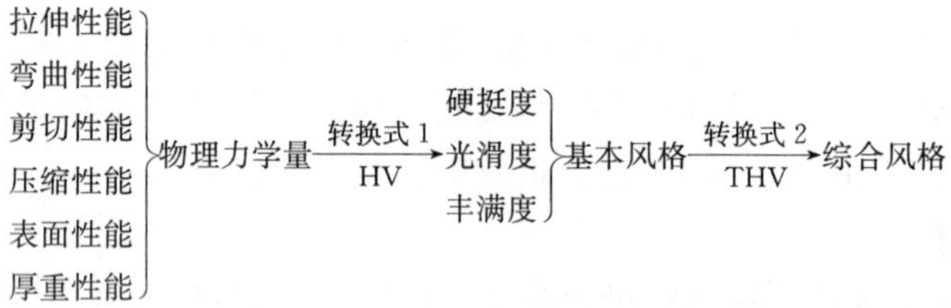

拉伸性能
弯曲性能
剪切性能 } 物理力学量 →转换式1 HV→ { 硬挺度 光滑度 丰满度 } 基本风格 →转换式2 THV→ 综合风格
压缩性能
表面性能
厚重性能 }

图 6-4 织物风格的评价原理

2. 接触冷暖感

人体皮肤接触织物时,由于存在温度差异和热量传递,使接触部位的皮肤温度发生变化,由大脑做出织物冷暖的判断。接触冷暖感的产生要经过热量的传递、感温神经末梢的生理刺激与信息传递及大脑的判断三个阶段。接触冷暖感的持续时间较短,即刺激温度保持恒定时,冷暖感会逐渐减弱或消失,所以,接触冷暖感是由织物刚接触皮肤初期从身体中获取的热量衡量的。表面光滑、结构紧密的织物与人体皮肤接触面积大，由于织物的温度低于人体温度，人体的热量容易传递，所以给人以冷的感觉。表面毛绒、结构松散的织物与人体皮肤接触面积小，通常有温暖的感觉。影响接触冷暖感的因素有织物的热传导率、织物表面状态和织物的含水率等。

3. 接触滑爽感

织物表面光滑或粗糙的感觉与织物表面的摩擦因数密切相关。动、静摩擦因数小则织物触感光滑，动、静摩擦因数大则有粗糙感。动摩擦因数变异系数的大小与试样的原料粗细、捻度和织物结构有关。动摩擦因数变异系数和动摩擦因数可以综合评定织物的手感，若动摩擦因数变异系数和动摩擦因数均小，织物手感滑腻；若动摩擦因数变异系数大，动摩擦因数小，则织物手感滑爽；若动摩擦因数变异系数和动摩擦因数均大，则织物手感粗爽。

（三）检测方法

1. 手感检测

川端 KES 风格检测系统由拉伸-剪切检测仪 FB1、弯曲检测仪 FB2、压缩检测仪 FB3 和表面试验仪 FB4 及微处理机组成。川端 KES 风格检测系统测量的物理指标见表 6-2。采用风格仪测定织物弯曲性能的相关指标，可以得出织物手感柔软、活络或硬挺、滞涩。织物的弯曲性能主要由弯曲刚性和活络率两项指标评定。

表 6-2　川端 KES 风格检测系统测量的物理指标

力学性能	仪器	指标	单位	代号	风格含义
拉伸性能	FB1	拉伸线性度 拉伸功 拉伸弹性	— $(cN \cdot cm)/cm^2$ %	LT WT RT	柔软感 变形抵抗能力 变形回复能力
弯曲性能	FB2	弯曲刚度 弯曲滞后矩	$(cN \cdot cm^2)/cm$ $(cN \cdot cm)/cm$	B 2HB	身骨（刚柔性） 活络、弹跳性
剪切性能	FB1	剪切刚度 0.5°剪切滞后矩 5°剪切滞后矩	$cN/(cm^2 \cdot deg)$ cN/cm cN/cm	G 2HG 2HG5	畸变抵抗能力 畸变回弹性 畸变回弹性
压缩性能	FB3	压缩线性度 压缩功 压缩回弹性	— $(cN \cdot cm)/cm^2$ %	LC WC RC	柔软感 蓬松感 丰满感
表面性能	FB4	平均摩擦因数 摩擦因数平均差 表面粗糙度	— — —	MIU MMD SMD	光滑、粗糙感 滑糯、硬涩感 表面粗糙、匀整
厚重性能	FB3	0.049 kPa下厚度 单位面积质量	mm mg/cm^2	T W	厚实感 轻重感

测定方法是将一块矩形试样弯曲成为纵向的瓣状环，然后以一个平面由上向下压，使环瓣的两侧弯曲应力和应变逐渐增加，同时，试样在受压的过程中，各种摩擦及塑性变形在回复过程中会出现滞后现象。

（1）活络率。在试样环瓣受压变形及回复过程中，从织物弯曲滞后曲线中取 3 个位移值的回弹力平均值对抗弯力平均值之比的百分率，为试样的活络率。活络率越大，表示试样的手感活络,弹跳感好;活络率小,试样手感呆滞。

（2）弯曲刚性。在环瓣受压变形的弯曲滞后曲线的线性区域内,抗弯力之差与瓣状环中心点的位移之比,为试样的弯曲刚性。弯曲刚性大,试样的手感刚硬;弯曲刚性小,试样的手感柔软。

（3）弯曲刚性指数。试样弯曲刚性与织物表观厚度的比值,为试样的弯曲刚性指数,是表示试样弯曲刚性的相对指标。

2. 硬挺度检测

评定织物硬挺度,国家标准规定了两种方法:斜面法和心形法。斜面法是最简易的方法,用于评定厚型织物的硬挺度,采用弯曲长度、弯曲刚度与抗弯弹性模量为指标,其值越大,织物越硬挺;心形法用于评定薄型和有卷边现象的织物的柔软度,采用悬垂高度为指标,其值越大,织物越柔软。

斜面法试验原理是将一定尺寸的狭长试样作为悬臂梁,根据其可挠性,测试并计算其弯曲时的长度、弯曲刚度与抗弯模量,作为织物硬挺度的指标。弯曲长度在数值上等于织物单位密度、单位面积质量所具有的抗弯刚度的立方根,其值越大,表示织物越硬挺,不易弯曲。弯曲刚度是单位宽度的织物所具有的抗弯刚度,其值越大,表示织物越刚硬。弯曲刚度随织物厚度而变化,与织物厚度的三次方成比例,以织物厚度的三次方除弯曲刚度,可求得抗弯弹性模量,其值越大,表示织物刚性越大,不易弯曲变形。

（1）试验仪器。采用 LLY-01 型电子硬挺度仪。

（2）试验步骤。

① 试样准备。试样尺寸为 25 cm×2.5 cm,试样上不能有影响试验结果的疵点。每种样品取试样 12 块,其中 6 块试样的长边平行于织物的经向,另外 6 块试样的长边平行于织物的纬向。试样取样位置至少离布边 10 cm,并尽量少用手摸。试样应放在标准大气条件下调湿24 h 以上。

② 仪器在复位状态下(此时显示"LLY-01"),按"试验"键,显示屏显示"00 0.00",表示进入了试验状态。

③ 扳起手柄,将压板抬起,把试样一面放在工作台上,并与工作台前端对齐,放下压板。

④ 按"启动"键,仪器压板带动试样一起向前推进,同时显示屏显示试样的试验次数及试样实时伸出长度。(此时按"返回"键,仪器即停止向前推进,压板自动返回,本次试验废除)当试样下垂到挡住检测线时,仪器自动停止向前推进,并返回起始位置,显示试样弯曲长度。

⑤ 把试样从工作台上取下,将试样的另一面放在工作台上(同步骤③),按"启动"键,当试样下垂到挡住检测线时,仪器自动停止向前推进,并返回起始位置,显示试样弯曲长度。

⑥ 重复步骤②～⑤,对试样另一端的两面进行试验。

⑦ 更换试样,重复步骤②～⑥,对其余试样进行试验。

（3）结果记录与计算

每个试样记录 4 个弯曲长度,由此计算各试样的平均弯曲长度,并分别计算各试样两个方向的平均弯曲长度 C。

根据下式分别计算各试样两个方向的抗弯刚度,结果保留三位有效数字:

$$G = m \times c^3 \times 10^{-3} \qquad (6-2)$$

式中：G——试样抗弯刚度，$mN \cdot cm^2/cm$；

　　m——试样单位面积质量，g/m^2；

　　C——试样平均弯曲长度，cm。

分别计算各试样两个方向的弯曲长度和抗弯刚度的变异系数 CV。

3. 接触冷暖感检测

采用最大热流束法测量织物刚接触皮肤初期从人体获取的热量进行检测。

（1）试验仪器。采用 KESF-TL Ⅱ 型精密热物性能测试仪。

（2）试验步骤。

① 将温度检测箱 T-BOX 放置在热源箱 BT-BOX 上。T-BOX 中有只能一面传导热量的铜板。

② 使 T-BOX 的温度达到 BT-BOX 的温度 T_1。

③ 迅速将 T-BOX 与试样接触，试样吸收热量后，其表面温度为 $T_2(T_2 < T_1)$。

④ 立即测量出 T-BOX 中的铜板向试样转移的热量 Q，它是对铜板温度 t 的微分，也是时间的函数。此模拟信号作为皮肤表层热传导延迟时间的常数，经过 2 s 为一次比例因素的低通滤波器，即形成最大峰值 Q_{max}。图 6-5 所示为铜板放热时的最大峰值 Q_{max} 与接触冷暖感的关系。图 6-6 所示为 25 ℃下不同织物与 37 ℃铜板接触时的铜板温度。表面有毛羽的毛毯和棉毯没有使铜板温度下降，因此与麻、丝织物相比，毛毯和棉毯有温暖感。

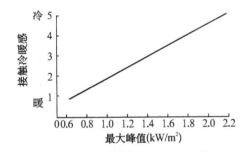

图 6-5　最大峰值与接触冷暖感的关系

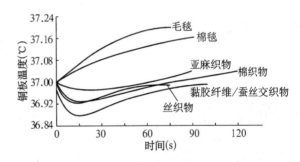

图 6-6　织物与铜板接触时的铜板温度

4. 接触滑爽感检测

织物接触滑爽感的检测方法主要有两种，即织物风格仪测定法和斜面滑动法。

（1）方法一。按照 FZ/T 01054.2—2012，采用织物风格仪测定织物表面的摩擦性能，评定织物触觉的滑爽或粗糙程度。

① 从实验室样品中裁取经向和纬向（或纵向和横向）试样各三块，试样上不得有折痕、折皱、拱曲、卷边等明显疵点。试样尺寸不小于 210 mm×70 mm，或与所用的仪器相适应。

② 根据要求将磨料夹持在摩擦板上，如未指定磨料，可选用符合 GB/T 7568.2—2008 所规定的棉贴衬布。安装磨料时，要保证磨料的摩擦面（正面）与试样的测试面相对。

③ 将试样平整地夹持在试样台上，测试面朝外，使试样处于伸直但不伸长状态。对于易产生滑移的试样，可在其下面粘贴双面胶带或耐水研磨砂纸（P1200）加以固定，避免试样在摩擦过程中变形或滑动。

④ 摩擦板平行地与试样接触，沿试样垂直方向，按表 6-3 给试样施加摩擦压力。

表 6—3　摩擦压力选取表

试样		压力(Pa/cN)
钊织物、弹性机织物、丝绸织物		450/150
其他织物	单位面积质量 50 g/m² 及以下	150/50
	单位面积质量 51～100 g/m²	600/200
	单位面积质量 101～200 g/m²	750/250
	单位面积质量 201 g/m² 及以上	900/300

注：也可以选用其他适宜的压力，但应在报告中说明

⑤ 设定仪器摩擦速度，一般采用 50 mm/min；对于弹性较大的织物，可选用200 mm/min。

⑥ 启动仪器，试样与摩擦板相对摩擦 50 mm，记录摩擦过程中摩擦力曲线的变化。

⑦ 重复步骤2～6，直至测试完所有试样。

试验中，若发生试样滑脱或偏移，剔除该次试验结果，并补齐试样重新测试。若有两个或以上试样被剔除，则本试验方法不适用。

⑧ 结果计算和表示。读取开始处的最大力值为静摩擦力 F_s，静摩擦因数 u_s 用式(6-3)计算。在摩擦试样表面的整个过程中，动摩擦因数 u_k 是波动的。平均动摩擦因数 $\overline{u}_k$ 用式(6-4)计算，动摩擦因数平均偏差变异系数 MMD 用式(6-5)计算。

$$u_s = \frac{F_s}{P} \tag{6-3}$$

$$\overline{u}_k = \frac{1}{L_{max}} \int_0^{L_{max}} u_k \, dL \tag{6-4}$$

其中：$u_k = \dfrac{F_k}{P}$。

$$MMD = \frac{1}{L_{max}} \int_0^{L_{max}} |u_k - \overline{u}_k| \, dL \tag{6-5}$$

式中：u_s——静摩擦因数；

　　　F_s——静摩擦力，cN；

　　　P——施加于试样上的垂直压力，cN；

　　　$\overline{u}_k$——平均动摩擦因数；

　　　L_{max}——最大摩擦距离，mm；

　　　u_k——动摩擦因数；

　　　F_k——动摩擦力，cN；

　　　MMD——动摩擦因数平均偏差变异系数。

计算试样各方向的静摩擦因数、动摩擦因数和动摩擦因数平均偏差变异系数的平均值，静、动摩擦因数保留三位小数，动摩擦因数平均偏差变异系数保留两位小数。

（2）方法二。采用斜面法测定织物的表面光滑性能，也可以按照 FZ/T 40001—1992 测定轻薄型丝织物的表面光滑性能，如图6-7所示。

① 丝织物平滑度测试。

a. 剪取经纬向试样各 5 块,尺寸为 105 mm ×35 mm,预调湿 24 h。

b. 调节仪器工作台呈水平状态,将试样正面向上夹在夹样器中,沿试验方向施加 68.6 cN 预张力。

c. 校准计时器零位和量角显示。

d. 将夹样器放置在工作台上固定,将 156 g 的磨头压在试样顶端,磨头底面的钢丝排列方向与试验方向垂直。

e. 启动仪器,自动恒速倾斜。工作台以 1.5°/s 的速度开始倾斜,磨头克服试样表面摩擦力开始下滑,读取静摩擦角(即磨头下滑时平台与水平方向的夹角)和磨头滑到平台底部的时间。

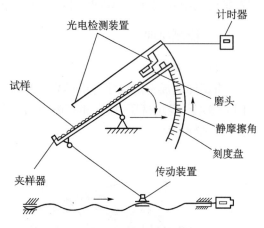

图 6-7　丝织物平滑度测试仪

f. 结果计算。动摩擦因数、静摩擦因数和动摩擦因数变异系数 CV_{μ_k} 按下式计算:

$$\mu_s = \tan \alpha \tag{6-6}$$

式中:α——试样静摩擦角,(°);

　　　t——磨头滑动时间,s;

　　　L——磨头滑移距离,40 mm;

　　　g——重力加速度,9.8 m/s²;

　　　$\bar{\mu}_k$——平均动摩擦因数;

　　　δ——动摩擦因数的标准差。

$$CV_{\mu_k} = \frac{\delta}{\bar{\mu}_k} \times 100\% \tag{6-7}$$

② 一般织物的平滑度测试。采用织物平滑度摩擦测试仪 (图 6-8)。与丝织物平滑度测试不同的是,负荷与试样接触部分要包覆试样,调节倾斜板的角度,读取负荷开始下滑时倾斜面的倾角 θ,试样静摩擦因数 $\mu_s = \tan \theta$。

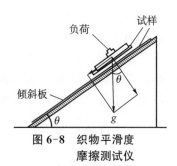

图 6-8　织物平滑度摩擦测试仪

第五节　织物防钻绒性

织物阻止羽毛、羽绒和绒丝从其表面钻出的性能称为防钻绒性,以规定条件作用下的钻绒根数表示。羽绒纤维以绒朵形式存在,每个绒朵由一个绒核放射出许多内部结构基本相同的绒丝形成,每根绒丝之间会产生一定的斥力,使其距离保持最大,这样使羽绒具有良好的蓬松度。当羽绒被填充到制品内时,靠近面料的羽绒受到内部羽绒的斥力而向外挤压,产生了一个向外推的力使羽绒贴近面料。羽绒具有良好的回弹性,无论从哪个方向压下去,纤维都能迅速回复原样。通常,防钻绒面料的透气性较差,导致羽绒制品的充绒内腔停滞了大量的静止空气。当羽绒制品受到外界挤压或摩擦时,静止空气从面料的孔隙或缝线的针眼透出,羽毛、羽绒、绒丝则跟随空气钻出内腔,形成钻绒现象。

一、检测原理

(一) 摩擦法

将试样制成一定尺寸的试样袋,内装一定质量的羽绒、羽毛填充物。把试样袋安装在仪器(图 6-9)上,经过挤压、揉搓和摩擦作用,计数从试样袋内部钻出的羽绒、羽毛和绒丝根数,以此评价试样的防钻绒性。

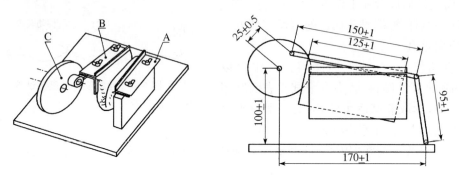

图 6-9 摩擦法织物防钻绒性试验仪(单位:mm)

A—底部夹紧装置 B—与轮子连接装置 C—轮子

(二) 转箱法

将试样制成一定尺寸的试样袋,内装一定质量的羽绒、羽毛填充料,将其放在装有硬质橡胶球的试验仪器回转箱内(图 6-10)。通过回转箱的定速转动,将橡胶球带至一定高度,冲击箱内的试样,达到模拟羽绒制品在服用中所受的各种挤压、揉搓、碰撞等作用,计数从试样袋内部钻出的羽绒、羽毛和绒丝根数,由此评价试样的防钻绒性。

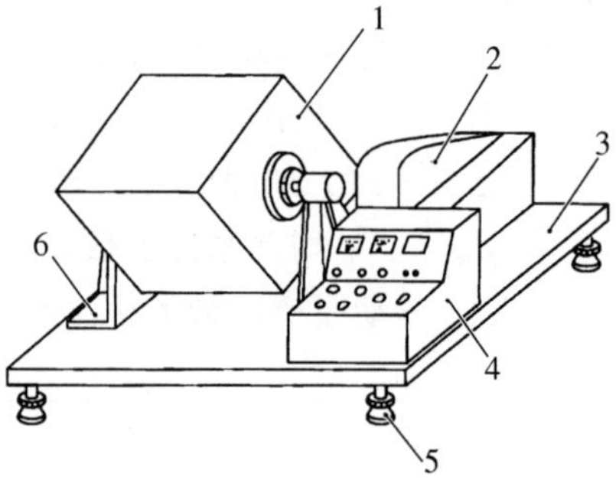

图 6-10 转箱法织物防钻绒性试验仪

1—回转箱 2—传动箱 3—底座
4—电器控制箱 5—调平螺母 6—支承脚架

二、试验参数

(一) 摩擦法

夹具间距离为(44±1)mm,驱动轮转速为135 r/min,驱动轮中心与夹具连接点的距离为(25±0.5)mm;试验用塑料袋由厚度为(25±1)μm 的低密度聚乙烯制成,表面光滑无折,长(240±10)mm,宽(150±10)mm。天平精度为 0.01 g,最大称量 1 000 g。要求缝制样品采用的缝纫针为家用 11 号。

(二) 转箱法

正方体内部尺寸为 450 mm×450 mm×450 mm;转速为(45±1)r/min;橡胶球的邵尔硬度为(45±10)A,质量为(140±5)g,至少 10 个。天平精度为 0.01 g。要求缝制样品采用的缝纫针为家用 11 号。

采用与试样对应的羽绒制品中的羽绒填充料。若未提供羽绒填充料,则采用表6-4规定的含绒量为 70% 的灰鸭绒作为填充料。

表 6-4 填充料

品名	含绒量(%)	绒丝含量(%)	长毛片含量(%)	蓬松度(cm)
灰鸭绒	70±2.0	≤10.0	≤0.5	≥15.5

三、摩擦法试验

(一)试样袋制备与调湿

1. 试样数量与尺寸

从每种样品上裁取长(420±10)mm、宽(140±5)mm的试样,经纬向各2块。试样应在距布边至少1/10幅宽以上处剪取。

2. 试样袋制备

(1)将裁剪好的试样测试面朝内,沿长边方向对折成210 cm×140 cm的袋状,用11号家用缝纫针,针密为12～14针/(13 cm),沿两侧边,距边10 cm处缝合,起针、落针应回针0.5～1 cm,且回至原线迹上。然后将试样测试面翻出,距对折边20 cm处缝一道线,两头回针0.5～1 cm。

(2)按表6-5称取一定质量的填充料装入试样袋中,用来去针将袋口在距边20 cm处缝合,两头仍回针0.5～1 cm。缝制后得到的试样袋有效尺寸为170 cm×120 cm。

表 6-5 填充材料质量与含绒量的关系

含绒量(%)	填充材料质量(g)	含绒量(%)	填充材料质量(g)
>70	30±0.1	<30	40±0.1
30～70	35±0.1	—	—

(3)按图6-11所示在试样袋上两短边缝线外侧分别钻2个固定孔。

(4)用粘封液将试样袋缝线处粘封,以防试验过程中羽毛、羽绒和绒丝从缝线处钻出,影响试验结果。对于羽绒制品,从适当部位剪取足够大小的制品,在周边开口处按步骤(2)的方法缝合,最终有效尺寸为170 cm×120 cm。

(二)试样袋洗涤和干燥程序

如需测试和评价样品洗涤后的防钻绒性,将试样袋按 GB/T 8629—2017 中5A程序洗涤,F程序烘干。如果采用其他的洗涤和干燥程序,应在试验报告中注明。

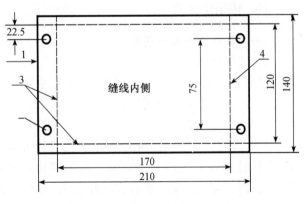

图 6-11 试样袋示意(单位:mm)

1—对折边 2—固定孔 3—缝合线 4—袋口缝合边

(三)试验步骤

(1)将试验仪器和缝制时残留在试样袋外表面的羽毛、羽绒和绒丝等清除干净。

(2)将试样袋放置在钻有4个固定孔的塑料袋中,然后将塑料袋固定在夹具上,使试样袋沿长度方向折叠于两夹具之间。塑料袋用于收集从试样袋中完全钻出的填充物,每次试样应使用新的塑料袋。

(3)预置计数器转数为2 700,按正向启动按钮,驱动轮开始转动。

(4)当满数自停后,将试样袋从塑料袋内取出,计数塑料袋内羽毛、羽绒和绒丝的根数,并将试样袋放在合适的光源下,计数钻出试样袋表面大于2 mm的羽毛、羽绒和绒丝的根数。将以上两次计数的羽毛、羽绒和绒丝的根数相加,即为一个试样袋的试验结果。若两次计数的羽毛、羽绒和绒丝的根数大于50,则终止计数。

用镊子将已计数的羽毛、羽绒和绒丝逐根夹下,以免重复计数。羽绒填充料只允许在一次完整试验过程中使用。

(5)重复上述步骤,直至测完所有试样袋。

(四)结果计算与评价

1. 计算

分别计算两个方向的试样袋的钻绒根数的算术平均值,精确至整数位。

2. 评价

如果需要,对试样的防钻绒性进行评价。织物防钻绒性可评价为具有良好的防钻绒性、具有防钻绒性和防钻绒性较差(表6-5)。

表6-5　织物防钻绒性评价

防钻绒性评价	钻绒根数	
	摩擦法	转箱法
具有良好的防钻绒性	<20	<5
具有防钻绒性	20~50	6~15
防钻绒性较差	>50	>15

四、转箱法试验

(一)试样袋制备与调湿

1. 试样数量与尺寸

从每种样品上裁取试样3块。试样尺寸为42 cm(经向)×83 cm(纬向)。试样应在距布边至少1/10幅宽以上处剪取。

2. 试样袋制备

(1)将裁剪好的试样测试面朝里,沿长边方向对折成42 cm×41 cm的袋状,用11号家用缝纫针,针密为12~14针/(3 cm),沿两侧边,距边0.5 cm处缝合,起针、落针应回针0.5~1 cm,且回至原线迹上。然后将试样测试面翻出,在距对折边0.5 cm处缝一道线,两头回针0.5~1 cm。

(2)将袋口卷进1 cm,在袋中央加上一道与袋口垂直的缝线,使试样袋分成两个小袋。

(3)用天平称取调湿后的羽绒(25±0.1)两份,分别装入两个小袋中。

(4)用来去针将袋口在距边0.5 cm处缝合,两头回针0.5~1 cm。缝制后得到的试样袋有效尺寸为40 cm×40 cm。

(5)用粘封液将试样袋缝线处粘封,以防试验过程中羽毛、羽绒和绒丝从缝线处钻出,影响试验结果。按其他尺寸规格制得的试样袋或羽绒制品可按本试验测试,但结果没有可比性,不能评价其防钻绒性能。

（二）试样袋洗涤和干燥程序

如需测试和评价样品洗涤后的防钻绒性能,则将试样袋按 GB/T 8629—2017 中 5A 程序洗涤,F 程序烘干。如果采用其他的洗涤和干燥程序,应在试验报告中注明。

（三）试验步骤

（1）将试验仪器回转箱内外的羽毛、羽绒和绒丝等清除干净,擦净硬质橡胶球,置 10 个于回转箱内。

（2）仔细清除干净缝制时残留在待测试样袋外表面的羽毛、羽绒和绒丝,然后将其放入回转箱内。每次放入一个试样袋。

（3）预置计数器转数为 1 000,按正向启动按钮,回转箱开始转动。

（4）当满数自停后,取出试样袋,仔细检查并计数钻出的羽毛、羽绒和绒丝的根数,然后再检查计数并取出回转箱内及橡胶球上的羽毛、羽绒和绒丝的根数。

（5）将试样袋重新放入回转箱,使计数器复零,按反向启动按钮,回转箱反向转动 1 000 次,待满数自停后,重复步骤（4）。将两次计数的羽毛、羽绒和绒丝的根数相加,即为一个试样袋的试验结果。

羽毛、羽绒和绒丝等钻出布面即计为 1 根,不考虑其钻出程度。用镊子将已计数的羽毛、羽绒和绒丝逐根夹下,以免重复计数。羽绒填充料只允许在一次完整试验过程中使用。

（6）重复上述步骤,直至测完所有试样袋。

（四）结果计算与评价

1. 计算

以 3 个试样袋的钻绒根数的算术平均值作为最终结果（精确至整数位）。

2. 评价

如果需要,按表 6-5 对试样的防钻绒性能进行评价。

五、影响织物防钻绒性的因素

织物防钻绒性与纤维原料、纱线线密度及织物经纬密度和组织结构有密切关系。纤维原料宜选择细度细、弹性和抗皱性好的,由于纤维间接触紧密、空隙小,绒不易钻透纱线细、结构紧密的织物,经防水透湿、防钻绒涂层整理,防钻绒效果更佳。

思考题

6-1 简述提高纺织品保暖性的途径。

6-2 简述织物透气性的指标及其含义。

6-3 简述织物组织结构对透气性的影响。

6-4 简述影响织物透湿性能的因素。

6-5 简述测试织物触感舒适性的方法。

6-6 什么是织物防钻绒性,如何测试?

参考文献

[1] GB/T 12704.1—2009,纺织品 织物透湿性试验方法 第 1 部分:吸湿法[S].

[2] GB/T 12704.2—2009,纺织品 织物透湿性试验方法 第 2 部分:蒸发法[S].

[3] GB/T 5453—1997,纺织品 织物透气性的测定[S].

[4] GB/T 12705.1—2009,纺织品 织物防钻绒性试验方法 第 1 部分:摩擦法[S].

[5] GB/T 12705.2—2009,纺织品 织物防钻绒性试验方法 第 2 部分:转箱法[S].

织物纤维含量分析

织物品种繁多且用途广,为了满足不同的使用要求,经常采用不同性能的原材料进行生产,如使用化纤与棉、毛、丝、麻等天然纤维混纺和交织。

混纺织物的纤维含量测试有两种方法。一种为化学分析方法,即利用不同的化学试剂溶解其中一种纤维原料,如涤棉、毛黏、麻涤混纺织物。另一种为物理分析方法,对一些混纺后既不能用化学分析方法测定其成分含量,也不能用机械方法将各成分分开的织物,如棉麻、山羊绒绵羊毛混纺织物,采用显微镜观察法等物理方法。

一、试验通则

(一)术语

非纤维物质:加工助剂(如润滑剂和浆料,但不包括黄麻油)和天然的非纤维物质。染料不作为非纤维物质,但是作为纺织品的一个完整部分,因此不必去除。一些由树脂结合颜料制成的涂料,不作为纤维的一部分,与染料相比,它们增加了纤维质量,因此须尽可能去除,但是去除不净。类似地,某些整理剂也去除不净。一方面,这些物质的残存量应不影响定量分析;另一方面,要尽量减少纤维的化学降解。

确定种类的非纤维物质的去除,应使用相应的化学试剂,尤其是两种及以上的非纤维物质存在时,要去除非纤维物质的每一种材料,应作为单一问题考虑。

(二)原理

混合物的纤维组分经鉴别后,选择适当的试剂去除一种,称取残留物的质量,根据质量损失计算出可溶组分的比例。通常,先去除含量较大的纤维组分。

(三)试剂

所用的试剂均为分析纯。石油醚,馏程为 40～60 ℃;蒸馏水或去离子水。

(四)调湿和试验大气

因为是测定试样干燥质量,所以试样不需要调湿,在普通的室内条件下进行分析。

(五)取样和样品的预处理

1. 取样

按 GB/T 10629—2009 的规定取实验室样品,使其具有代表性,并足以提供所需试样,每个试样至少 1 g。织物样品中可能包括不同纤维组分的纱,取样时需考虑到这一点。

2. 样品预处理

将样品放在索氏萃取器内,用石油醚萃取 1 h,每小时至少循环 6 次。待样品中的石油醚挥发后,把样品浸入冷水中浸泡 1 h,再在(65±5)℃的水中浸泡 1 h。两种情况下,浴比均为1:100,不时地搅拌溶液,挤干,抽滤或离心脱水,以除去样品中的多余水分,然后自然干燥样品。

如果用石油醚和水不能萃取去除非纤维物质,需用适当方法去除,而且要求纤维组分无实质性改变。对某些未漂白的天然植物纤维(如黄麻、椰壳纤维),石油醚和水的常规预处理并不能除去全部的天然非纤维物质;但是,不再采用附加预处理,除非该样品中含有不溶于石油醚和水的整理剂。

（六）试验步骤

1. 通用程序

（1）烘干。烘干操作全部在密闭的通风烘箱内进行,温度为(105±3)℃,时间一般不少于4 h,但不超过 16 h。试样烘干至恒定质量。

将称量瓶和试样连同放在旁边的瓶盖一起放在烘箱内烘干。烘干后,盖好瓶盖,再从烘箱内取出,并迅速移入干燥器内。

将过滤坩埚连同放在旁边的瓶盖一起放在烘箱内烘干。烘干后,拧紧坩埚磨口瓶塞,并迅速移入干燥器内。

（2）冷却。进行整个冷却操作,直至完全冷却。任何情况下,冷却时间均不得少于 2 h,将干燥器放在天平旁边。

（3）称量。冷却后,从干燥器中取出称量瓶或坩埚,并在 2 min 内称取质量,精确到0.000 2 g。在干燥、冷却和称量操作中,不要用手直接接触坩埚、试样或残留物。

2. 步骤

从经过预处理的样品中取样,每个试样约 1 g。将纱线或者分散的布样剪成 10 mm 左右长。把称量瓶里的试样烘干,在干燥器内冷却,然后称量。再将此试样移到规定的玻璃器具中,立即将称量瓶再次称量,从差值中求出该试样的干燥质量。

按照规定完成试验步骤,并用显微镜观察残留物,检查是否已将可溶纤维完全去除。

（七）结果计算和表示

1. 概述

混合物中的不溶组分含量,以其占混合物的质量分数表示。

2. 以净干质量为基础

计算式如下:

$$P = \frac{100m_1 d}{m_0} \tag{7-1}$$

式中:P——不溶组分净干质量分数,%;

m_0——试样的干燥质量,g;

m_1——残留物的干燥质量,g;

d—不溶组分的质量变化修正系数(不同试验方法的 d 值不同)。

3. 以净干质量为基础,结合公定回潮率

计算式如下:

$$P_{\mathrm{M}} = \frac{100P(1+0.01a_2)}{P(1+0.01a_2)+(100-P)(1+0.01a_1)} \tag{7-2}$$

式中:P_{M}——结合公定回潮率的不溶组分净干质量分数,%;

$\quad$ P——不溶组分净干质量分数,%;

$\quad$ a_1——可溶组分的公定回潮率,%;

$\quad$ a_2——不溶组分的公定回潮率,%。

4. 以净干质量为基础,结合公定回潮率及预处理中非纤维物质和纤维物质的损失率

计算式如下:

$$P_{\mathrm{A}} = \frac{100P[1+0.01(a_2+b_2)]}{P[1+0.01(a_2+b_2)]+(100-P)[1+0.01(a_1+b_1)]} \tag{7-3}$$

式中:P_{A}——结合公定回潮率及非纤维物质去除率的不溶组分净干质量分数,%;

$\quad$ P——不溶组分净干质量分数,%;

$\quad$ a_1——可溶组分的公定回潮率,%;

$\quad$ a_2——不溶组分的公定回潮率,%;

$\quad$ b_1——预处理中可溶纤维物质的损失率和/或可溶组分中非纤维物质的去除率,%;

$\quad$ b_2——预处理中不溶纤维物质的损失率和/或不溶组分中非纤维物质的去除率,%。

第二种组分的质量分数($P_{2\mathrm{A}}$)等于$100-P_{\mathrm{A}}$。

需要注明采用哪种计算方法,并在式(7-2)、(7-3)中注明附加的百分率值。

采用某种特殊预处理时,要测出两种组分在这种特殊预处理中的b_1和b_2值。如有可能,可以通过对每种组分的纯净纤维进行特殊预处理来测得损失率。除含有的天然伴生物质或制造过程中产生的物质外,纯净纤维不应含有非纤维物质,这些物质通常以漂白或未经漂白的状态存在,这些物质在待分析材料中可以找到。

二、测试标准

表7-1为纺织品定量化学分析测试标准。

表7-1 纺织品定量化学分析测试标准

标准号	标准名称
GB/T 2910.1—2009	纺织品 定量化学分析 第1部分:试验通则
GB/T 2910.2—2009	纺织品 定量化学分析 第2部分:三组分纤维混合物
GB/T 2910.3—2009	纺织品 定量化学分析 第3部分:醋酯纤维与某些其他纤维的混合物(丙酮法)
GB/T 2910.4—2009	纺织品 定量化学分析 第4部分:某些蛋白质纤维与某些其他纤维的混合物(次氯酸盐法)
GB/T 2910.5—2009	纺织品 定量化学分析 第5部分:黏胶纤维、铜氨纤维或莫代尔纤维与棉的混合物(锌酸钠法)
GB/T 2910.6—2009	纺织品 定量化学分析 第6部分:黏胶纤维、某些铜氨纤维、莫代尔纤维或莱赛尔纤维与棉的混合物(甲酸-氯化锌法)
GB/T 2910.7—2009	纺织品 定量化学分析 第7部分:聚酰胺纤维与某些其他纤维的混合物(甲酸法)

续表

标准号	标准名称
GB/T 2910.8—2009	纺织品 定量化学分析 第8部分:醋酯纤维与三醋酯纤维混合物(丙酮法)
GB/T 2910.9—2009	纺织品 定量化学分析 第9部分:醋酯纤维与三醋酯纤维混合物(苯甲醇法)
GB/T 2910.10—2009	纺织品 定量化学分析 第10部分:三醋酯纤维或聚乳酸纤维与某些其他纤维的混合物(二氯甲烷法)
GB/T 2910.11—2009	纺织品 定量化学分析 第11部分:纤维素纤维与聚酯纤维的混合物(硫酸法)
GB/T 2910.12—2009	纺织品 定量化学分析 第12部分:聚丙烯腈纤维、某些改性聚丙烯腈纤维、某些含氯纤维或某些弹性纤维与某些其他纤维的混合物(二甲基甲酰胺法)
GB/T 2910.13—2009	纺织品 定量化学分析 第13部分:某些含氯纤维与某些其他纤维的混合物(二硫化碳-丙酮法)
GB/T 2910.14—2009	纺织品 定量化学分析 第14部分:醋酯纤维与某些含氯纤维的混合物(冰乙酸法)
GB/T 2910.15—2009	纺织品 定量化学分析 第15部分:黄麻与某些动物纤维的混合物(含氮量法)
GB/T 2910.16—2009	纺织品 定量化学分析 第16部分:聚丙烯纤维与某些其他纤维的混合物(二甲苯法)
GB/T 2910.17—2009	纺织品 定量化学分析 第17部分:含氯纤维(氯乙烯均聚物)与某些其他纤维的混合物(硫酸法)
GB/T 2910.18—2009	纺织品 定量化学分析 第18部分:蚕丝与羊毛或其他动物毛纤维的混合物(硫酸法)
GB/T 2910.19—2009	纺织品 定量化学分析 第19部分:纤维素纤维与石棉的混合物(加热法)
GB/T 2910.20—2009	纺织品 定量化学分析 第20部分:聚氨酯弹性纤维与某些其他纤维的混合物(二甲基乙酰胺法)
GB/T 2910.21—2009	纺织品 定量化学分析 第21部分:含氯纤维、某些改性聚丙烯腈纤维、某些弹性纤维、醋酯纤维、三醋酯纤维与某些其他纤维的混合物(环己酮法)
GB/T 2910.22—2009	纺织品 定量化学分析 第22部分:黏胶纤维、某些铜氨纤维、莫代尔纤维或莱赛尔纤维与亚麻、苎麻的混合物(甲酸-氯化锌法)
GB/T 2910.23—2009	纺织品 定量化学分析 第23部分:聚乙烯纤维与聚丙烯纤维的混合物(环己酮法)
GB/T 2910.24—2009	纺织品 定量化学分析 第24部分:聚酯纤维与某些其他纤维的混合物(苯酚/四氯乙烷法)
GB/T 2910.101—2009	纺织品 定量化学分析 第101部分:大豆蛋白复合纤维与某些其他纤维的混合物

三、手工分解法

纺织纤维混合物的定量分析方法有两种:手工分解法和化学分析法。应尽量使用手工分解法,因为它给出的结果通常比化学分析法更准确,它可以用于所有纺织品中各纤维组分不同混纺的混合物,如由几种单组分纤维纱线构成的织物,或者经纱的纤维成分和纬纱不同的织物,或者可以被拆成不同类型纤维的纱线组成的针织物。

(一)原理

鉴别出纤维组分的纺织品,通过适当的方法去除非纤维物质后,用手工分解出纺织品中的不同纤维种类,干燥、称量,计算每种纤维的质量分数。

(二)步骤

试剂、调湿和试验大气、试样及其预处理见试验通则。

1. 纱线的分析

取经过预处理的试样不少于 1 g。对于比较细的纱线,取最小长度为 30 m。将纱线剪成合适的长度,用挑针分解纤维(必要时使用捻度仪),将分解后的纤维放入已知质量的称量瓶内,在(105±3)℃烘箱里烘至恒定质量。

2. 织物的分析

在距离布边 10 cm 以上位置取经过预处理的试样不少于 1 g。若为机织物,小心修剪试样边缘,防止散开,平行地沿经纱或纬纱方向裁剪;或沿针织物的横列和纵行方向裁剪。分解得到的不同纤维,放入已知质量的称量瓶内,按照步骤 1 操作。

（三）结果计算和表示

每一组分含量以其占混合物质量的百分率表示,计算结果以净干质量为基础,并结合公定回潮率、修正系数及预处理过程中质量损失率进行修正。

1. 净干质量分数的计算

不考虑预处理过程中纤维质量损失,纤维净干质量分数计算式如下:

$$P_1 = \frac{100\,m_1}{m_1 + m_2} = \frac{100}{1 + \dfrac{m_2}{m_1}} \tag{7-4}$$

式中:P_1——第一组分净干质量分数,%;

　　　m_1——第一组分净干质量,g;

　　　m_2——第二组分净干质量,g;

2. 每一组分纤维质量分数的计算

对每一组分纤维质量分数的计算结果,通过公定回潮率和预处理过程中纤维质量损失的修正系数进行调整。

四、三组分纤维混合物的定量化学分析

通常,根据选择溶解混合物中不同的纤维成分,确定三组分纤维混合物定量化学分析法,有四种方案可行。

方案一:取两个试样,第一个试样将组分 a 溶解,第二个试样将组分 b 溶解。分别对不溶残留物称重,分别根据溶解失重,算出每一个溶解组分的质量分数。组分(c)的含量可从差值中求得。

方案二:取两个试样,第一个试样将组分 a 溶解,第二个试样将组分 a 和 b 溶解。对第一个试样的不溶残留物称重,根据其溶解失重,可以计算出组分 a 的含量。对第二个试样的不溶残留物称重,即组分 c。组分 b 的含量可从差值中求得。

方案三:取两个试样,将第一个试样中的组分 a 和 b 溶解,将第二个试样中的组分 b 和 c 溶解。各自的不溶残留物分别为组分 c 和 a,组分 b 的含量可从差值中求得。

方案四:取一个试样,将其中一个组分溶解,然后将另外两种组分组成的不溶残留物称重,从溶解失重计算出溶解组分的含量。再将两种组分的残留物中的一种溶解,称出不溶组分的质量,根据溶解失重,可计算出第二种溶解组分的含量。

如果可以选择,建议采用前三种方案中的一种。采用化学分析法时,应注意选择试剂,要求试剂仅能将要溶解的纤维去除,而保留下其他纤维。

（一）原理

混合物的组分经过定性鉴别后,用适当的预处理方法去除非纤维物质,然后使用一个或以

上的上述四种溶解方案。

除非在技术上有困难,最好去除含量较多的纤维组分,使含量较少的纤维组分成为最后的不溶残留物。

(二)结果计算和表示

试剂、调湿和试验大气、试样及其预处理、步骤见试验通则。

1. 概述

混合物中各组分含量以其占混合物总质量的百分率表示,以纤维净干质量为基础,首先结合公定回潮率计算,其次结合预处理和分析中纤维质量损失计算。

2. 纤维净干质量分数计算,不考虑预处理中纤维质量损失

(1) 方案一。下式适用于混合织物试样,第一个试样去除一个组分,第二个试样去除另一个组分:

$$P_1 = \left[\frac{d_2}{d_1} - d_2\frac{r_1}{m_1} + \frac{r_2}{m_2}\left(1 - \frac{d_2}{d_1}\right)\right] \times 100 \tag{7-5}$$

$$P_1 = \left[\frac{d_4}{d_3} - d_4\frac{r_2}{m_2} + \frac{r_1}{m_1}\left(1 - \frac{d_4}{d_3}\right)\right] \times 100 \tag{7-6}$$

$$P_3 = 100 - (P_1 + P_2) \tag{7-7}$$

式中:P_1——第一组分净干质量分数(第一个试样溶解在第一种试剂中的组分),%;

P_2——第二组分净干质量分数(第二个试样溶解在第二种试剂中的组分),%;

P_3——第三组分净干质量分数(两种试剂中都不溶解的组分),%;

m_1——第一个试样经预处理后的干燥质量,g;

m_2——第二个试样经预处理后的干燥质量,g;

r_1——第一个试样经第一种试剂溶解去除第一个组分后残留物的干燥质量,g;

r_2——第二个试样经第二种试剂溶解去除第二个组分后残留物的干燥质量,g;

d_1——质量损失修正系数,第一个试样中不溶的第二组分在第一种试剂中的质量损失;

d_2——质量损失修正系数,第一个试样中不溶的第三组分在第一种试剂中的质量损失;

d_3——质量损失修正系数,第二个试样中不溶的第一组分在第二种试剂中的质量损失;

d_4——质量损失修正系数,第二个试样中不溶的第三组分在第二种试剂中的质量损失。

(2) 方案二。下式适用于从第一个试样中去除组分 a,残留物为他两种组分 b 和 c,第二个试样中去除组分 a 和 b,残留物为第三个组分 c:

$$P_1 = 100 - (P_2 + P_3) \tag{7-8}$$

$$P_2 = 100 \times \frac{d_1 r_1}{m_1} - \frac{d_1}{d_2} \times P_3 \tag{7-9}$$

$$P_3 = \frac{d_4 r_2}{m_2} \times 100 \tag{7-10}$$

式中:P_1——第一组分净干质量分数(第一个试样溶解在第一种试剂中的组分),%;

P_2——第二组分净干质量分数(第二个试样在第二种试剂中和第一组分同时溶解的组分),%;

P_3——第三组分净干质量分数(两种试剂中都不溶解的组分),％;

m_1——第一个试样经预处理后的干燥质量,g;

m_2——第二个试样经预处理后的干燥质量,g;

r_1——第一个试样经第一种试剂溶解去除第一组分后残留物的干燥质量,g;

r_2——第二个试样经第二种试剂溶解去除第一、二组分后残留物的干燥质量,g;

d_1——质量损失修正系数,第一个试样中不溶的第二组分在第一种试剂中的质量损失;

d_2——质量损失修正系数,第一个试样中不溶的第三组分在第一种试剂中的质量损失;

d_4——质量损失修正系数,第二个试样中不溶的第三组分在第二种试剂中的质量损失。

(3)方案三。下式适用于从一个试样中去除组分 a 和 b,残留物为第三组分 c,然后从另一个试样中去除组分 b 和 c,残留物为第一组分 a:

$$P_1 = \frac{d_3 r_2}{m_2} \times 100 \tag{7-11}$$

$$P_2 = 100 - (P_1 + P_3) \tag{7-12}$$

$$P_3 = \frac{d_2 r_1}{m_1} \times 100 \tag{7-13}$$

式中:P_1——第一组分净干质量分数(第一个试样溶解在第一种试剂中的组分),％;

P_2——第二组分净干质量分数(第一个试样溶解在第一种试剂中的组分和第二个试样溶解在第二种试剂中的组分),％;

P_3——第三组分净干质量分数(第二个试样溶解在第二种试剂中的组分),％;

m_1——第一个试样经预处理后的干燥质量,g;

m_2——第二个试样经预处理后的干燥质量,g;

r_1——第一个试样经第一种试剂溶解去除第一、二组分后残留物的干燥质量,g;

r_2——第二个试样经第二种试剂溶解去除第二、三组分后残留物的干燥质量,g;

d_2——质量损失修正系数,第一个试样中不溶的第三组分在第一种试剂中的质量损失;

d_3——质量损失修正系数,第二个试样中不溶的第一组分在第二种试剂中的质量损失。

(4)方案四。下式适用于同一个试样,从混合物中连续溶解去除两种纤维组分:

$$P_1 = 100 - (P_2 + P_3) \tag{7-14}$$

$$P_2 = \frac{d_1 r_1}{m} \times 100 - \frac{d_1}{d_2} \times P_3 \tag{7-15}$$

$$P_3 = \frac{d_3 r_2}{m} \times 100 \tag{7-16}$$

式中:P_1——第一组分净干质量分数(第一个溶解组分),％;

P_2——第二组分净干质量分数(第二个溶解组分),％;

P_3——第三组分净干质量分数(不溶解组分),％;

m——试样预处理后的干燥质量,g;

r_1——经第一种试剂溶解去除第一组分后残留物的干燥质量,g;

r_2——经第一、二种试剂溶解去除第一、二组分后残留物的干燥质量,g;

d_1——质量损失修正系数,第二组分在第一种试剂中的质量损失;

d_2——质量损失修正系数,第三组分在第一种试剂中的质量损失;

d_3——质量损失修正系数,第三组分在第一、二种试剂中的质量损失。

3. 各组分结合公定回潮率和预处理中质量损失修正系数的净干质量分数计算

$$A = 1 + \frac{a_1 + b_1}{100} \tag{7-17}$$

$$B = 1 + \frac{a_2 + b_2}{100} \tag{7-18}$$

$$B = 1 + \frac{a_3 + b_3}{100} \tag{7-19}$$

$$P_{1A} = \frac{P_1 A}{P_1 A + P_2 B + P_3 C} \times 100 \tag{7-20}$$

$$P_{2A} = \frac{P_2 A}{P_1 A + P_2 B + P_3 C} \times 100 \tag{7-21}$$

$$P_{3A} = \frac{P_3 A}{P_1 A + P_2 B + P_3 C} \times 100 \tag{7-22}$$

式中:A——第一组分的公定回潮率修正系数;

B——第二组分的公定回潮率修正系数;

C——第三组分的公定回潮率修正系数;

P_{1A}——第一组分结合公定回潮率和预处理中质量损失的净干质量分数,%;

P_{2A}——第二组分结合公定回潮率和预处理中质量损失的净干质量分数,%;

P_{3A}——第三组分结合公定回潮率和预处理中质量损失的净干质量分数,%;

P_1——根据方案一～四给出的公式计算出的第一组分净干质量分数,%;

P_2——根据方案一～四给出的公式计算出的第二组分净干质量分数,%;

P_3——根据方案一～四给出的公式计算出的第三组分净干质量分数,%;

a_1——第一组分的公定回潮率,%;

a_2——第二组分的公定回潮率,%;

a_3——第三组分的公定回潮率,%;

b_1——第一组分在预处理中的质量损失百分率,%;

b_2——第二组分在预处理中的质量损失百分率,%;

b_3——第三组分在预处理中的质量损失百分率,%。

当采用特殊预处理时,如有可能,宜提供每一种组分的纯净纤维进行特殊预处理,测得 b_1、b_2、b_3 的值。纯净纤维不含非纤维物质,除去正常含有的天然伴生物质或加工过程中带来的物质,这些以漂白或未漂白状态存在的物质在待分析材料中可以找到。

如果待分析材料不是由干净独立的纤维组成的,宜使用相似的干净的纤维混合物测定,得到 b_1、b_2、b_3 的平均值。一般预处理使用石油醚和水萃取的,则预处理中质量损失修正系数 b_1、b_2、b_3,除了未漂白的棉、未漂白的苎麻、未漂白的大麻为 4% 和聚丙烯为 1% 外,通常其他纤维的损失率可以忽略。

就其他纤维来说,按惯例,一般预处理在计算中不考虑质量损失。

【例 1】　某织物经过定性分析,已知由羊毛、聚酰胺纤维、未漂白棉组成的纤维混合物。采用方案一进行试验,取两个试样,第一个试样溶解去除一个组分(a＝羊毛),第二个试样去除第二个组分(b＝聚酰胺纤维),则:

(1) 第一个试样预处理后干燥质量 $m_1 = 1.600\ 0$ g。

(2) 经碱性次氯酸钠溶液溶解处理,残留物(聚酰胺纤维＋棉)干燥质量 $r_1 = 1.416\ 6$ g。

(3) 第二个试样预处理后干燥质量 $m_2 = 1.800\ 0$ g。

(4) 经甲酸溶液溶解处理,残留物(羊毛＋棉)干燥质量 $r_2 = 0.900\ 0$ g。

碱性次氯酸钠溶液处理对聚酰胺纤维不会引起任何质量损失,未漂白棉损失 3%,所以 $d_1 = 1.00, d_2 = 1.03$。

甲酸溶液处理对羊毛或未漂白棉不会引起任何质量损失,所以 $d_3 = 1.00, d_4 = 1.00$。

将上述数值和修正系数代入式(7-5)～(7-7):

$$P_1(羊毛) = \left[\frac{d_2}{d_1} - d_2\frac{r_1}{m_1} + \frac{r_2}{m_2}\left(1 - \frac{d_2}{d_1}\right)\right] \times 100$$

$$= \left[\frac{1.03}{1.00} - 1.03 \times \frac{1.416\ 6}{1.600\ 0} + \frac{0.900\ 0}{1.800\ 0} \times \left(1 - \frac{1.03}{1.00}\right)\right] \times 100$$

$$= 10.30\%$$

$$P_2(聚酰胺纤维) = \left[\frac{d_4}{d_3} - d_4\frac{r_2}{m_2} + \frac{r_1}{m_1}\left(1 - \frac{d_4}{d_3}\right)\right] \times 100$$

$$= \left[\frac{1.00}{1.00} - 1.00 \times \frac{0.900\ 0}{1.800\ 0} + \frac{1.416\ 6}{1.600\ 0} \times \left(1 - \frac{1.00}{1.00}\right)\right] \times 100$$

$$= 50.00\%$$

$$P_3(棉) = 100 - (P_1 + P_2)$$

$$= 100 - (10.30 + 50.00) = 39.70\%$$

该织物中各纤维净干质量分数:羊毛 10.30%;聚酰胺纤维 50.00%;棉 39.70%。

结合公定回潮率和预处理质量损失修正系数的各组分净干质量分数,采用式(7-20)～(7-22)进行计算。假定棉在石油醚和水预处理中质量损失率为 4%,羊毛的公定回潮率为17%,聚酰胺纤维的公定回潮率为 6.25%,棉的公定回潮率为 8.5%,则:

$$P_{1A}(羊毛) = \frac{P_1 A}{P_1 A + P_2 B + P_3 C} \times 100$$

$$= \frac{10.30 \times \left(1 + \frac{17.0 + 0.0}{100}\right)}{10.30 \times \left(1 + \frac{17.00 + 0.0}{100}\right) + 50.00 \times \left(1 + \frac{6.25 + 0.0}{100}\right) + 39.70 \times \left(1 + \frac{8.5 + 4.0}{100}\right)} \times 100 = 10.97\%$$

$$P_{2A}(聚酰胺纤维) = \frac{50.00 \times \left(1 + \frac{6.25 + 0.0}{100}\right)}{10.30 \times \left(1 + \frac{17.00 + 0.0}{100}\right) + 50.00 \times \left(1 + \frac{6.25 + 0.0}{100}\right) + 39.70 \times \left(1 + \frac{8.5 + 4.0}{100}\right)}$$

$$\times 100 = 48.37\%$$

$$P_{3A}(棉) = 100 - (10.97 + 48.37) = 40.66\%$$

该织物中各组分结合公定回潮率和预处理中质量损失的净干质量分数:羊毛 10.97%;

聚酰胺纤维 48.37%;棉 40.66%。

【例 2】 某织物经过定性分析,已知由羊毛、黏胶纤维、未漂白棉组成的纤维混合物。采用方案四进行试验,一个试样中连续去除两种组分,则:

(1) 试样经预处理后干燥质量 $m_1 = 1.6000\,g$。

(2) 试样经碱性次氯酸钠溶液处理后残留物(黏胶纤维+棉)干燥质量 $r_1 = 1.4166\,g$。

(3) 上述残留物经甲酸/氯化锌处理后残留物(棉)干燥质量 $r_2 = 0.6630\,g$。

碱性次氯酸钠对黏胶纤维没有引起质量损失,棉质量损失 3%,所以 $d_1 = 1.00$,$d_2 = 1.03$。

经甲酸/氯化锌处理,棉质量损失 2%,所以 $d_3 = 1.03 \times 1.02 = 1.0506$,可约为 1.05(d_3 是第三组分经两种试剂处理后质量减少或增加的修正系数)。

将上述数值和修正系数代入式(7-14)~(7-16),得到:

$$P_2(\text{黏胶纤维}) = \frac{d_1 r_1}{m} \times 100 - \frac{d_1}{d_2} \times P_3$$

$$= \frac{1.0 \times 1.4166}{1.6000} \times 100 - \frac{1.00}{1.03} \times 43.51 = 46.32\%$$

$$P_3(\text{棉}) = \frac{d_3 r_2}{m} \times 100 = \frac{1.05 \times 0.6630}{1.6000} \times 100 = 43.51\%$$

$$P_1(\text{羊毛}) = 100 - (P_2 + P_3) = 100 - (46.32 + 43.51) = 10.17\%$$

采用和[例 1]相同的修正系数,代入式(7-20)~(7-22),计算各组分结合公定回潮率的质量分数。假定棉在石油醚和水预处理中质量损失率为 4%,羊毛的公定回潮率为 17%,黏胶纤维的公定回潮率为 13%,棉的公定回潮率为 8.5%,则:

$$P_{1A}(\text{羊毛}) = \frac{P_1 A}{P_1 A + P_2 B + P_3 C} \times 100$$

$$= \frac{10.17 \times \left(1 + \frac{17.0 + 0.0}{100}\right)}{10.17 \times \left(1 + \frac{17.00 + 0.0}{100}\right) + 46.32 \times \left(1 + \frac{13.0 + 0.0}{100}\right) + 43.51 \times \left(1 + \frac{8.5 + 4.0}{100}\right)} \times 100$$

$$= 10.51\%$$

$$P_{2A}(\text{黏胶纤维}) = \frac{46.32 \times \left(1 + \frac{13.0 + 0.0}{100}\right)}{10.17 \times \left(1 + \frac{17.00 + 0.0}{100}\right) + 46.32 \times \left(1 + \frac{13.0 + 0.0}{100}\right) + 43.51 \times \left(1 + \frac{8.5 + 4.0}{100}\right)}$$

$$\times 100 = 46.24\%$$

$$P_{3A}(\text{棉}) = 100 - (10.51 + 46.24) = 43.25\%$$

4. 手工分解法计算

混合物中各组分的含量以其占混合物总质量的百分率表示,计算结果基于净干质量结合公定回潮率和预处理中要考虑的质量损失修正系数。

(1) 纤维净干质量分数按下式计算,不考虑预处理中纤维质量损失:

$$P_1 = \frac{100\,m_1}{m_1 + m_2 + m_3} = \frac{100}{1 + \frac{m_2 + m_3}{m_1}} \tag{7-23}$$

$$P_2 = \frac{100\, m_2}{m_1 + m_2 + m_3} = \frac{100}{1 + \dfrac{m_1 + m_3}{m_2}} \tag{7-24}$$

$$P_3 = 100 - (P_1 + P_2) \tag{7-25}$$

式中：P_1——第一组分净干质量分数，％；

　　　P_2——第二组分净干质量分数，％；

　　　P_3——第三组分净干质量分数，％；

　　　m_1——第一组分净干质量，g；

　　　m_2——第二组分净干质量，g；

　　　m_3——第三组分净干质量，g。

（2）各组分结合公定回潮率和预处理中质量损失修正系数的净干质量分数计算参见式（7-17）～（7-22）。

（三）手工分解和化学分析综合分析法

在可能的情况下，手工分解法适宜在使用任何一种化学分析法分离各组分之前用来计算各组分的含量。

（四）方法的精密度

表示各种二组分纤维混合物分析法重现性的精密度也适用于三组分纤维混合物。这指的是可靠性，即由操作人员在不同实验室或者不同时间，采用同一种方法对相同混合物试样进行分析，所得测定值之间的相同程度。重现值用置信度 95％时的置信界限表示。也就是说，在不同的实验室内，当采用同样正确的试验方法，对一个相同的均匀混合物试样进行一系列的分析，在 100 次试验中仅有 5 次试验结果超出范围。

使用二组分混合物分析方法来分析三组分混合物，其精密度决定了三组分混合物分析方法的精密度。

三组分纤维混合物的四种定量化学分析方案中，其精密度由两次溶解决定（前三种方案分别用两个试样，第四种方案仅使用一个试样）。假定 E_1 和 E_2 分别代表分析二组分纤维混合物所用的两种方法的精密度，则各组分试验结果的精密度见表 7-2。

表 7-2　各组分试验结果的精密度

纤维组分	溶解方案		
	一	二	三
a	E_1	E_1	E_1
b	E_2	$E_1 + E_2$	$E_1 + E_2$
c	$E_1 + E_2$	E_2	$E_1 + E_2$

如果使用第四种方案，其精密度可能低于前三种方案，因为第一种试剂溶解处理可能会影响残留物中的组分 b 和 c，而且影响程度难以估算。

使用 GB/T 2910—2009 各部分规定的二组分混合物分析法分析的有代表性的三组分混合物方案见表 7-3。

表 7-3　二组分混合物分析法分析的有代表性的三组分混合物方案

混合物	纤维组成			采用方案	相当于 GB/T 2910—2009 的部分（按次序溶解使用的试剂）
	第一组分	第二组分	第三组分		
1	羊毛或者其他动物毛纤维	黏胶、铜氨或某些莫代尔纤维	棉纤维	一和/或四	第 4 部分（碱性次氯酸钠）第 6 部分（甲酸/氯化锌）
2	羊毛或者其他动物毛纤维	聚酰胺纤维	棉、黏胶、铜氨、莫代尔纤维	一和/或四	第 4 部分（碱性次氯酸钠）和第 7 部分（80％质量分数甲酸）
3	羊毛、其他动物毛纤维或者蚕丝	某些含氯纤维	棉、黏胶、铜氨、莫代尔纤维	一和/或四	第 4 部分（碱性次氯酸钠）和第 13 部分（二硫化碳/丙酮，体积比为 55.5/44.5）
4	羊毛或者其他动物毛纤维	聚酰胺纤维	聚酯、聚丙烯、聚丙烯腈或者玻璃纤维	一和/或四	第 4 部分（碱性次氯酸钠）和第 7 部分（80％质量分数甲酸）
5	羊毛、其他动物毛纤维或蚕丝	某些含氯纤维	聚酯、聚丙烯腈、聚酰胺或者玻璃纤维	一和/或四	第 4 部分（碱性次氯酸钠）和第 13 部分（二硫化碳/丙酮，体积比为 55.5/44.5）
6	蚕丝	羊毛或者其他动物毛纤维	聚酯纤维	二	第 18 部分（75％质量分数的硫酸）和第 4 部分（碱性次氯酸钠）
7	聚酰胺纤维	聚丙烯腈纤维	棉、黏胶、铜氨或者莫代尔纤维	一和/或四	第 7 部分（80％质量分数甲酸）和第 12 部分（二甲基甲酰胺法）
8	某些含氯纤维	聚酰胺纤维	棉、黏胶、铜氨或者莫代尔纤维	一和/或四	第 12 部分（二甲基甲酰胺法）和第 7 部分（80％质量分数甲酸）第 13 部分（二硫化碳/丙酮，体积比为 55.5/44.5）和第 7 部分（80％质量分数甲酸）
9	聚丙烯腈纤维	聚酰胺纤维	聚酯纤维	一和/或四	第 12 部分（二甲基甲酰胺法）和第 7 部分（80％质量分数甲酸）
10	醋酯纤维	聚酰胺纤维	棉、黏胶、铜氨或者莫代尔纤维	四	第 3 部分（丙酮法）和第 7 部分（80％质量分数甲酸）
11	某些含氯纤维	聚丙烯腈纤维	聚酰胺纤维	二和/或四	第 13 部分（二硫化碳/丙酮，体积比为 55.5/44.5）和第 12 部分（二甲基甲酰胺法）
12	某些含氯纤维	聚酰胺纤维	聚丙烯腈纤维	一和/或四	第 13 部分（二硫化碳/丙酮，体积比为 55.5/44.5）和第 7 部分（80％质量分数甲酸）
13	聚酰胺纤维	棉、黏胶、铜氨或者莫代尔纤维	聚酯纤维	四	第 7 部分（80％质量分数甲酸）和第 11 部分（75％质量分数硫酸）
14	醋酯纤维	棉、黏胶、铜氨或者莫代尔纤维	聚酯纤维	四	第 3 部分（丙酮法）和第 11 部分（75％质量分数硫酸）
15	聚丙烯腈纤维	棉、黏胶、铜氨或者莫代尔纤维	聚酯纤维	四	第 12 部分（二甲基甲酰胺法）和第 11 部分（75％质量分数硫酸）
16	醋酯纤维	羊毛、其他动物毛纤维或者蚕丝	棉、黏胶、铜氨、莫代尔、聚酰胺、聚酯、聚丙烯腈纤维	四	第 3 部分（丙酮法）和第 4 部分（碱性次氯酸钠）

混合物	纤维组成			采用方案	相当于 GB/T 2910—2009 的部分 （按次序溶解使用的试剂）
	第一组分	第二组分	第三组分		
17	三醋酯纤维	羊毛、其他动物毛纤维或者蚕丝	棉、黏胶、铜氨、莫代尔、聚酰胺、聚酯、聚丙烯腈纤维	四	第 10 部分(二氯甲烷法)和第 4 部分(碱性次氯酸钠)
18	聚丙烯腈纤维	羊毛、其他动物毛纤维或者蚕丝	棉、黏胶、铜氨、莫代尔纤维	一和/或四	第 12 部分(二甲基甲酰胺法)和第 4 部分(碱性次氯酸钠)
19	聚丙烯腈纤维	蚕丝	羊毛或者其他动物毛纤维	四	第 12 部分(二甲基甲酰胺法)和第 18 部分(75%质量分数的硫酸)
20	聚丙烯腈纤维	羊毛、其他动物毛纤维或者蚕丝	棉、黏胶、铜氨、莫代尔纤维	一和/或四	第 12 部分(二甲基甲酰胺法)和第 4 部分(碱性次氯酸钠)
21	羊毛、其他动物毛纤维或者蚕丝	棉、黏胶、铜氨、莫代尔纤维	聚酯纤维	四	第 4 部分(碱性次氯酸钠)和第 11 部分(75%质量分数硫酸)
22	黏胶、铜氨或者某些莫代尔纤维	棉纤维	聚酯纤维	二和/或四	第 6 部分(甲酸/氯化锌)和第 11 部分(75%质量分数硫酸)
23	聚丙烯腈纤维	黏胶、铜氨或者某些莫代尔纤维	棉纤维	四	第 12 部分(二甲基甲酰胺法)和第 6 部分(甲酸/氯化锌)
24	某些含氯纤维	黏胶、铜氨、莫代尔纤维	棉纤维	一和/或四	第 13 部分(二硫化碳/丙酮,体积比为 55.5/44.5)和第 6 部分(甲酸/氯化锌)或第 12 部分(二甲基甲酰胺法)和第 6 部分(甲酸/氯化锌)
25	醋酯纤维	黏胶、铜氨、某些莫代尔纤维	棉纤维	四	第 3 部分(丙酮法)和第 6 部分(甲酸/氯化锌)
26	三醋酯纤维	黏胶、铜氨、某些莫代尔纤维	棉纤维	四	第 10 部分(二氯甲烷法)和第 6 部分(甲酸/氯化锌)
27	醋酯纤维	蚕丝	羊毛、其他动物毛纤维	四	第 8 部分(70%体积比丙酮)和第 18 部分(75%质量分数的硫酸)
28	三醋酯纤维	蚕丝	羊毛、其他动物毛纤维	四	第 10 部分(二氯甲烷法)和第 18 部分(75%质量分数硫酸)
29	醋酯纤维	聚丙烯腈纤维	棉、黏胶、铜氨、莫代尔纤维	四	第 3 部分(丙酮法)和第 12 部分(二甲基甲酰胺法)
30	三醋酯纤维	聚丙烯腈纤维	棉、黏胶、铜氨、莫代尔纤维	四	第 10 部分(二氯甲烷法)和第 12 部分(二甲基甲酰胺法)
31	三醋酯纤维	聚酰胺纤维	棉、黏胶、铜氨、莫代尔纤维	四	第 10 部分(二氯甲烷法)和第 7 部分(80%质量分数甲酸)
32	三醋酯纤维	棉、黏胶、铜氨、莫代尔纤维	聚酯纤维	四	第 10 部分(二氯甲烷法)和第 11 部分(75%质量分数硫酸)
33	醋酯纤维	聚酰胺纤维	聚酯或聚丙烯腈纤维	四	第 3 部分(丙酮法)和第 7 部分(80%质量分数甲酸)
34	醋酯纤维	聚丙烯腈纤维	聚酯纤维	四	第 3 部分(丙酮法)和第 12 部分(二甲基甲酰胺法)
35	某些含氯纤维	棉、黏胶、铜氨、莫代尔纤维	聚酯纤维	四	第 12 部分(二甲基甲酰胺法)和第 11 部分(75%质量分数硫酸)或第 13 部分(二硫化碳/丙酮,体积比为 55.5/44.5)和第 11 部分(75%质量分数硫酸)

五、醋酯纤维与某些其他纤维的混合物(丙酮法)的定量化学分析

丙酮法用于测定醋酯纤维与羊毛、其他动物毛发、蚕丝、再生蛋白纤维、棉(精梳、漂煮或漂白)、亚麻、大麻、苎麻、黄麻、蕉麻、针茅麻、椰壳纤维、金雀花麻、铜氨纤维、黏胶纤维、莫代尔纤维、聚酰胺纤维、聚酯纤维、聚丙烯腈纤维和玻璃纤维组成的二组分混合物中醋酯纤维含量,但不适用于含改性聚丙烯腈纤维、表面已脱去乙酰基的醋酯纤维的混合物。

(一)原理

用丙酮试剂将醋酯纤维从已知干燥质量的混合物中溶解去除,收集残留物(即某些其他纤维),清洗、烘干并称量;用修正后的质量计算残留物占混合物的干燥质量分数,再由差值得出醋酯纤维的质量分数。

(二)试剂

丙酮,馏程为 55～57 ℃。

(三)试验步骤

按照 GB/T 2910.1—2009 规定的通用程序进行,然后按以下步骤操作:

(1)把试样放入具塞三角烧瓶中,每克试样加入 100 mL 丙酮,摇动烧瓶(浸透试样),在室温下静置 30 min,每隔 10 min 摇动一次,然后轻轻倒出溶液(残留物留在烧瓶中),用已知干燥质量的玻璃砂芯坩埚过滤。

(2)将试样重复上述处理两次,每次处理 15 min,即共处理三次,处理总时间为 1 h。用丙酮将残留物洗入玻璃砂芯坩埚,用抽吸装置排液。

(3)再往玻璃砂芯坩埚里倒满丙酮,靠重力排液。最后,用抽吸装置排液,将玻璃砂芯坩埚和残留物一并烘干、冷却并称量。

(四)结果计算和表示

结果计算和表示按 GB/T 2910.1—2009 的规定执行。某些其他纤维的 d 值取 1.00。

六、某些蛋白质纤维与某些其他纤维的混合物(次氯酸盐法)的定量化学分析

采用次氯酸盐法测定去除非纤维物质后由羊毛、化学处理过的羊毛、其他动物纤维、蚕丝、酪朊再生蛋白纤维和棉、铜氨纤维、黏胶纤维、莫代尔纤维、聚丙烯腈纤维、含氯纤维、聚酰胺纤维、聚酯纤维、聚丙烯纤维、玻璃纤维、弹性纤维组成的二组分混合物中蛋白质纤维的含量。如果织物中几种蛋白质纤维同时存在,此方法只能测出它们的总含量,不能得到各自的含量。

(一)原理

用次氯酸盐把蛋白质纤维从已知干燥质量的混合物中溶解去除,收集残留物(即某些其他纤维),清洗、烘干并称量;用修正后的质量计算残留物占混合物的干燥质量分数,再由差值得出蛋白质纤维的质量分数。

(二)试剂

1. 次氯酸钠溶液

在 1 mol/L 的次氯酸钠溶液中加入氢氧化钠,使其浓度为 5 g/L。此溶液可用碘量法滴定,使其浓度在 0.9～1.1 mol/L。

2. 次氯酸锂溶液

有效氯浓度为(35±2)g/L(约 1 mol/L)的次氯酸锂溶液,其中的氢氧化钠浓度为

(5 ± 0.5)g/L,可以替代次氯酸钠溶液。将 100 g 含 35% 有效氯(或 115 g 含 30% 有效氯)的次氯酸锂溶于约 700 mL 水中,加入 5 g 氢氧化钠溶于 200 mL 水中,然后将两份溶液合并,加水至 1 L。

3. 稀乙酸溶液

取 5 mL 冰乙酸,加水稀释至 1 L。

(三)试验步骤

按照 GB/T 2910.1—2009 规定的通用程序进行,然后按以下步骤操作:

(1) 把准备好的试样放入三角烧瓶中,每克试样加入 100 mL 次氯酸钠或次氯酸锂溶液,经充分湿润后,在水浴中剧烈振荡 40 min。

(2) 用已知干燥质量的玻璃砂芯坩埚过滤,用少量次氯酸钠或次氯酸锂溶液将残留物清洗到玻璃砂芯坩埚中。真空抽吸排液,再依次用水清洗,用稀乙酸溶液中和,最后用水连续清洗残留物。每次洗后先用重力排液,再用真空抽吸排液。

(3) 最后将玻璃砂芯坩埚和残留物真空抽吸排液,烘干、冷却并称量。

(四)结果计算和表示

结果计算和表示按 GB/T 2910.1—2009 的规定执行。原棉的 d 值为 1.03,棉、黏胶纤维、莫代尔纤维的 d 值为 1.01,其余纤维为 1.00。

七、黏胶纤维、铜氨纤维或莫代尔纤维与棉的混合物(锌酸钠法)的定量化学分析

采用锌酸钠法测定去除非纤维物质后的黏胶纤维、铜氨纤维或莫代尔纤维与原棉、煮练棉或漂白棉纤维组成的二组分混合物中各组分的含量。如试样中有铜氨纤维或莫代尔纤维存在,应预先试验是否溶于试剂。此方法不适用于混合物中的棉纤维已经受到严重的化学降解,也不适用于黏胶纤维、铜氨纤维或莫代尔纤维中存在不能完全去除的耐久性整理剂或活性染料,致使其不能完全溶解。

(一)原理

用锌酸钠试剂把黏胶纤维、铜氨纤维或莫代尔纤维,从已知干燥质量的混合物中溶解去除,收集残留物(即棉纤维),清洗、烘干和称重;用修正后的质量计算棉纤维占混合物的干燥质量分数,再由差值得出第二组分的质量分数。

(二)试剂

1. 锌酸钠溶液(储备溶液)

测定氢氧化钠颗粒中氢氧化钠的含量,把 180 g 氢氧化钠颗粒溶解在 180~200 mL 水中,不断地用机械搅拌器搅动溶液,并逐渐加入 80 g 氧化锌(分析纯),同时慢慢地加热溶液;当所有氧化锌加入后,加热溶液至微沸腾,继续加热直到溶液变澄清或略混浊,冷却;然后,加入 20 mL 水,充分搅拌,冷却至室温,再加水至 500 mL,得到锌酸钠溶液。该溶液使用前,用孔径 40~90 μm 的烧结玻璃过滤器过滤。

2. 锌酸钠稀溶液(工作溶液)

精确量取一定体积的锌酸钠溶液,在搅拌下加入体积为其两倍的水,充分混合,在 24 h 内使用。

3. 稀氨水溶液

取 200 mL 浓氨水(密度 0.880 g/mL),用水稀释至 1 L。

4. 稀乙酸溶液

取 50 mL 冰乙酸,用水稀释至 1 L。

（三）试验步骤

按照 GB/T 2910.1—2009 规定的通用程序进行,然后按以下步骤操作:

(1) 把试样放入具塞三角烧瓶中,每克试样加入 150 mL 新配制的锌酸钠稀溶液,盖上瓶塞,在机械振荡器上振荡(20±1)min。

(2) 用已知质量的玻璃砂芯坩埚过滤溶液,抽吸具塞三角烧瓶以去除过量的液体,用镊子把残留物放回具塞三角烧瓶中,加入 100 mL 稀氨水溶液,在机械振荡器上振荡 5 min。

(3) 用同一个已知质量的玻璃砂芯坩埚过滤溶液,用水清洗具塞三角烧瓶中的残留物倒入坩埚中,用 100 mL 稀乙酸溶液清洗坩埚和残留物,并用水彻底冲洗。每次洗后靠重力排液,再用真空抽吸排液。

(4) 最后将玻璃砂芯坩埚及残留物烘干、冷却并称重。

（四）结果计算和表示

结果计算和表示按 GB/T 2910.1—2009 的规定执行。原棉、煮练棉、漂白棉的 d 值均为 1.02。

八、黏胶纤维、某些铜氨纤维、莫代尔纤维或莱赛尔纤维与棉的混合物(甲酸/氯化锌法)的定量化学分析

甲酸/氯化锌法用于测定去除非纤维物质后的黏胶纤维、某些铜氨纤维、莫代尔纤维或莱赛尔纤维与棉组成的二组分混合物中各组分的含量。如试样中有铜氨纤维、莫代尔纤维或莱赛尔纤维存在,应预先试验是否溶于甲酸/氯化锌溶液。此方法不适用于混合物中的棉纤维已经受到严重的化学降解,也不适用于黏胶纤维、铜氨纤维、莫代尔纤维或莱赛尔纤维中存在不能完全去除的耐久性整理剂或活性染料,致使其不能完全溶解。

（一）原理

用甲酸/氯化锌溶液把黏胶纤维、铜氨纤维、莫代尔纤维或莱赛尔纤维,从已知干燥质量的混合物中溶解去除,收集残留物(即棉纤维),清洗、烘干和称重;用修正后的质量计算棉纤维占混合物的干燥质量分数,再由差值得出第二组分的质量分数。

（二）试剂

1. 甲酸/氯化锌溶液

取 20 g 无水氯化锌(质量分数＞98％)和 68 g 无水甲酸,加水至 100 g。此溶液有害,使用时宜采取妥善的防护措施。

2. 稀氨水溶液

取 20 mL 浓氨水(密度 0.880 g/mL),用水稀释至 1 L。

（三）试验步骤

按照 GB/T 2910.1—2009 规定的通用程序进行,然后按以下步骤操作:

(1) 将试样迅速放入盛有已预热至 40 ℃的甲酸/氯化锌溶液的具塞三角烧瓶中,每克试样加 100 mL 溶液,盖紧瓶塞,摇动烧瓶,在 40 ℃下保温 2.5 h,每隔 45 min 摇动一次,共摇动两次。对于某些在 40 ℃下难以溶解的化学纤维,在 70 ℃下试验。

(2) 用 20 mL 40 ℃溶液把烧瓶中的残留物洗入已知质量的玻璃砂芯坩埚中,再用 40 ℃

或 70 ℃ 水清洗；然后用 100 mL 稀氨水溶液中和清洗，并使残留物浸没于溶液中 10 min，再用冷水冲洗。每次的清洗液靠重力排液后，再用真空抽吸排液，最后烘干、冷却、称重。

（四）结果计算和表示

40 ℃ 下，棉的 d 值为 1.02；70 ℃ 下，棉的 d 值为 1.03。

九、聚酰胺纤维与某些其他纤维的混合物（甲酸法）的定量化学分析

甲酸法用于测定去除非纤维物质后的聚酰胺纤维与棉、黏胶纤维、铜氨纤维、莫代尔纤维、聚酯纤维、聚丙烯纤维、含氯纤维、聚丙烯腈纤维或玻璃纤维等二组分混合物中各组分的含量。此法也适用于聚酰胺纤维与羊毛或其他动物毛发纤维的混合物，但当毛纤维含量超过 25% 时，宜采用次氯酸盐法。

（一）原理

用甲酸溶液把聚酰胺纤维从已知干燥质量的混合物中溶解去除，收集残留物（即某些其他纤维），清洗、烘干和称重；用修正后的质量计算某些其他纤维占混合物的干燥质量分数，再由差值得出聚酰胺纤维的质量分数。

（二）试剂

1. 甲酸溶液（密度 1.19 g/mL）

将 880 mL 的 90%（质量分数）甲酸（密度 1.20 g/mL）用水稀释至 1 L，或者将 780 mL 的 98%～100%（质量分数）甲酸（密度 1.22 g/mL）用水稀释至 1 L。

甲酸溶液的质量分数应在 77%～83% 范围内。

2. 稀氨水溶液

取 80 mL 浓氨水（密度 0.88 g/mL），用水稀释至 1 L。

（三）试验步骤

按照 GB/T 2910.1—2009 规定的通用程序进行，然后按以下步骤操作：

（1）将试样放入三角烧瓶中，每克试样加入 100 mL 甲酸溶液。盖上瓶塞，摇动三角烧瓶使试样浸湿，放置 15 min，并不时摇动。

（2）用少量甲酸溶液清洗已知质量的玻璃砂芯坩埚，过滤三角烧瓶中的残留物，并将其移入过滤坩埚中。用抽滤装置抽吸排液，依次用甲酸溶液、热水清洗残留物，再经稀氨水溶液中和，最后用冷水洗净残留物。每次清洗液先靠重力排液，然后用抽滤装置抽吸排液。

（3）烘干过滤坩埚和残留物，冷却，称重。

（四）结果计算和表示

结果计算和表示按 GB/T 2910.1—2009 的规定执行。某些其他纤维的 d 值为 1.00。

十、醋酯纤维与三醋酯纤维的混合物（丙酮法）的定量化学分析

（一）原理

用丙酮溶液把醋酯纤维从已知干燥质量的混合物中溶解去除，收集残留物（即三醋酯纤维），清洗、烘干和称重；用修正后的质量计算三醋酯纤维占混合物的干燥质量分数，再由差值得出醋酯纤维的质量分数。

（二）试剂

丙酮溶液（体积分数 70%）：取 700 mL 丙酮，用水稀释至 1 L。

（三）试验步骤

按照 GB/ T 2910.1—2009 规定的通用程序进行，然后按以下步骤操作：

（1）将试样放入三角烧瓶中，每克试样加入 80 mL 丙酮溶液。盖上瓶塞，在机械振荡器中振荡 1 h，用已知干燥质量的玻璃砂芯坩埚过滤溶液。

（2）在含有残留物的三角烧瓶中加入 60 mL 丙酮溶液，用手摇动后将溶液倒出，并用玻璃砂芯坩埚过滤。

（3）将步骤（2）重复两次，最后一次把残留物转移到坩埚中，用丙酮溶液洗涤残留物，并用真空抽吸排液。在坩埚中再次装满丙酮溶液，靠重力排液。

（4）最后用真空抽吸排液，将玻璃砂芯坩埚及残留物烘干，然后冷却、称重。

（四）结果计算和表示

结果计算和表示按 GB/T 2910.1 的规定执行。三醋酯纤维的 d 值为 1.01。

十一、醋酯纤维与三醋酯纤维的混合物（苯甲醇法）的定量化学分析

（一）原理

用苯甲醇溶液把醋酯纤维从已知干燥质量的混合物中溶解去除，收集残留物（即三醋酯纤维），清洗、烘干和称重；用修正后的质量计算三醋酯纤维占混合物的干燥质量分数，再由差值得出醋酯纤维的质量分数。

（二）试剂

苯甲醇溶液、乙醇溶液。

（三）试验步骤

按照 GB/ T 2910.1 规定的通用程序进行，然后按以下步骤操作：

（1）把试样放入三角烧瓶中，每克试样加入 100 mL 苯甲醇溶液，盖上瓶塞，将三角烧瓶置于机械振荡器的水浴中剧烈振荡（20±1）min，水浴温度保持在（52±2）℃。

（2）用已知干燥质量的玻璃砂芯坩埚过滤溶液。

（3）用镊子把残留物移回烧瓶中，再按步骤（1）的比例加一份苯甲醇于烧瓶中，在（52±2）℃水浴中振荡（20±1）min。

（4）用同一玻璃砂芯坩埚过滤溶液，用一份苯甲醇重复步骤（3）。

（5）将溶液和残留物倒入同一玻璃砂芯坩埚中。用一定量的（52±2）℃苯甲醇溶液将烧瓶中的任何残留物转移至该玻璃砂芯坩埚中，用真空抽吸排液。

（6）把残留物移转到三角烧瓶中，用乙醇溶液重复洗涤，手工摇动后，用同一玻璃砂芯坩埚排液。

（7）重复洗涤三次，将残留物转移至同一玻璃砂芯坩埚中。

（8）用真空抽吸排液，将玻璃砂芯坩埚及残留物烘干、冷却并称重。

（四）结果计算和表示

结果计算和表示按 GB/T 2910.1—2009 的规定执行。三醋酯纤维的 d 值为 1.00。

十二、三醋酯纤维或聚乳酸纤维与某些其他纤维的混合物（二氯甲烷法）的定量化学分析

二氯甲烷法用于测定去除非纤维物质后由三醋酯纤维或聚乳酸纤维与羊毛、再生蛋白质

纤维、棉(原棉、漂白棉或染色棉)、黏胶纤维、铜氨纤维、莫代尔纤维、聚酰胺纤维、聚酯纤维、聚丙烯腈纤维、玻璃纤维组成的二组分混合物中三醋酯纤维或聚乳酸纤维的含量。经过整理而部分水解的三醋酯纤维,在二氯甲烷试剂中不能完全溶解,因此本方法不适用。

(一)原理

用二氯甲烷把三醋酯纤维或聚乳酸纤维从已知干燥质量的混合物中溶解去除,收集残留物(即某些其他纤维),清洗、烘干和称重;用修正后的质量计算某些其他纤维占混合物的干燥质量分数,再由差值得出三醋酯纤维或聚乳酸纤维的质量分数。

(二)试剂

二氯甲烷溶液。该试剂对人体有危害,使用时应采取完善的保护措施。

(三)试验步骤

按照 GB/T 2910.1—2009 规定的通用程序进行,然后按以下步骤操作:

(1)把准备好的试样放入三角烧瓶中,每克试样加入 100 mL 二氯甲烷溶液,盖上玻璃塞,摇动烧瓶,将试样充分润湿后,放置 30 min,每隔 10 min 摇动一次。

(2)用玻璃砂芯坩埚过滤上述溶液。然后加 60 mL 二氯甲烷溶液至留有残留物的三角烧瓶中,用手摇动,用坩埚过滤,并用少量二氯甲烷溶液将残留物清洗到坩埚中。以真空抽吸排液,再将二氯甲烷溶液注满坩埚,靠重力排液。

(3)用真空抽吸排液,用热水清洗,将坩埚和残留物烘干、冷却并称重。

(四)结果计算和表示

结果计算和表示按 GB/T 2910.1—2009 的规定执行。聚酯纤维的 d 值为 1.01,其余纤维的 d 值为 1.00。如果三醋酯纤维未完全溶解,则三醋酯纤维的质量分数按 d 值为 1.02 进行修正,再得出其他纤维的质量分数。

十三、纤维素纤维与聚酯纤维的混合物(硫酸法)的定量化学分析

(一)原理

用硫酸把纤维素纤维从已知干燥质量的混合物中溶解去除,收集残留物(即聚酯纤维),清洗、烘干和称重;用修正后的质量计算聚酯纤维占混合物的干燥质量分数,再由差值得出纤维素纤维的质量分数。

(二)试剂

1. 硫酸溶液

将 700 mL 的浓硫酸(密度 1.84 g/mL)小心地加入到 350 mL 水中,冷却至室温后,再加水稀释至 1 L。硫酸溶液的浓度允许在 73%~77%(质量分数)范围内。

2. 稀氨水溶液

取 80 mL 浓氨水(密度 0.880 g/mL),用水稀释至 1 L。

(三)试验步骤

按照 GB/T 2910.1—2009 规定的通用程序进行,然后按以下步骤操作:

(1)把准备好的试样放入三角烧瓶中,每克试样加入 200 mL 硫酸溶液,盖上玻璃塞,摇动烧瓶,将试样充分润湿后,将烧瓶保持(50±5)℃并放置 1 h,每隔 10 min 摇动一次。

(2)将残留物过滤到玻璃砂芯坩埚中,真空抽吸排液;然后用少量硫酸溶液清洗烧瓶,真空抽吸排液。重新加入硫酸溶液至坩埚中清洗残留物,重力排液至少 1 min 后,真空抽吸

排液。

（3）用冷水连续洗涤残留物若干次，稀氨水中和两次，再用冷水洗涤。每次洗液先靠重力排液，再用真空抽吸排液。

（4）将坩埚和残留物烘干、冷却并称重。

（四）结果计算和表示

结果计算和表示按 GB/T 2910.1—2009 的规定执行。聚酯纤维的 d 值为 1.00。

十四、聚丙烯腈纤维、某些改性聚丙烯腈纤维、某些含氯纤维或某些弹性纤维与某些其他纤维的混合物（二甲基甲酰胺法）的定量化学分析

二甲基甲酰胺法用于测定去除非纤维物质后由聚丙烯腈纤维、某些改性聚丙烯腈纤维、某些含氯纤维、某些弹性纤维和动物纤维、棉（原棉、漂白棉、染色棉）、黏胶纤维、铜氨纤维、莫代尔纤维、聚酰胺纤维、聚酯纤维、玻璃纤维组成的二组分混合物中聚丙烯腈纤维、某些改性聚丙烯腈纤维、某些含氯纤维、某些弹性纤维的含量。本方法同样可用于含有前金属络合染色的羊毛、蚕丝和其他动物纤维混合物，对于后金属络合染色的纤维混合物则不适用。

（一）原理

用二甲基甲酰胺溶液把聚丙烯腈纤维、改性聚丙烯腈纤维、某些含氯纤维或某些弹性纤维从已知干燥质量的混合物中溶解去除，收集残留物（即某些其他纤维），清洗、烘干和称重；用修正后的质量计算某些其他纤维占混合物的干燥质量分数，再由差值得出聚丙烯腈纤维、改性聚丙烯腈纤维、含氯纤维或弹性纤维的质量分数。

（二）试剂

二甲基甲酰胺溶液，沸点 152～154 ℃。该试剂对人体有危害，使用时应采取完善的保护措施。

（三）试验步骤

按照 GB/T 2910.1—2009 规定的通用程序进行，然后按以下步骤操作：

（1）把准备好的试样放入三角烧瓶中，每克试样加入 150 mL 二甲基甲酰胺溶液，盖上玻璃塞，摇动烧瓶，将试样充分润湿后，让烧瓶保持 90～95 ℃放置 1 h。如果试样中的聚丙烯腈难以溶解，可以多加 50 mL 二甲基甲酰胺溶液，其间用手轻轻摇动五次。

（2）用玻璃砂芯坩埚过滤溶液，残留物留在烧瓶中，另加 60 mL 二甲基甲酰胺溶液，保持90～95 ℃放置 30 min，用手轻轻摇动两次。把残留物过滤到玻璃砂芯坩埚中，以真空抽吸排液，并用水清洗残留物，真空抽吸排液。

（3）将热水加满坩埚洗涤残留物两次。每次洗后先靠重力排液，再用真空抽吸排液。如果残留物是聚酰胺纤维或聚酯纤维，可以把玻璃砂芯坩埚和残留物烘干、冷却、称重。如果残留物是动物纤维、棉、黏胶纤维、莫代尔纤维或铜氨纤维，将残留物转移到烧瓶中，加入 160 mL水，在室温下保持 5 min，不时地剧烈摇动。

（4）将液体用坩埚过滤排液，重复水洗残留物三次以上，最后一次清洗将残留物过滤到坩埚中，真空抽吸排液。用水清洗烧瓶中的残留物并全部转移至坩埚中。

（5）真空抽吸排液，将坩埚和残留物烘干、冷却、称重。

（四）结果计算和表示

结果计算和表示按 GB/T 2910.1—2009 的规定执行。聚酰胺纤维、棉（原棉、漂白棉、染

色棉)、羊毛、黏胶纤维、铜氨纤维、莫代尔纤维、聚酯纤维的 d 值为1.01,其余纤维的 d 值均为1.00。

十五、某些含氯纤维与某些其他纤维的混合物(二硫化碳/丙酮法)的定量化学分析

二硫化碳/丙酮法用于测定去除非纤维物质后由某些含氯纤维(无论是否后氯化)和羊毛、其他动物毛发、蚕丝、棉、黏胶纤维、铜氨纤维、莫代尔纤维、聚酰胺纤维、聚酯纤维、聚丙烯腈纤维、玻璃纤维组成的二组分混合物中含氯纤维的含量。混合物中羊毛或蚕丝的质量分数超过25%时,宜使用次氯酸盐法。混合物中锦纶的质量分数超过25%时,宜使用甲酸法。

(一)原理

用二硫化碳/丙酮混合溶液把含氯纤维从已知干燥质量的混合物中溶解去除,收集残留物(即某些其他纤维),清洗、烘干和称重;用修正后的质量计算某些其他纤维占混合物的干燥质量分数,再由差值得出含氯纤维的质量分数。

(二)试剂

(1)二硫化碳/丙酮溶液。该试剂有毒,使用时须采取完善的防护措施。

(2)乙醇。

(三)试验步骤

按照GB/T 2910.1—2009规定的通用程序进行,然后按以下步骤操作:

(1)把试样放入具塞三角烧瓶中,每克试样加入100 mL二硫化碳/丙酮混合溶液,盖紧瓶塞,在机械振荡器上振荡20 min。振荡初期可松开瓶塞一至两次,以释放过多的压力。

(2)用已知干燥质量的玻璃砂芯坩埚过滤溶液。

(3)再用100 mL二硫化碳/丙酮混合溶液重复上述操作。

(4)多次重复上述操作,直到取一滴溶液在表面皿上蒸发后没有残留含氯纤维的痕迹为止。

(5)用更多量的二硫化碳/丙酮混合溶液将残留物从具塞三角烧瓶中洗入玻璃砂芯坩埚内,真空抽吸排液。先用20 mL乙醇溶液清洗坩埚和残留物三次,再用水清洗三次。每次洗液先靠重力排液,再以真空抽吸排液。将坩埚和残留物烘干、冷却和称重。对某些含氯纤维含量较高的混合物,试样烘干过程中可能产生较大的收缩,导致含氯纤维的溶解延缓,但不影响含氯纤维的最终溶解。

(四)结果计算和表示

结果计算和表示按GB/T 2910.1—2009的规定执行。某些其他纤维的 d 值为1.00。

十六、醋酯纤维与某些含氯纤维的混合物(冰乙酸法)的定量化学分析

(一)原理

用冰乙酸溶液把醋酯纤维从已知干燥质量的混合物中溶解去除,收集残留物(即某些含氯纤维),清洗、烘干和称重;用修正后的质量计算某些含氯纤维占混合物的干燥质量分数,再由差值得出醋酯纤维的质量分数。

(二)试剂

冰乙酸溶液,馏程为117~119 ℃。该试剂有毒,使用时应注意采取完善的保护措施。

(三)试验步骤

按照GB/T 2910.1—2009规定的通用程序进行,然后按以下步骤操作:

（1）把试样放入具塞三角烧瓶中，每克试样加入 100 mL 冰乙酸溶液，盖紧瓶塞，在室温下用机械振荡器振荡 20 min。

（2）轻轻倒出溶液（残留物留在烧瓶中），用已知干燥质量的玻璃砂芯坩埚过滤。

（3）用 100 mL 冰乙酸溶液重复上述操作两次，即共处理三次。用冰乙酸溶液将残留物移入玻璃砂芯坩埚，用 100 mL 冰乙酸溶液淋洗坩埚和残留物，再用清水淋洗三次。每次洗后先靠重力排液 2 min，再用抽吸装置排液。最后将坩埚和残留物一并烘干、冷却并称重。

（四）结果计算和表示

结果计算和表示按 GB/T 2910.1—2009 的规定执行。某些含氯纤维的 d 值为 1.00。

十七、黄麻与某些动物纤维的混合物（含氮量法）的定量化学分析

含氮量法用于测定去除非纤维物质后由黄麻和某些动物纤维组成的二组分混合物中各组分的含量。其中动物纤维可以是羊毛或其他动物纤维的一种，也可以是二者的混合。本方法不适用于所用染料或整理剂中含氮的混纺产品。

（一）原理

测定混合物的含氮量，结合已知的两个单一组分的理论含氮量，通过计算得出各组分的质量分数。

（二）试剂

所用试剂均为分析纯，包括：甲苯，甲醇，硫酸（密度 1.84 g/mL），硫酸钾，二氧化硒，氢氧化钠（400 g/L，取 400 g 氢氧化钠溶于 400～500 mL 水中，用水稀释至 1 L 而成），混合指示剂（0.1 g 甲基红溶于 95 mL 乙醇和 5 mL 水中，另取 0.5 g 溴甲酚绿溶于 475 mL 乙醇和 25 mL 水中，然后将两种溶液混合而成），硼酸溶液（20 g 硼酸溶于 1 L 水中而成），硫酸溶液（0.01 mol/L）。

（三）试样准备

1. 取样

取一份实验室试验样品，使其具有代表性，并足以提供全部所需试样。每个试样质量至少 1 g。

2. 预处理

将干燥样品放在索氏萃取器中，用体积比为 1:3 的甲苯和甲醇混合溶剂萃取 4 h，每小时至少循环五次。待样品中的溶剂挥发后，将其置于（105±3）℃烘箱中，以去除残余的微量溶剂。然后将样品用沸水萃取（每克样品 50 mL 水），回流 30 min，取出，过滤。将样品重新放入三角形瓶中，用水重复萃取、过滤、挤出、抽吸或离心脱水、晾干。注意：甲苯和甲醇会对人体产生危害，使用时应采取完善的保护措施。

（四）试验步骤

取样、干燥和称重按照 GB/T 2910.1—2009 的规定进行，然后按以下步骤操作：

（1）取 1 g 左右的试样，放在称量瓶中烘干，在干燥器中冷却、称重；然后将试样转移到干燥的凯氏分解烧瓶中，立即称取称量瓶的质量，由差值得到试样的干燥质量。

（2）将下列试剂依次放入装有试样的凯氏分解烧瓶中：2.5 g 硫酸钾、0.1～0.2 g 二氧化硒和 10 mL 硫酸溶液。微火慢慢加热烧瓶，待试样被全部破坏后，再猛烈加热直至溶液变成澄清，几乎无色时，继续加热 15 min。待烧瓶冷却，小心加入 10～20 mL 水，继续冷却，将溶液

全部转入 200 mL 带刻度烧瓶中,加水稀释到规定刻度,形成消化液。

(3) 在 100 mL 三角烧瓶中加入 20 mL 硼酸溶液,并将其放在凯氏蒸馏设备的冷凝器下,使接收管插入硼酸液面以下。精确吸取 10 mL 消化液到蒸馏瓶中,取 5 mL 以上的氢氧化钠溶液加入分液漏斗中,轻轻打开塞子,使溶液慢慢流入蒸馏瓶内。如果消化液和氢氧化钠溶液分离为两层,轻轻摇动使其充分混合。轻微加热蒸馏瓶,并通入来自蒸汽发生器的蒸汽。

(4) 收集蒸馏液约 20 mL 后,放低接收瓶,使冷凝管下端离开液面 20 mm,再蒸馏 1 min。用水冲洗冷凝管管端,淋洗液也洗入接收瓶。移去接收瓶,把第二个装有 10 mL 硼酸溶液的接收瓶放好,收集约 10 mL 蒸馏液。

(5) 用硫酸和混合指示剂分别滴定两个蒸馏液,记录滴定液的总量。如果第二个接收瓶的蒸馏液的滴定量超过 0.2 mL,舍去该结果,另取消化液重新蒸馏。

(6) 同时做空白试验,消化和蒸馏时仅吸取所使用的试剂。

(五)结果计算和表示

试样含氮质量分数按下式计算:

$$A = \frac{0.04(V_1 - V_2)c \times 14}{m_0} \times 100 \tag{7-26}$$

式中:A——试样含氮质量分数,%;

V_1——试样用硫酸总体积,mL;

V_2——空白试验用硫酸总体积,mL;

c——硫酸浓度,mol/L;

14——氮(N)的摩尔质量,g/mol;

m_0——试样质量,g。

黄麻和动物纤维的含氮质量分数分别采用 0.22%、16.2%,均按纤维干燥质量分数计算而得到,则试样中动物纤维质量分数按下式计算:

$$P_A = \frac{A - 0.22}{16.2 - 0.22} \times 100 \tag{7-27}$$

式中:P_A——试样中动物纤维净干质量分数,%。

十八、聚丙烯纤维与某些其他纤维的混合物(二甲苯法)的定量化学分析

二甲苯法用于测定去除非纤维物质后由聚丙烯纤维和羊毛、其他动物毛发、蚕丝、棉、黏胶纤维、铜氨纤维、莫代尔纤维、醋酯纤维、三醋酯纤维、聚酰胺纤维、聚酯纤维、聚丙烯腈纤维、玻璃纤维组成的二组分混合物中的聚丙烯纤维的含量。

(一)原理

用沸的二甲苯溶液把聚丙烯纤维从已知干燥质量的混合物中溶解去除,收集残留物(即某些其他纤维),清洗、烘干和称重;用修正后的质量计算某些其他纤维占混合物的干燥质量分数,再由差值得出聚丙烯纤维的质量分数。

(二)试剂

二甲苯溶液,馏程 137~142 ℃。该试剂有毒,使用时应采取完善的保护措施。

（三）试验步骤

按照 GB/T 2910.1—2009 规定的通用程序进行，然后按以下步骤操作：

（1）将玻璃砂芯坩埚预热。把试样放入三角烧瓶中，每克试样加 100 mL 二甲苯溶液，接上冷凝器，煮沸 3 min，用已知干燥质量的玻璃砂芯坩埚过滤。

（2）重复上述操作两次（每次用 50 mL 二甲苯溶液），连续两次用 30 mL 沸的二甲苯溶液洗涤烧瓶中的残留物。烧瓶和残留物冷却后，分别用 75 mL 石油醚洗涤两次，第二次洗涤时将残留物转移到玻璃砂芯坩埚中，靠重力排液。

（3）将坩埚和残留物烘干、冷却、称重。

（四）结果计算和表示

结果计算和表示按 GB/T 2910.1—2009 的规定执行。某些其他纤维的 d 值为 1.00。

十九、含氯纤维（氯乙烯均聚物）与某些其他纤维的混合物（硫酸法）的定量化学分析

硫酸法用于测定去除非纤维物质后由基于氯乙烯均聚物的含氯纤维（不论是否后氯化）和棉、黏胶纤维、铜氨纤维、莫代尔纤维、醋酯纤维、三醋酯纤维、聚酰胺纤维、某些聚丙烯腈纤维、某些改性聚丙烯腈纤维（指那些在浓硫酸中溶解的纤维）组成的二组分混合物中的含氯纤维的含量。

（一）原理

用浓硫酸溶液把非含氯纤维从已知干燥质量的混合物中溶解去除，收集含氯纤维的残留物，清洗、烘干和称重；用修正后的质量计算含氯纤维占混合物的干燥质量分数，再由差值得出第二组分的质量分数。

（二）试剂

（1）浓硫酸溶液（密度 1.84 g/mL）。

（2）50％硫酸溶液（质量分数）：将 400 mL 浓硫酸溶液慢慢加入 500 mL 蒸馏水中，边加边冷却，待溶液冷却至室温后，用水稀释至 1 L。

（3）稀氨水溶液：取 60 mL 浓氨水（密度 0.88 g/mL），用蒸馏水稀释至 1 L。

（三）试验步骤

按照 GB/T 2910.1—2009 规定的通用程序进行，然后按以下步骤操作：

（1）将试样放入具塞三角烧瓶中，每克试样加入 100 mL 浓硫酸溶液，在室温下放置 10 min，其间用玻璃棒不时搅动试样。溶解机织物或针织物时，用玻璃棒将其轻压在瓶壁上，去除溶解物。

（2）用已知干燥质量的玻璃砂芯坩埚过滤溶液。

（3）在具塞三角烧瓶中再加入 100 mL 浓硫酸溶液，重复上述操作。

（4）将具塞三角烧瓶中的残留物倒入玻璃砂芯坩埚内，转移纤维残留物时用玻璃棒辅助。如有必要，加少量浓硫酸溶液，用于洗掉附着在瓶壁上的残留物。

（5）在玻璃砂芯坩埚内真空抽吸过滤。倒空或换掉抽滤瓶后，依次用 50％硫酸溶液、蒸馏水或去离子水、稀氨水溶液，最后用蒸馏水或去离子水清洗坩埚中的残留物。每次加溶液清洗时不要抽吸坩埚，待液体排干后再抽吸，直至坩埚内排出的液体呈中性。

（6）将残留物和坩埚烘干、冷却和称重。

（四）结果计算和表示

结果计算和表示按 GB/T 2910.1—2009 的规定执行。含氯纤维的 d 值为 1.00。

二十、蚕丝与羊毛或其他动物毛纤维的混合物(硫酸法)的定量化学分析

(一)原理

用75%(质量分数)硫酸溶液将蚕丝从已知干燥质量的混合物中溶解去除,收集残留物(即羊毛或其他动物毛纤维),清洗、烘干和称重;用修正后的质量计算羊毛或其他动物毛纤维占混合物的干燥质量分数,再由差值得出蚕丝的质量分数。野生蚕丝,如野生柞蚕丝,不完全溶解于75%(质量分数)硫酸。

(二)试剂

1. 75%(质量分数)硫酸溶液

在冷却条件下,慢慢地将700 mL浓硫酸(密度1.84 g/mL)加入到350 mL水中。待溶液冷却至室温,再用水稀释至1 L。硫酸溶液浓度应在73%~77%(质量分数)范围内。

2. 稀硫酸溶液

将100 mL浓硫酸(密度1.84 g/mL)加入到1 900 mL水中。

3. 稀氨水溶液

将200 mL浓氨水(密度0.88 g/mL)用蒸馏水稀释至1 L。

(三)试验步骤

按照GB/T 2910.1—2009规定的通用程序进行,然后按以下步骤操作:

(1)将试样放入三角烧瓶中,每克试样加入100 mL硫酸溶液,用力振荡三角烧瓶(最好采取机械振荡),室温下放置30 min。

(2)再次振荡三角烧瓶,室温下放置30 min。

(3)最后一次振荡三角烧瓶,用已知干燥质量的坩埚过滤三角烧瓶中的溶液,再用少量硫酸溶液清洗三角烧瓶中的残留物。

(4)用抽滤装置对残留物抽吸排液,依次用50 mL稀硫酸溶液、50 mL水和50 mL稀氨水溶液清洗坩埚中的残留物。每次在抽滤装置抽吸排液前,要保证残留物与液体充分接触至少10 min。每次清洗后先靠重力排液,然后用抽滤装置抽吸排液。

(5)再用水冲洗残留物,保证残留物与水充分接触约30 min,然后用抽滤装置抽吸排液。

(6)烘干坩埚和残留物,冷却,称重。

(四)结果计算和表示

结果计算和表示按GB/T 2910.1—2009的规定执行。羊毛或其他动物毛纤维的d值为0.985。

二十一、纤维素纤维与石棉纤维的混合物(加热法)的定量化学分析

加热法用于测定由纤维素纤维与石棉纤维组成的二组分混合物中纤维素纤维的含量。

(一)原理

在(450±10)℃下加热1 h,从已知干燥质量的混合物中去除纤维素纤维,将残留物(即石棉纤维)称重;用修正后的质量计算石棉纤维占混合物的干燥质量分数,再由差值得出纤维素纤维的质量分数。不必预先去除非纤维物质。

(二)取样

从整批样品中取代表性试样,每个至少5 g。GB/T 2910.1—2009规定的样品预处理不

适用于此类混合物。

（三）试验步骤

按照 GB/T 2910.1—2009 规定的通用程序进行，然后按以下步骤操作：

（1）从实验室样品中取约 5 g 试样。

（2）准确称量试样干燥质量，将试样放入已知质量的敞口坩埚内，在电炉上以 (450 ± 10)℃的温度加热保持 1 h。在干燥器中冷却坩埚及残留物至室温，取出后 2 min 内称出坩埚及残留物干燥质量。

（四）结果计算和表示

结果计算和表示按 GB/T 2910.1 的规定执行。石棉纤维的 d 值为 1.02。

二十二、聚氨酯弹性纤维与某些其他纤维的混合物（二甲基乙酰胺法）的定量化学分析

二甲基乙酰胺法用于测定去除非纤维物质后由聚氨酯弹性纤维和棉、黏胶纤维、铜氨纤维、莫代尔纤维、莱赛尔纤维、聚酰胺纤维、聚酯纤维、丝、羊毛组成的二组分混合物中聚氨酯弹性纤维的含量。本方法不适用于聚丙烯腈纤维同时存在的情况。

（一）原理

用二甲基乙酰胺溶液把聚氨酯弹性纤维从已知干燥质量的混合物中溶解去除，收集残留物（即某些其他纤维），清洗、烘干和称重；用修正后的质量计算某些其他纤维占混合物的干燥质量分数，再由差值得出聚氨酯弹性纤维的质量分数。

（二）试剂

二甲基乙酰胺溶液。该试剂有毒，使用时请注意防护。

（三）试验步骤

按照 GB/T 2910.1—2009 规定的通用程序进行，然后按以下步骤操作：

（1）将试样放入具塞三角烧瓶中，每克试样加入 150 mL 二甲基乙酰胺溶液并振荡，将试样浸湿，再置于 60 ℃加热装置中振荡 20 min。

（2）将三角烧瓶内的物质用已称取质量的坩埚过滤，然后将三角烧瓶的其余残留物用 60℃的二甲基乙酰胺溶液冲洗，转移到坩埚内。

（3）液体在重力作用下排净后，用泵抽干坩埚。然后用水冲洗坩埚，并用抽滤装置将坩埚抽干。

（4）烘干坩埚和残留物，冷却并称重。

（四）结果计算和表示

结果计算和表示按 GB/T 2910.1—2009 的规定执行。涤纶纤维的 d 值为 1.01，其他纤维的 d 值均为 1.00。

二十三、含氯纤维、某些改性聚丙烯腈纤维、某些弹性纤维、醋酯纤维或三醋酯纤维与某些其他纤维的混合物（环己酮法）的定量化学分析

环己酮法用于测定去除非纤维物质后由醋酯纤维、三醋酯纤维、含氯纤维、某些改性聚丙烯腈纤维或某些弹性纤维和羊毛、其他动物毛发、蚕丝、棉、铜氨纤维、莫代尔纤维、黏胶纤维、聚酰胺纤维、聚丙烯腈纤维或玻璃纤维组成的混合物中醋酯纤维、三醋酯纤维、含氯纤维、改性

聚丙烯腈纤维或弹性纤维的含量。当混合物中含有改性聚丙烯腈纤维或弹性纤维时,须预先试验,以确定其是否完全溶于环己酮溶液。

（一）原理

用近沸点的环己酮溶液把醋酯纤维、三醋酯纤维、含氯纤维、某些改性聚丙烯腈纤维或某些弹性纤维从已知干燥质量的混合物中溶解去除,收集残留物(即某些其他纤维),清洗、烘干和称重;用修正后的质量计算某些其他纤维占混合物的干燥质量分数,再由差值得出醋酯纤维、三醋酯纤维、含氯纤维、改性聚丙烯腈纤维或弹性纤维的质量分数。

（二）试剂

(1) 环己酮溶液,沸点 156 ℃。环己酮易燃有毒,使用时须采取适当的防护措施。

(2) 50%乙醇溶液(体积分数)。

（三）试验步骤

按照 GB/T 2910.1—2009 规定的通用程序进行,然后按以下步骤操作:

(1) 按每克试样 100 mL 的配比将环己酮溶液加入蒸馏烧瓶。

(2) 装上萃取器,萃取容器内要先放入已装好试样和多孔挡板且稍微倾斜的玻璃砂芯坩埚。接好回流冷凝器,加热至溶液沸腾,萃取 60 min,每小时至少循环十二次。

(3) 萃取结束,冷却后拿出萃取容器,取出玻璃砂芯坩埚并拿开多孔挡板。

(4) 用预热至 60 ℃的 50%乙醇溶液清洗坩埚中的残留物三至四次,随后用 60 ℃的 1 L 水清洗。

(5) 清洗操作时不要抽吸,让液体靠重力排净后再抽吸。

(6) 烘干坩埚和残留物,冷却并称重。

（四）结果计算和表示

结果计算和表示按 GB/T 2910.1—2009 的规定执行。蚕丝的 d 值为 1.01,聚丙烯腈纤维的 d 值为 0.98,其他纤维的 d 值均为 1.00。

二十四、黏胶纤维、某些铜氨纤维、莫代尔纤维或莱赛尔纤维与亚麻或苎麻的混合物（甲酸/氯化锌法）的定量化学分析

甲酸/氯化锌法用于测定去除非纤维物质后由黏胶纤维、某些铜氨纤维、莫代尔纤维或莱赛尔纤维与亚麻或苎麻组成的混合物中各纤维的含量。此法不适用于黏胶纤维、某些铜氨纤维、莫代尔纤维或莱赛尔纤维中因存在不能完全去除的耐久性整理剂或活性染料而不能完全溶解的混合物。

（一）原理

用甲酸/氯化锌溶液把黏胶纤维、某些铜氨纤维、莫代尔纤维或莱赛尔纤维从已知干燥质量的混合物中溶解去除,收集残留物(即亚麻或苎麻),清洗、烘干和称重;用修正后的质量计算亚麻或苎麻占混合物的干燥质量分数,再由差值得出第二组分的质量分数。

（二）试剂

(1) 甲酸/氯化锌溶液:取 20 g 无水氯化锌和 68 g 无水甲酸,加水至共 100 g。

(2) 稀氨水溶液:将 20 mL 氨水(密度 0.88 g/mL)用水稀释至 1 L。

（三）试验步骤

按照 GB/T 2910.1—2009 规定的通用程序进行,根据需要选择 40 ℃法和 70 ℃法。

1. 40 ℃法

(1) 将试样迅速放入盛有已预热至(40±2)℃的甲酸/氯化锌溶液的三角烧瓶中,每克试样加100 mL甲酸/氯化锌溶液,盖紧瓶盖。摇动三角烧瓶,浸湿试样,在(40±2)℃下放置2.5 h,每隔45 min振荡一次,共振荡两次。

(2) 最后振荡一次,用已知干燥质量的坩埚过滤三角烧瓶中的溶液,用20 mL 40 ℃的甲酸/氯化锌溶液清洗三角烧瓶中的残留物。用40 ℃水把残留物全部转入坩埚中,用抽滤装置抽吸排液,再用40 ℃水充分清洗,用100 mL稀氨水溶液中和,使残留物与溶液充分接触10 min,用抽滤装置抽吸排液,用冷水清洗至中性。每次清洗后先靠重力排液,再用抽滤装置抽吸排液。

(3) 烘干坩埚和残留物,冷却,称重。

对40 ℃法难以完全溶解的混合物,可采用70 ℃法。

2. 70 ℃法

(1) 将试样迅速放入盛有已预热至(70±2)℃的甲酸/氯化锌溶液的三角烧瓶中,每克试样加100 mL甲酸/氯化锌溶液,盖紧瓶盖。摇动三角烧瓶,浸湿试样,在(70±2)℃下放置(20±1)min,其间振荡两次。

(2) 最后振荡一次,用已知干燥质量的坩埚过滤三角烧瓶中的溶液,用10 mL 70 ℃的甲酸/氯化锌溶液清洗三角烧瓶中的残留物。用70 ℃水把残留物全部转入坩埚中,用抽滤装置抽吸排液,再用70 ℃水充分清洗,用100 mL稀氨水溶液中和,使残留物与溶液充分接触10 min,用抽滤装置抽吸排液,用冷水清洗至中性。每次清洗后先靠重力排液,再用抽滤装置抽吸排液。

(3) 烘干坩埚和残留物,冷却,称重。

对于某些难以溶解的高湿模量纤维与麻纤维的混合物,在(70±2)℃条件下可适当延长时间。

(四) 结果计算和表示

结果计算和表示按GB/T 2910.1—2009的规定执行。亚麻的d值为1.07,苎麻的d值为1.00。

二十五、聚乙烯纤维与聚丙烯纤维的混合物(环己酮法)的定量化学分析

环己酮法用于测定去除非纤维物质后聚乙烯纤维的含量。本方法仅适用于聚乙烯纤维与聚丙烯纤维混纺的织物。

(一) 原理

用环己酮把聚丙烯纤维从已知干燥质量的混合物中溶解去除,收集残留物(即聚乙烯纤维),清洗、烘干和称重;由修正后的质量计算聚乙烯纤维占混合物的干燥质量分数,再由差值得出聚丙烯纤维的质量分数。

(二) 试剂

(1) 环己酮,沸点156 ℃。环己酮易燃有毒,使用时须注意安全。

(2) 丙酮。

(三) 试验步骤

按GB/T 2910.1—2009规定的通用程序进行,然后按以下步骤操作:

(1) 将试样放入平底烧瓶或三角烧瓶中,加入 100 mL 环己酮,振荡烧瓶。将烧瓶放到电热套中,接上冷凝装置,让试样在 50~60 ℃下保持 5 min,然后将温度缓慢升到(145±2)℃,约放置 10 min,直到聚丙烯纤维完全溶解。

(2) 在室温下放置 30 min,然后用已称取质量的坩埚过滤,用丙酮将残留物冲洗到坩埚内,然后用抽滤装置抽干。在坩埚中倒满已加热至 60 ℃的环己酮,让残留物在重力作用下排净,然后用抽滤装置抽干。

(3) 烘干坩埚和残留物,冷却并称重。

(四)结果计算和表示

结果计算和表示按 GB/T 2910.1—2009 的规定执行。聚乙烯纤维的 d 值为 1.00。

二十六、聚酯纤维与某些其他纤维的混合物(苯酚/四氯乙烷法)的定量化学分析

苯酚/四氯乙烷法用于测定去除非纤维物质后由聚酯纤维和聚丙烯腈纤维、改性聚丙烯腈纤维、聚丙烯纤维或芳纶组成的二组分混合物中聚酯纤维的含量。本方法不适用于涂层织物。

(一)原理

用苯酚和四氯乙烷混合液把聚酯纤维从已知干燥质量的混合物中溶解去除,收集残留物(即某些其他纤维),清洗、烘干和称重;由修正后的质量计算某些其他纤维占混合物的干燥质量分数,再由差值得出聚酯纤维的质量分数。

(二)试剂

苯酚/四氯乙烷混合液(质量配比 6:4)和乙醇。

(三)试验步骤

按 GB/T 2910.1—2009 规定的通用程序进行,然后按以下步骤操作:

(1) 将试样放入三角烧瓶中,加入 100 mL 苯酚/四氯乙烷混合液,在(40±5)℃的加热装置中振荡三角烧瓶 10 min,然后将液体倒入已称取质量的坩埚,用抽滤装置抽滤。

(2) 用 100 mL(40±5)℃的苯酚/四氯乙烷混合液将烧瓶中的残留物转移到坩埚中,然后用乙醇和水清洗烧瓶中的残留物到坩埚中。

(3) 用抽滤装置抽干坩埚,再用水清洗残留物,让残留物在重力作用下排净,再用抽滤装置抽干。

(4) 烘干坩埚和残留物,冷却并称重。

(四)结果计算和表示

结果计算和表示按 GB/T 2910.1—2009 的规定执行。聚丙烯纤维的 d 值为 1.01,其他纤维的 d 值均为 1.00。

二十七、大豆蛋白复合纤维与某些其他纤维的混合物的定量化学分析

(一)大豆蛋白复合纤维与棉、黏胶纤维、莫代尔纤维、聚丙烯腈纤维或聚酯纤维的二组分混合物（次氯酸钠/盐酸法）

1. 原理

用 1 mol/L 次氯酸钠溶液把混合物中大豆蛋白复合纤维中的大豆蛋白从已知干燥质量的

试样中溶解去除,然后用 20% 盐酸溶液把大豆蛋白复合纤维中的剩余部分(即聚乙烯醇缩甲醛)溶解去除,收集残留物,清洗、烘干和称重;由修正后的质量计算残留物占混合物的干燥质量分数,由差值得出大豆蛋白复合纤维的质量分数。

2. 试剂

(1)次氯酸钠溶液。在 1 mol/L 的次氯酸钠溶液中加入氢氧化钠,使其浓度为 5 g/L。此溶液可用碘量法滴定,使其浓度在 0.9～1.1 mol/L。

(2)盐酸溶液。取 1 000 mL 浓盐酸(20 ℃时密度为 1.19 g/mL),慢慢加入 800 mL 水中,冷却到 20 ℃时再加水,使其密度为 1.095～1.100 g/mL,质量分数控制在 19.5%～20.5%。

(3)稀乙酸溶液。取 5 mL 冰乙酸,用水稀释至 1 000 mL。

(4)稀氨水溶液。取 80 mL 浓氨水(密度为 0.88 g/mL),用水稀释至 1 000 mL。

3. 试验步骤

按 GB/T 2910.1—2009 规定的通用程序进行,然后按以下步骤操作:

(1)把试样放入三角烧瓶中,每克试样加入 100 mL 次氯酸钠溶液,置于水浴中剧烈振荡 40 min。用已知干燥质量的玻璃砂芯坩埚过滤,用少量次氯酸钠溶液将残留物清洗到坩埚中,真空抽吸排液,再依次用水清洗,用稀乙酸溶液中和,再用水连续清洗残留物。每次洗后先用重力排液,再用真空抽吸排液。最后将坩埚和残留物用真空抽吸排液。

(2)把真空抽吸后的残留物放入烧杯或具塞三角烧瓶中,每克试样加入 100 mL 盐酸溶液,在(25±2)℃下搅拌或振荡 30 min,待大豆蛋白复合纤维中的聚乙烯醇缩甲醛完全溶解后用同一个玻璃砂芯坩埚过滤,用少量(25±2)℃的盐酸溶液清洗残留物,再依次用水清洗,用稀氨水溶液中和,然后用水洗至用指示剂检测呈中性为止。每次洗后必须用真空抽吸排液。最后将坩埚和残留物烘干、冷却、称重。

4. 结果计算和表示

结果计算和表示按 GB/T 2910.1—2009 的规定执行。棉的 d 值为 1.04,黏胶纤维、莫代尔纤维的 d 值为 1.01,聚丙烯腈纤维、聚酯纤维的 d 值为 1.00。

(二)大豆蛋白复合纤维与聚丙烯腈纤维或聚氨酯纤维的二组分混合物(二甲基甲酰胺法)

1. 原理

用二甲基甲酰胺把聚丙烯腈纤维或聚氨酯纤维从已知干燥质量的试样中溶解去除,收集残留物(即大豆蛋白复合纤维),清洗、烘干和称重;由修正后的质量计算残留物占混合物的干燥质量分数,再由差值得出聚丙烯腈纤维或聚氨酯纤维的质量分数。

2. 试剂

二甲基甲酰胺,沸点 152～154 ℃。该试剂对人体会产生危害,使用时应采取完善的保护措施。

3. 试验步骤

按 GB/T 2910.1—2009 规定的通用程序进行,然后按以下步骤操作:

(1)把准备好的试样放入三角烧瓶中,每克试样加入 100 mL 二甲基甲酰胺。盖上玻璃塞,摇动烧瓶将试样充分润湿后,让烧瓶保持 90～95 ℃放置 1 h,其间用手轻轻摇动五次。用玻璃砂芯坩埚过滤,残留物留在烧瓶中。

(2)另加 60 mL 二甲基甲酰胺到三角烧瓶中,保持 90～95 ℃放置 30 min,用手轻轻摇动两次。把残留物过滤到玻璃砂芯坩埚内,真空抽吸排液,并用水将三角烧瓶中的残留物洗至坩埚中,真空抽吸排液。用热水加满坩埚,洗涤残留物两次。每次洗后靠重力排液后再用真空抽吸。将残留物转移到烧瓶中,加入160 mL水,在室温下保持 5 min,不时地剧烈摇动。将液体过滤到坩埚中排液,重复水洗三次以上,最后一次清洗时将残留物全部过滤到坩埚中,并用真空抽吸排液。用水清洗烧瓶,并用真空抽吸,最后将坩埚和残留物烘干、冷却、称重。

4. 结果计算和表示

结果计算和表示按 GB/T 2910.1—2009 的规定执行。大豆蛋白复合纤维的 d 值为 1.01。

（三）大豆蛋白复合纤维与聚酰胺纤维的二组分混合物（冰乙酸法）

1. 原理

用冰乙酸把聚酰胺纤维从已知干燥质量的试样中溶解去除,收集残留物(即大豆蛋白复合纤维),清洗、烘干和称重;由修正后的质量计算残留物占混合物的干燥质量分数,再由差值得出聚酰胺纤维的质量分数。

2. 试剂

（1）冰乙酸。该试剂有强腐蚀性,使用时应采取完善的保护措施。

（2）稀氨水溶液。取 80 mL 浓氨水(密度为 0.88 g/mL),用水稀释至 1 000 mL。

3. 试验步骤

按 GB/T 2910.1—2009 规定的通用程序进行,然后按以下步骤操作:

把准备好的试样放入具塞三角烧瓶中,每克试样加入 100 mL 已预热近 100 ℃的冰乙酸,在沸腾的水浴中保持 20 min,并不时摇动。待聚酰胺纤维完全溶解后,用已知质量的玻璃砂芯坩埚过滤,用 100 ℃的冰乙酸清洗残留物,然后用 100 ℃的水清洗,以稀氨水溶液中和,再用水洗至用指示剂检查呈中性为止。每次洗后必须用真空抽吸排液。最后将残留物烘干、冷却、称重。

4. 结果计算和表示

结果计算和表示按 GB/T 2910.1—2009 的规定执行。大豆蛋白复合纤维的 d 值为 1.02。

（四）大豆蛋白复合纤维与醋酯纤维的二组分混合物（丙酮法）

1. 原理

用丙酮把醋酯纤维从已知干燥质量的试样中溶解去除,收集残留物(即大豆蛋白复合纤维),清洗、烘干和称重;由修正后的质量计算残留物占混合物的干燥质量分数,再由差值得出醋酯纤维的质量分数。

2. 试剂

丙酮,馏程为 55~57 ℃。

3. 试验步骤

按 GB/T 2910.1—2009 规定的通用程序进行,然后按以下步骤操作:

把准备好的试样放入具塞三角烧瓶中,每克试样加入 100 mL 丙酮,摇动烧瓶,在室温下保持 30 min;然后轻轻地将液体用已知干燥质量的玻璃砂芯坩埚过滤,残留物留在烧瓶中。再重复上述操作两次,每次 15 min,即共处理三次,总时间为 1 h。用丙酮将残留物洗至坩埚中,用真空抽吸排液。用新的丙酮注满坩埚,靠重力排液。最后,用真空抽吸排液,将坩埚和残留物烘干、冷却和称重。

4. 结果计算和表示

结果计算和表示按 GB/T 2910.1—2009 的规定执行。大豆蛋白复合纤维的 d 值为 1.00。

（五）大豆蛋白复合纤维与三醋酯纤维的二组分混合物（二氯甲烷法）

1. 原理

用二氯甲烷把三醋酯纤维从已知干燥质量的试样中溶解去除,收集残留物（即大豆蛋白复合纤维）,清洗、烘干和称重;由修正后的质量计算残留物占混合物的干燥质量分数,再由差值得出三醋酯纤维的质量分数。

2. 试剂

二氯甲烷。该试剂会对人体产生危害,使用时应采取完善的保护措施。

3. 试验步骤

按 GB/T 2910.1—2009 规定的通用程序进行,然后按以下步骤操作:

把准备好的试样放入具塞三角烧瓶中,每克试样加入 100 mL 二氯甲烷,塞上玻璃塞,摇动烧瓶,将试样充分润湿后,放置 30 min,每隔 10 min 摇动一次。将液体用玻璃砂芯坩埚过滤,残留物留在烧瓶中。另加 60 mL 二氯甲烷至具塞三角烧瓶中,用手摇动,用坩埚过滤,再用少量二氯甲烷将烧瓶中的残留物清洗到坩埚中,用真空抽吸排液。再用二氯甲烷注满坩埚,靠重力排液后,用真空抽吸排液。用热水清洗,将坩埚和残留物烘干、冷却、称重。

4. 结果计算和表示

结果计算和表示按 GB/T 2910.1—2009 的规定执行。大豆蛋白复合纤维的 d 值为 1.00。

（六）大豆蛋白复合纤维与羊毛、蚕丝或其他动物纤维的二组分混合物

1. 次氯酸钠法

(1) 原理。用次氯酸钠溶液把羊毛、蚕丝或其他动物纤维和大豆蛋白复合纤维中的大豆蛋白从已知干燥质量的试样中溶解去除,收集残留物（即聚乙烯醇缩甲醛）,清洗、烘干和称重;根据大豆蛋白复合纤维中大豆蛋白的含量,计算大豆蛋白复合纤维占混合物的干燥质量分数,再由差值得出羊毛、蚕丝或其他动物纤维的质量分数。

(2) 试剂。

① 次氯酸钠溶液。在 1 mol/L 次氯酸钠溶液中加入氢氧化钠,使其浓度为 5 g/L。此溶液可用碘量法滴定,使其密度为 0.9～1.1 mol/L。

② 稀乙酸溶液。取 5 mL 冰乙酸,用水稀释至 1 000 mL。

(3) 试验步骤。按 GB/T 2910.1—2009 规定的通用程序进行;然后按以下步骤操作:

把准备好的试样放入具塞三角烧瓶中,每克试样加入 100 mL 次氯酸钠溶液,在水浴上剧烈振荡 40 min。用已知干燥质量的玻璃砂芯坩埚过滤,用少量次氯酸钠溶液将残留物清洗到玻璃坩埚中,真空抽吸排液,再依次用水清洗、稀乙酸溶液中和,最后用水连续清洗残留物,每次洗后先用重力排液,再用真空抽吸排液。最后将坩埚和残留物烘干、冷却、称重。

(4) 结果计算和表示。结果计算和表示见下式:

$$p_2 = \frac{m_1 \times K}{m_0} \times 100 \tag{7-28}$$

$$p_1 = 100 - p_2 \tag{7-29}$$

式中：p_1——溶解纤维的干燥质量分数，%；

　　　p_2——大豆蛋白复合纤维的干燥质量分数，%；

　　　m_0——试样干燥质量，g；

　　　m_1——残留物（即聚乙烯醇缩甲醛）干燥质量，g；

K 值与大豆蛋白复合纤维中大豆蛋白的含量有关。测定方法：把已知干燥质量为 r_0 的大豆蛋白复合纤维，按上述试验步骤溶解，得到残留物（即聚乙烯醇缩甲醛）的干燥质量 r_1。K 值按下式计算：

$$K = \frac{r_0}{r_1} \tag{7-30}$$

未漂白的大豆蛋白复合纤维中大豆蛋白含量为 22.48%，K 值为 1.29；漂白的大豆蛋白复合纤维中大豆蛋白含量为 21.56%，K 值为 1.27。

2. 氢氧化钠法

（1）原理。用 2.5% 氢氧化钠溶液把羊毛、蚕丝或其他动物纤维从已知干燥质量的试样中溶解去除，收集残留物（即聚乙烯醇缩甲醛），清洗、烘干和称重；由修正后的质量计算聚乙烯醇缩甲醛占混合物的干燥质量分数，再由差值得出羊毛、蚕丝或其他动物纤维的质量分数。

（2）试剂。

① 2.5% 氢氧化钠溶液（质量分数）。

② 稀乙酸溶液。取 5 mL 冰乙酸，用水稀释至 1 000 mL。

（3）试验步骤。按 GB/T 2910.1—2009 规定的通用程序进行，然后按以下步骤操作：

把准备好的试样放入具塞三角烧瓶中，每克试样加入 100 mL 已预热近 100 ℃ 的 2.5% 氢氧化钠溶液。烧瓶在沸腾水浴中保持 20 min，并不时摇动，待羊毛等动物纤维充分溶解后，用已知质量的玻璃砂芯坩埚过滤。用 100 ℃ 的 2.5% 氢氧化钠溶液清洗烧瓶中的残留物若干次，再依次用 40~50 ℃ 水清洗，稀乙酸溶液中和，然后用水洗至用指示剂检查呈中性为止。每次清洗后必须用真空抽吸排液。最后将坩埚和残留物烘干、冷却、称重。

（4）结果计算和表示。结果计算和表示按 GB/T 2910.1—2009 的规定执行。未漂白的大豆蛋白复合纤维的 d 值为 1.07，漂白的大豆蛋白复合纤维的 d 值为 1.12。

3. 硝酸法

（1）原理。用硝酸溶液把大豆蛋白复合纤维从已知干燥质量的试样中溶解去除，收集残留物（即羊毛、蚕丝或其他动物纤维），清洗、烘干和称重；由修正后的质量计算残留物占混合物的干燥质量分数，再由差值得出大豆蛋白复合纤维的质量分数。此方法不适用于大豆蛋白复合纤维与蚕丝的二组分混合物。

（2）试剂。

① 5∶1（体积比）硝酸溶液。500 mL 浓硝酸（20 ℃ 时密度为 1.40 g/mL）中加入 100 mL 水。该试剂具有强氧化性和腐蚀性，使用时应采取完善的保护措施。

② 稀乙酸溶液。取 80 mL 冰乙酸，用水稀释至 1 000 mL。

（3）试验步骤。按 GB/T 2910.1—2009 规定的通用程序进行，然后按以下步骤操作：

把准备好的试样放入具塞三角烧瓶中，每克试样加入 100 mL 硝酸溶液。烧瓶保持 23~25 ℃ 振荡 20 min，待大豆蛋白复合纤维充分溶解后，用已知质量的玻璃砂芯坩埚过滤，并用23～25 ℃的硝酸溶液清洗烧瓶中的残留物,再依次用同温度的水清洗,以稀氨水溶液中和,然后用水洗至用指示剂检查呈中性为止。每次清洗后必须用真空抽吸排液。最后将坩埚和残留物烘干、冷却、称重。

（4）结果计算和表示

结果计算和表示按 GB/T 2910.1—2009 的规定执行。羊毛、蚕丝或其他动物纤维的 d 值为 1.04。

思考题

7-1　简述甲酸/氯化锌溶液的储存时效性。

7-2　简述手工分解法的优缺点。

7-3　列出五种使用时请注意防护的试剂。

7-4　什么是非纤维物质？如何去除非纤维物质？

7-5　要测定黏胶纤维和棉混合物中各组分的质量分数,应采用什么方法？

7-6　要测定大豆蛋白复合纤维与蚕丝混合物中各组分的质量分数,可采用哪些方法？

7-7　要测定醋酯纤维与三醋酯纤维混合物中各组分的质量分数,可采用哪些方法？

7-8　已知由精梳羊毛、聚酰胺纤维、未漂白的棉组成的混合物。采用方案一进行试验,取两个不同的试样,第一个试样中溶解去除一个组分（a＝羊毛）,第二个试样中去除第二个组分（b＝聚酰胺纤维）,得到以下结果：

（1）第一个试样预处理后干燥质量 m_1＝1.823 0 g。

（2）经碱性次氯酸钠溶液溶解处理后剩余残留物（聚酰胺纤维＋棉）干燥质量 r_1＝1.574 2 g。

（3）第二个试样预处理后干燥质量 m_2＝2.000 0 g。

（4）经甲酸溶液溶解处理后剩余残留物（羊毛＋棉）干燥质量 r_2＝1.200 0 g。

结合公定回潮率计算三种纤维的含量。

参考文献

［1］　GB/T 2910.1—2009,纺织品 定量化学分析 第 1 部分:试验通则[S].

［2］　GB/T 2910.2—2009,纺织品 定量化学分析 第 2 部分:三组分纤维混合物[S].

［3］　GB/T 2910.3—2009,纺织品 定量化学分析 第 3 部分:醋酯纤维与某些其他纤维的混合物（丙酮法）[S].

［4］　GB/T 2910.4—2009,纺织品 定量化学分析 第 4 部分:某些蛋白质纤维与某些其他纤维的混合物（次氯酸盐法）[S].

［5］　GB/T 2910.5—2009,纺织品 定量化学分析 第 5 部分:黏胶纤维、铜氨纤维或莫代尔纤维与棉的的混合物（锌酸钠法）[S].

［6］　GB/T 2910.6—2009,纺织品 定量化学分析 第 6 部分:黏胶纤维、某些铜氨纤维、莫代尔纤维或莱赛尔纤维与棉的混合物（甲酸/氯化锌法）[S].

［7］　GB/T 2910.7—2009,纺织品 定量化学分析 第 7 部分:聚酰胺纤维与某些其他纤维混合物（甲酸法）[S].

［8］　GB/T 2910.8—2009,纺织品 定量化学分析 第 8 部分:醋酯纤维与三醋酯纤维混合物（丙酮法）[S].

［9］　GB/T 2910.9—2009,纺织品 定量化学分析 第 9 部分:醋酯纤维与三醋酯纤维混合物（苯甲醇法）

[S].

[10]　GB/T 2910.10—2009,纺织品 定量化学分析 第10部分:三醋酯纤维或聚乳酸纤维与某些其他纤维的混合物(二氯甲烷法)[S].

[11]　GB/T 2910.11—2009,纺织品 定量化学分析 第11部分:纤维素纤维与聚酯纤维的混合物(硫酸法)[S].

[12]　GB/T 2910.12—2009,纺织品 定量化学分析 第12部分:聚丙烯腈纤维、某些改性聚丙烯腈纤维、某些含氯纤维或某些弹性纤维与某些其他纤维的混合物(二甲基甲酰胺法)[S].

[13]　GB/T 2910.13—2009,纺织品 定量化学分析 第13部分:某些含氯纤维与某些其他纤维的混合物(二硫化碳/丙酮法)[S].

[14]　GB/T 2910.14—2009,纺织品 定量化学分析 第14部分:醋酯纤维与某些含氯纤维的混合物(冰乙酸法)[S].

[15]　GB/T 2910.15—2009,纺织品 定量化学分析 第15部分:黄麻与某些动物纤维的混合物(含氮量法)[S].

[16]　GB/T 2910.16—2009,纺织品 定量化学分析 第16部分:聚丙烯纤维与某些其他纤维的混合物(二甲苯法)[S].

[17]　GB/T 2910.17—2009,纺织品 定量化学分析 第17部分:含氯纤维(氯乙烯均聚物)与某些其他纤维的混合物(硫酸法)[S].

[18]　GB/T 2910.18—2009,纺织品 定量化学分析 第18部分:蚕丝与羊毛或其他动物毛纤维的混合物(硫酸法)[S].

[19]　GB/T 2910.19—2009,纺织品 定量化学分析 第19部分:纤维素纤维与石棉的混合物(加热法)[S].

[20]　GB/T 2910.20—2009,纺织品 定量化学分析 第20部分:聚氨酯弹性纤维与某些其他纤维的混合物(二甲基乙酰胺法)[S].

[21]　GB/T 2910.21—2009,纺织品 定量化学分析 第21部分:含氯纤维、某些改性聚丙烯腈纤维、某些弹性纤维、醋酯纤维、三醋酯纤维与某些其他纤维的混合物(环己酮法)[S].

[22]　GB/T 2910.22—2009,纺织品 定量化学分析 第22部分:黏胶纤维、某些铜氨纤维、莫代尔纤维或莱赛尔纤维与亚麻、苎麻的混合物(甲酸/氯化锌法)[S].

[23]　GB/T 2910.23—2009,纺织品 定量化学分析 第23部分:聚乙烯纤维与聚丙烯纤维的混合物(环己酮法)[S].

[24]　GBT 2910.24—2009,纺织品 定量化学分析 第24部分:聚酯纤维与某些其他纤维的混合物(苯酚/四氯乙烷法)[S].

[25]　GB/T 2910.101—2009,纺织品 定量化学分析 第101部分:大豆蛋白复合纤维与某些其他纤维的混合物[S].

项目八

织物风格

织物风格，从广义上来说，应是人们综合触觉、视觉以至听觉等方面而做出的对织物品质的评价。从大的方面来看，它有棉型感、毛型感、丝型感、麻型感的区别。从小的方面来看，每种织物都有自己的风格，如涤棉织物具有滑、爽、挺的风格，府绸织物具有均匀洁净、颗粒清晰、薄爽柔软、光滑似绸的风格等。广义风格是指人体对织物的触觉和视觉等官能上的综合反映。狭义风格是指人手和肢体对织物的接触感。手感是指人手触摸织物时的感觉，一般与狭义风格通用。狭义的织物风格与产品的外观、服用舒适性等有较密切的关系。消费者常根据织物的手感来衡量织物的优劣，贸易上常把它作为织物的实物质量。不同用途的织物有不同的风格要求，表 8-1 为有关织物风格的几种主要物理性质及用语。

表 8-1 有关织物风格的几种主要物理性质及用语

物理性质	风格用语	物理性质	风格用语
刚柔性	柔软或刚硬	表观密度	致密或疏松
压缩性	蓬松或坚实	平整性	光滑或粗糙
伸展性	伸展或板结	摩擦性	滑爽或粘涩
弹性	挺括或疲软	冷暖性	凉冷或暖和

一、原理

根据织物在手感评定和服用中的力学性质与作用特征，采用相应的模拟测试方法，客观评价织物的特征。

二、样品

（1）样品的采集，按产品标准所规定的取样方法或有关方面商定的方法进行。

（2）按上述方法取得的样品，要有代表性且布面平整。每匹剪取长度不少于 80 cm。

三、试样

取得的样品，在距布边 1/10 幅宽（幅宽 100 cm 以上距布边 10 cm）内，按阶梯排列方式，剪取经纬向试样各若干条，见图 8-1(a)。裁样时，要求将试样的试验方向平行于经纱（或纬纱),同时要求各条试样不含有相同的经纱(或纬纱),且试样上不得有折痕、折皱、拱曲、卷边和异常纱疵。试样也可采用平行取样法,如图 8-1(b)所示。

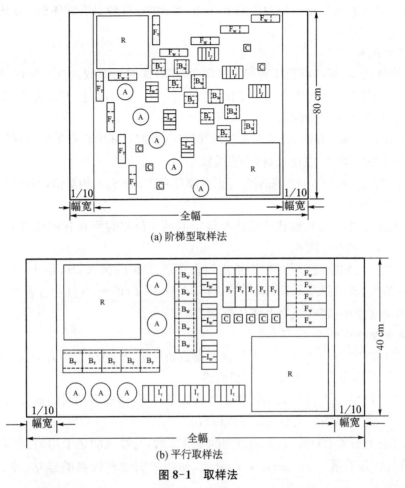

(a) 阶梯型取样法

(b) 平行取样法

图 8-1　取样法

B—弯曲　C—压缩　F—摩擦　I—交织阻力　A—起拱变形　R—平整度　下标 T, W—经纬向

四、织物风格评定

由测得的各项指标,按各指标含义,对测试的同类品种织物的风格秩位进行比较,并做出相应的手感评语。

(一) 压缩试验

(1) 表观厚度(T_0):试样在厚度方向不发生明显变形的恒定轻压力作用下的厚度。一定规格的织物,T_0值大,表示织物较丰厚。

(2) 稳定厚度(T_m):试样在厚度方向变形趋于稳定的恒定重压力作用下的厚度。一定规格的织物,T_m值大,表示织物较厚实。

(3) 压缩率(C):试样压缩变形量对表观厚度的百分率。C值大,表示织物的蓬松性好。

(4) 压缩弹性率(R_E):变形回复量对压缩变形量的百分率。R_E值大,表示使用中织物的丰厚性有较好的保持能力。

（5）比压缩弹性率（R_{CE}）：变形回复量对压缩变形量的百分率。R_{CE}值大，表示有较大的 C 和 R_E 值，是描述织物蓬松性和压缩性的综合性指标。

（6）蓬松度（B）：在规定轻压力作用下，单位质量的试样所具有的体积。B 值大，表示织物比较蓬松或组织稀疏。

（二）弯曲试验

（1）活络率（L_P）：瓣状环受压和回复过程中，在弯曲滞后曲线的线性区内，取相继给定的三个位移值的回弹力与抗弯力平均值之比的百分率。L_P值大，织物手感活络，弹跳感好；L_P值小，织物手感呆滞，外形保持性差。

（2）弯曲刚性（S_B）：在应力-应变曲线的线性区内，瓣状环中心点单位位移的抗弯力增量。S_B值大，织物手感刚硬；S_B值小，织物手感柔软。

（3）弯曲刚性指数（S_{Bl}）：弯曲刚性与表观厚度之比，为 S_B 的相对值，可适用于同品种不同规格织物间的比较。

（4）最大抗弯力（P_{max}）：瓣状环受压至设定的最大位移时所具有的抗弯力。最大抗弯力与织物风格的关系同弯曲刚性。

根据活络率、弯曲刚性，可对织物给出组合评语。如 L_P 值大，S_{Bl} 值小，表示织物手感活络、柔软；L_P 值大，S_{Bl} 值大，表示织物手感挺括，有身骨；L_P 值小，S_{Bl} 值大，表示织物手感呆滞、刚硬；L_P 值小，S_{Bl} 值小，表示织物手感呆滞、疲软。

（三）表面摩擦试验

（1）动摩擦因数（u_k）：在一定的摩擦试验参数条件下，平均动摩擦力与其正压力之比。u_k值小，表示织物手感光滑；反之，织物有粗糙感。

（2）静摩擦因数（u_s）：在一定的摩擦试验参数条件下，摩擦启动时的最大摩擦阻力与其正压力之比。u_s 与织物风格的关系同动摩擦因数。

（3）动摩擦变异系数（CV_u）：为动摩擦的变异系数，与纱线的条干均匀、刚柔性、屈曲波高差和布面的毛羽等因素有关。一般 CV_u 值大，使用中织物有较爽的感觉，并适宜于夏季用服装。

根据 u_k、CV_u，可对织物做出组合评价。如 u_k 和 CV_u 值小，表示织物滑腻；u_k 值小，CV_u 值大，表示织物滑爽；u_k 和 CV_u 值大，表示织物粗爽。

（四）起拱变形试验

起拱残留率（R_{ar}）：残留拱高与设定拱高之比的百分率。R_{ar} 值大，表示织物的抗张回复性差，使用中膝部、肘部容易产生残留变形。

（五）交织阻力试验

交织阻力（P）：在试样的一定宽度内，抽出一根纱线时出现的最大摩擦阻力。P 值大，表示织物的密度偏大或在染整加工中受机械力（如拉伸和挤压）或其他因素的作用较剧烈，织物的手感偏硬，带有粗糙感；P 值过小，织物在使用中容易纰裂，在缝制加工和使用中易产生畸变。

（六）平整度试验

平整度（CV_T）：在一定试验参数条件下所测厚度的变异系数。CV_T值越大，表示织物厚薄不匀，若为绒类织物则表示缩绒或剪毛长度不匀。

五、耐久压缩特性试验

织物的压缩性能是其主要的物理力学性能之一,它对产品加工、使用及储运等性能有重要影响。压缩性能包括膨松性、压缩变形性、压缩柔软性及压缩回弹性等。各类织物在实际使用中对这些性能有不同程度的要求。

(一)测试原理

1. 恒定压力法(A法)

压脚以一定速度相继对参考板上的试样施加恒定轻、重压力,保持规定时间后记录两种压力下的厚度值;然后卸除压力,试样回复,规定时间后再次测定轻压下的厚度。由此计算压缩性能指标。

2. 恒定变形法(B法)

压脚以一定速度压缩试样至规定压缩变形时停止压缩,记录此刻及保持此变形一定时间后的压力,即可得到应力松弛性能指标。如果分别测定恒定压缩变形前后的轻压厚度,还可得到厚度损失率。

(二)试样准备

测定部位应在距布边150 mm以上区域内均匀排布,各测定点都不在相同的纵向和横向位置上,且应避开影响试验结果的疵点和折皱。对易于变形或有可能影响试验操作的样品,如某些针织物、非织造布或宽幅织物及纺织制品等,裁取足够数量的试样。裁样时试样面积不小于压脚尺寸。

(三)试验程序

1. 恒定压力法

(1)按表8-2设定主要试验参数。

表8-2 恒定压力法主要试验参数

织物类型	加压压力(kPa)		加压时间(s)		回复时间 (s)	压脚面积 (cm²)	速度 (mm/min)	测定数量 (次)
	轻压	重压	轻压	重压				
普通类	1							
非织造布	0.5	30、50	10	60、180、 300	60、180、300	100、50、20、 10、5、2	1~5	不少于5
毛绒疏软类	0.1							
蓬松类	0.02	1、5				200、100	4~12	

注:① 表中参数列有多个规定值的按排列顺序选用,其中回复时间不应低于重压时间,并以二者相等为优先。
② 服用面料的低应力试验,重压采用5或10 kPa。
③ 表面呈凹凸花纹结构的样品,压脚直径应不小于花纹循环长度,必要时可分别测定并报告凹凸部位的压缩性能。

(2)驱使压脚以规定压力压在参考板上并将位移清零,然后将压脚升至适当的初始位置,一般蓬松类试样将压脚设定在距试样表面4~10 mm的位置,其他试样宜设定在1~5 mm。如果采用集样器测定,先将集样器放在参考板的相应位置上,再进行以上操作。不同压力下参考板的绝对位置不同。因此,首先应确定轻、重压力下参考板位置变动差 Δh,并据此对轻压厚度测定值或重压厚度测定值进行修正。

（3）将试样平整无张力地置于参考板上。制好的纱框上纱线层一面应紧贴于参考板。如使用集样器，则应将其置于与压脚相对应的位置。

（4）启动仪器，压脚逐渐对试样加压，压力达到设定轻压力时保持恒定，达到规定时间时记录表观厚度 T_0（mm）。

（5）继续对试样加压，压力达到设定重压力时保持横行，达到规定时间时记录稳定厚度 T_m（mm）。

（6）立即提升压脚卸除压力，试样回复规定时间（压脚提升及返回的时间应包括在内）后再次测定轻压下的厚度，即回复厚度 T_r（mm）。然后使压脚回至初始位置，一次试验完成。

（7）移动试样位置或更换另一试样，重复上述步骤，直至测试完所有试样。

2. 恒定变形法

（1）按表 8-3 设定主要试验参数。

表 8-3 恒定变形法主要试验参数

织物类型	定压缩率（%）	松弛时间（s）	回复时间（s）	备注
普通类	20、30、40	180、300	180、300	其余参数及有关说明见表 7-2
毛绒疏软类	40、50			
蓬松类	40、50、60			

（2）按恒定压力法步骤（2）～（4）操作；

（3）继续压缩试样，当达到设定压缩率时停止压缩并记录此刻的初始压力 p_i（kPa）；保持压脚位置不变，至规定松弛时间后记录松弛压力 p_s（kPa）。

（4）提升压脚至初始位置，试样释压，回复规定时间后再次测量轻压下的厚度 T_s（mm）。如不需测试厚度损失率，可不进行此步骤。

（5）移动试样位置或更换另一试样，重复上述步骤，直至测试完所有试样。

（四）计算

1. 恒定压力法

（1）按下式计算压缩率 C：

$$C = \frac{T_0 - T_m}{T_0} \times 100 \tag{8-1}$$

式中：C——压缩率，%；

T_0——表观厚度，mm；

T_m——稳定厚度，mm。

（2）按下式计算压缩弹性率 R：

$$R = \frac{T_r - T_m}{T_0 - T_m} \times 100 \tag{8-2}$$

式中：R——压缩弹性率，%；

T_r——回复厚度，mm。

计算各样品 T_0、T_m、C、R 的算术平均值，T_0、T_m 精确到 0.01 mm，C、R 精确到 0.1%。

2. 恒定变形法

（1）按下式计算应力松弛率 R_p：

$$R_p = \frac{p_i - p_s}{p_i} \times 100 \qquad (8-3)$$

$$R_T = \frac{T_0 - T_r}{T_0} \times 100 \qquad (8-4)$$

式中：R_p——应力松弛率，%；

　　　p_i——初始压力，kPa；

　　　p_s——松弛压力，kPa；

　　　R_T——厚度损失率，%；

　　　T_r——回复厚度，mm。

计算各样品 p_s、T_r、R_p、R_T 的算术平均值，p_s 精确到 0.01 kPa，T_r 精确到 0.01 mm，R_p、R_T 精确到 0.1%。

（2）膨松度（亦称丰满度），通常以"cm^3/g"为单位。将试样裁成一定尺寸，如 200、100 cm^2 等。测定试样的表观厚度 T_0(mm)。称取每个试样的质量 G（精确至 0.001 g）。

按下式计算膨松度 B：

$$B = \frac{0.1 T_0 \times A}{G} \qquad (8-5)$$

式中：B——膨松度，cm^3/g；

　　　T_0——表观厚度，mm；

　　　A——试样面积，cm^2；

　　　G——试样质量，g。

六、弯曲性试验

（一）原理

将矩形试样对弯成竖向瓣状环，然后用一个平面从环顶上逐渐下压，随着变形的增大，瓣状环两侧的弯曲应力和应变也渐渐增大，待试样受压至一定位移后，让其回复。由于各种形式的摩擦损耗和材料的塑性变形，试样在回复过程中呈现出滞后现象。应力与应变的比值越大，表示试样越刚硬；滞后值越小，试样的手感和弹性越好，越有活络感。

（二）试样

裁取经纬向试样各若干条。试样尺寸为 50 mm×55 mm（图8-2）。

在 95% 概率水平和活络率 3% 的精度条件下，各方向的试验次数按下式计算：

$$n = 0.427 CV^2 \qquad (8-6)$$

式中：CV——试样活络率变异系数。

缺乏变异系数（CV）时，可各向试验五次。

（三）试验程序

（1）调节主机呈水平状态。

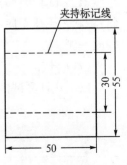

图 8-2 试样尺寸
（单位：mm）

(2)弯曲试验速度调整为(12±0.5)mm/min。

(3)负荷控制(超负保护)设定为负荷传感器最大容量的90%～95%。位移清零初压力按表8-4预设。

表8-4 位移清零初压力预设值

织物类型	稳定厚度	位移清零初压力
一般织物	0.3 mm 以上	2.0 cN(2 gf)
	0.3 mm 及以下	1.0 cN(1 gf)
丝绸	—	0.3 cN(0.3 gf)

注:对于位移清零初压力采用1.0 cN(1 gf)的仪器,负荷预显示值(P_0)需分别为-1.0 cN(-1 gf)和-1.7 cN(-1.7 gf)。

(4)抗弯力和回复力采样点的位移设定值为5、6、7、10 mm。

(5)仪器预热30 min后,检查并调整负荷显示器的本机零位、整机零位。

(6)试验前,应按相关规定与有关仪器说明校验负荷传感器精度,在使用范围内,误差应在±0.5%以内。位移传感器精度也应按规定定期校验。

(7)图形记录仪的校验可结合步聚(6)的规定进行(日常试验可免)。

(8)对于采用拉压型负荷传感器的仪器,经步骤(5)～(7)校正后,须在负荷传感器上加一适当量的砝码*,使负荷传感器处于压缩性工作状态,然后调节负荷预显示值 P_0 为零。

(9)将试样对弯成瓣状环(一般正面朝外),并将环尾置入夹钳,直至触到夹钳的挡座,然后比较平整地夹紧。试样上的夹持标记线与夹钳的钳口线应重合。夹样时,可借助镊子操作,但不允许触动试样夹持标记线以上的环状部分,也不允许用镊子以双层形式夹持环部。

(10)将夹有试样的夹钳放于工作台上,使试样环的中心线对准压板的正中。若试样的环形稍有偏斜,可用镊尖在钳口处触动试样扶正。

(11)启动仪器,瓣状环逐渐被下压,当负荷显示器与设定的位移清零初压力相符时,位移自动清零,并在负荷显示值超过位移清零初压力时,开始计测位移。当位移达到5、6、7、10 mm时,记下与此相对应的抗弯力 P_i。瓣状环位移至10 mm时自动返回,返回至7、6、5 mm时,再记录与此相对应的回弹力 P'_i,也可根据测试记录图形(图8-3)直接计算。

(12)试验中如出现下列现象,该次试验应剔除:试样夹持歪斜;瓣状环受压至底部仍未达到规定的变形值;瓣状环受压过程中偏向一侧。

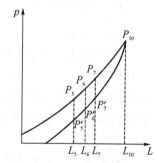

图8-3 测试记录图形

（四）计算

按下式计算试样的活络率(L_P)、弯曲刚性(S_B)、弯曲刚性指数(S_{Bl})和最大抗弯力(P_{max}):

$$L_P(\%) = \frac{P'_5 + P'_6 + P'_7}{P_5 + P_6 + P_7} \times 100 \tag{8-7}$$

---

* 加上的砝码量应大于试样的最大抗弯力,并不得超过负荷传感器的最大容量,一般在98～196 cN(100～199.8 gf)范围内选取。

$$S_B(cN/mm) = \frac{P_7 - P_5}{L_7 - L_5} \tag{8-8}$$

$$S_{B1}(cN/mm^2) = \frac{S_B}{T_0} \tag{8-8}$$

$$P_{max}(cN) = P_{10} \tag{8-10}$$

当负荷预显示值 P_0 不为零时,式(8-7)的分母需减"$3P_0$",式(8-10)需减"P_0"。

式中:P_5、P_6、P_7、P_{10}——瓣状环受压至位移为 5、6、7、10 mm 时的负荷显示值,cN;

P_5'、P_6'、P_7'——瓣状环受压至位移为 5、6、7 mm 时的负荷显示值,cN;

L_5、L_7——瓣状环受压位移 5、7 mm;

T_0——试样的表观厚度,mm。

计算试样各向有关指标的平均值,并修约至一位小数,以百分率表示的指标保留两位小数。

七、表面摩擦性试验

(一) 原理

在一定的正压力和摩擦速度下,使试样与磨料相互摩擦,测定并计算摩擦过程中试样与磨料间的摩擦力和有关的表面摩擦性能指标。

(二) 指标

1. 静摩擦因数(u_s)

在一定的试验条件下,摩擦启动时的最大摩擦阻力与其正压力之比。

2. 动摩擦因数(u_k)

在一定的试验条件下,动摩擦力与其正压力之比。

(三) 测试方法

方法 A 模拟人的指纹进行测试,方法 B 采用同一种织物与不同磨料摩擦进行测试。

(四) 仪器和材料

1. 方法 A

测试仪器(图 8-4)应满足下列条件:

(1) 采用摩擦力检测传感器,摩擦力测试分辨率不低于 0.01 cN,精度应在 0.1% 及以内。

(2) 试样与摩擦头的相对摩擦速度至少有 (60 ± 2) mm/min 一档,摩擦动程正方向不少于 30 mm。

(3) 摩擦头由直径 0.5 mm 的琴钢丝紧密缠绕而成,钢丝缠绕方向与摩擦方向垂直,摩擦头有效面积为 5 mm×5 mm。琴钢丝每测定 1 000 次应更换。

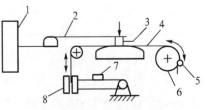

8-4 方法 A 测试仪器示意

1—传感器 2—摩擦头支架 3—摩擦头
4—试样 5—卷筒夹持器 6—卷筒
7—张力重锤 8—普通夹持器

(4) 摩擦头压力至少有 50 cN 一档。

(5) 试验台能夹持有效宽度 200 mm 的试样。试样张力至少有 200、400、600 cN 三种;

(6) 具有静、动摩擦力记录和数据处理功能。

2. 方法 B

测试仪器(图 8-5)应能满足下列条件:

（1）摩擦力测试分辨率不低于 0.01 cN，精度应在 0.1% 及以内。

（2）试样与摩擦头的相对摩擦速度至少有 50、100、200 mm/min 三档或范围更宽的无级调速，速度波动不超过 ±5%。

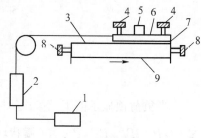

8-5　方法 B 测试仪器示意
1—打印机　2—传感器　3—试样
4—磨料夹持器　5—压力重锤　6—摩擦板
7—磨料　8—试样夹持器　9—试验台

（3）摩擦动程不少于 50 mm。

（4）摩擦头应能平整地夹住各种磨料而无滑动。摩擦头有效宽度为 50 mm，摩擦方向的有效长度为 70 mm。

（5）摩擦头压力至少有 50、100、150、200、250、300 cN 或 150、300、450 Pa、600、750、900 Pa 等六档。对于摩擦因数特别大的织物或者有特殊需要，可另行调整压力进行试验，但应在试验报告中注明。

（6）试验台能夹持有效宽度和长度不小于 70 mm×210 mm 的试样。

（7）具有静、动摩擦力记录和数据处理功能。

（五）试验程序

1. 方法 A

（1）从实验室样品中裁取 200 mm×200 mm 的试样三块，用于经纬（或纵横）向测试。试样上不得有折痕、折皱、拱曲、卷边等明显疵点。

（2）夹持试样，将试样一端固定在普通夹持器上，另一端固定在卷筒夹持器上，使其能沿经（或纵）向摩擦。对试样均匀施加一定的预张力，使试样平整且不产生变形。预张力按表 8-5 选取。

表 8-5　预张力选取表

试样		预张力（cN）
针织物、弹性机织物		200
其他织物	单位面积质量 100 g/m² 及以下	200
	单位面积质量 100～200 g/m²	400
	单位面积质量 201 g/m² 及以上	600

（3）将摩擦头支架钩于传感器上，并将摩擦头放在试样上，施加 50 cN 的垂直压力。

（4）设定摩擦速度为 60 mm/min。启动仪器，使试样与摩擦头以 60 mm/min 的相对速度往返各摩擦 30 mm，记录摩擦过程中的摩擦力曲线。

（5）取下试样，旋转 90°后重新夹持该试样，重复以上操作，避开已摩擦部位，摩擦试样纬（或横）向。

（6）重复步骤（2）～（5），直至测试完所有试样。

试验中，若发生试样滑脱或偏移，剔除该次试验结果，并补齐试样重新测试。若有两个或以上试样被剔除，则本试验方法不适用。

2. 方法 B

与项目六第四节"三、触觉与手感检测"中"4. 接触滑爽感检测"部分的方法一相同。

（六）结果计算和表示

与项目六第四节"三、触觉与手感检测"中"4.接触滑爽感检测"部分的方法一相同。

八、起拱变形试验

（一）原理

在一定直径的试样以环状夹平整地夹紧的条件下，用一个模拟肘部尺寸的半球体将试样顶伸至一定高度，并保持一定时间，然后解除半球体，让试样回复一定时间，回复后的残留拱高表示试样在较长片段时的伸长变形回复能力。

（二）试样

试样直径为 76 mm，5 块。

（三）试验程序

（1）调节主机呈水平状态。

（2）起拱变形试验速度调整为(15±0.5)mm/min。

（3）负荷控制（超负保护）设定在负荷传感器最大容量的 90%～95%；位移清零初压力设定为 0.3 cN(0.3 gf)，位移自停压力为 49 cN(50 gf)；位移返回自停值设定在 12～14 mm。

（4）仪器预热 30 min 后，检查并调整负荷显示器的本机零位、整机零位。

（5）试验前，应按相关规定与有关仪器说明校验负荷传感器精度，在使用范围内，误差应在±0.5%以内。位移传感器精度也应按规定定期校验。

（6）对于采用拉压型负荷传感器的仪器，经步骤（4）和（5）校正后，须在负荷传感器上加一适当质量的砝码，使负荷传感器处于压缩性工作状态，然后调节负荷预显示数 P_0 为零。

加上的砝码质量应大于试验时所规定的位移自停压力，并不得超过负荷传感器的最大容量。对于位移清零初压力以 1.0 cN(1 gf) 为单位的仪器，P_0 值应为 −1.7 cN(−1.7 gf)。

（7）将试样放在起拱夹具的正中位置，压上压圈并夹紧，被夹紧的试样应平整无折皱。将夹具置于仪器的工作台正中，并在规定的清零初压力和位移自停压力条件下，驱使压板下降，测试试样与夹持平面间的间隙 h_d。

（8）将半球体从试样的平整面向上顶升至设定拱高（一般规定为 12 mm），使试样在膨胀状态下保持 3 min。然后，轻缓地使半球体脱离试样，让试样回复，并随即将夹具再置于仪器的工作台正中；待回复时间满 2 min，再使压板下压，当压板与拱顶接触的力达 0.3 cN(0.3 gf) 清零初压力时，开始计测拱高；压板继续下压至接触计测面上的试样，压力达 49 cN(50 gf) 设定值时停止。读取残留拱高 h（精确至 0.01 mm）。

某些试样在开始计测拱高时，会出现拱形突然下凹，负荷骤降，并在下降至清零初压力时位移自动清零，致使试验作废。遇到此种情况，可在开始计测拱高不久，删改原清零控制值，使新值在此后的试验过程中，对可能出现的各种负荷值，均不发生自动清零。

试验中，如试样被夹紧后有明显的起皱、滑脱，或拱形突然下凹而使位移清零，应将试验数据剔除。

（四）计算

按下式计算试样的起拱残留率(R_{ar})：

$$R_{ar} = \frac{h - h_d}{h_0} \times 100 \tag{8-11}$$

式中：R_{ar}——起拱残留率，%；

　　　h_0——设定拱高，mm（在平整状态下被夹持的试样，经半球体顶伸至设定高度后，试样拱顶至试样平面之间的垂直距离）；

　　　h_d——起拱前测得的间隙高度，mm；

　　　h——起拱回复后测得的高度，mm。

计算各试样起拱残留率的平均值，结果保留一位小数。

九、交织阻力试验

此试验适用于非提花组织织物染整产品的交织阻力测定，不适用于针织物及绒毯类织物。

（一）原理

织物结构的稀密程度，纱线表面的粗糙程度，以及织物在加工过程中的张力大小，均与织物中纱线间的摩擦阻力大小有直接关系。因此，测定一定宽度内一根纱的抽出阻力（即交织阻力），可用于评价织物的纰裂性和剪切变形性。

纰裂是由于经纬密度较稀和纱线表面较平滑等因素，织物表面或针迹缝纫处受摩擦后呈现的局部稀隙。剪切变形是在一对剪应力的作用下，剪应力之间的各个截面发生错动的变形。

（二）试样

试样尺寸如图 8-6 所示，经纬向各 15 块。在试样的开剪标志线上，用刀具划一条长 2～3 mm 的裂口；把试样凸出部分的纵向纱线逐根扯开，并轻缓地剔除横向纱线，使纱线形成纵向须状。然后，保留正中部位的一根纱线，剪去其余纱线的根部，并剪去附近纠缠的毛丝。

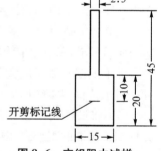

图 8-6　交织阻力试样
（单位：mm）

（三）试验程序

（1）调节主机呈水平状态。

（2）交织阻力试验速度调整为（48±2）mm/min。

（3）选择图形记录仪量程开关，使记录曲线的最大值落在满度的 85% 范围内，记录速度为 4 mm/s。

（4）负荷控制（超负保护）设定在负荷传感器最大容量的 90%～95%；位移控制设定在试验动程为 15 mm 的 2 个控制点（自停和返回），如 0 与 15 mm。

（5）将支承纱夹的刀承固装于主测头上，并挂上纱夹。

（6）仪器预热 30 min 后，检查并调整负荷显示器的本机零位、整机零位。

（7）试验前，应按相关规定与有关仪器说明校验负荷传感器精度，在使用范围内，误差应在 ±0.5% 以内。位移传感器精度也应按规定定期校验。

（8）图形记录仪的校验可结合上一步的规定进行。

（9）将纱夹与布夹的钳口间距离调整为 25 mm 左右，作为交织阻力试验的起点。

（10）取下纱夹，将试样中保留的一根纱线夹紧于钳口的正中部位，钳口至布端的纱长控制在 10 mm 左右。然后，将纱夹挂于刀承上，再将试样下部夹紧于布夹的正中位置，使纱线呈垂直状态。

（11）在位移和负荷显示均在清零状态下，启动仪器，纱夹牵引纱线上升，记录仪描绘交织阻力曲线。

（12）试验中若发生纱线从纱夹中滑脱或断裂,试样从布夹中滑脱或布夹被牵动,以及纱线根部被缠结等现象,该次试验应予剔除。

（四）结果计算

按下式计算试样各向的平均交织阻力 P(cN),保留一位小数:

$$P = \frac{\sum\limits_1^n P_{max}}{n} \tag{8-12}$$

式中:P_{max}——试样的最大交织阻力,cN;

$\qquad n$——试验次数。

十、平整度试验

主要评定一般织物(不包括提花织物和表面具有特殊结构形态的织物)的平整度。

（一）原理

用一定大小的圆形平面测头,在一定的压力条件下,测定织物由于张力不匀、条干不匀、绒毛不匀等原因造成的厚度不匀。

（二）试样

200 mm×200 mm 的试样两块。

（三）试验步骤

(1) 调节主机呈水平状态。

(2) 负荷控制(超负保护)设定在负荷传感器容量的 $90\%\sim95\%$。

(3) 按织物类型选用试验速度、压强与测头返回自停的设置值 h_x(表 8-5)。

表 8-5 平整度测试参数

织物类别	试验速度(mm/min)	位移自停设置值 h_x(mm)	压强自停设置值(cN/cm²)
一般织物	0.75 ± 0.03	$T_0+0.3$	49.0
厚重织物	3 ± 0.12	$T_0+0.8$	(50 gf/cm²)

注:厚重织物一般指厚度在 4 mm 及以上的织物;T_0 为织物表观厚度。

(4) 用清洁而柔软的织物(如丝绸或镜头纸)轻轻擦拭圆形测头和压缩台的工作面,使其无尘屑黏附。

(5) 仪器预热 30 min 后,检查并调整负荷显示器的本机零位、整机零位。

(6) 试验前,按相关规定与有关仪器说明校验负荷传感器精度,在使用范围内,误差应在 $\pm0.5\%$ 以内。位移传感器精度也应按规定定期校验。

(7) 对于采用拉压型负荷传感器的仪器,经步骤(5)和(6)校正后,须在负荷传感器上加一适当质量的砝码,使负荷传感器处于压缩性工作状态,然后调节负荷预显示值 P_0 为零。

加上的砝码质量应大于试验时规定的压强自停设定值,并不得超过负荷传感器的最大容量。对于负荷控制压力以 9.8 cN(10 gf)为单位的仪器,一般织物的负荷预显示值 P_0 为 -4.9 cN(-5.0 gf)。

(8) 启动仪器,压板下降,待压板与压缩台接触,负荷显示值增至设定的压强值时,压板停止下降。随即设置位移显示数为0,作为两个平面在规定压强条件下吻合时的零位。这样,反复2~3次,若数据差异保持在几微米以内,即可作为起点,并待压板回升至位移显示值为自停设定值h_x时自停,此时即可正式试验。对于薄型织物,在测试精度要求较高时,也可计入微米级数字。

(9) 将试样平放于压缩台上,当测头下压试样至规定压力后自停时,立即读取厚度值,并在测头回升至h_x前移动试样,测定试样其他部位的厚度。如此,在每块试样上均匀地测定15~20个厚度值。

(四) 计算

按下式计算平整度:

$$CV_T(\%) = \sqrt{\dfrac{\sum\limits_1^n T_i^2 - \dfrac{(\sum\limits_1^n T_i)^2}{n}}{(n-1)\,\overline{T}^2}} \times 100$$

式中:T_i——两块试样各点的厚度测定值,mm;

$\overline{T}$——两块试样的平均厚度值,mm;

n——两块试样测定的总点数。

计算结果保留一位小数。

思考题

8-1 什么是残留拱高?什么是设定拱高?

8-2 交织阻力试验方法为何不适用于针织物及绒毯类织物?

8-3 什么叫纰裂?

8-4 为什么平整度测试方法不适用于提花织物和表面具有特殊结构形态的织物?

8-5 什么是织物的表观厚度、稳定厚度?

8-6 什么是织物的膨松度?

参考文献

[1] FZ/T 01054—2012,织物表面摩擦性能的试验方法[S].

[2] FZ/T 01051.1—1998,纺织材料和纺织制品 压缩性能 第1部分:耐久压缩特性的测定[S].

[3] FZ/T 01051.2—1998,纺织材料和纺织制品 压缩性能 第2部分:连续压缩特性的测定[S].